Wolfgang Schmickler

Grundlagen der Elektrochemie

Aus dem Programm
Chemie

J. M. Hollas
Moderne Methoden in der Spektroskopie

H. Schmidkunz (Hrsg.)
Periodensystem der Elemente
Informations- und Lern*software*

A. Heintz, G. A. Reinhardt
Chemie und Umwelt

H. Rau, J. Rau
Chemische Gleichgewichtsthermodynamik
Begriffe, Konzepte, Modelle

S. M. Owen, A. T. Brooker
Konzepte der Anorganischen Chemie

H. Preuß
Atomkerne und Elektronen

Vieweg

Wolfgang Schmickler

Grundlagen der Elektrochemie

Unter Mitarbeit von Margrit Lingner

ISBN 978-3-540-67045-2   ISBN 978-3-642-61484-2 (eBook)
DOI 10.1007/978-3-642-61484-2

Vorwort

Als ich vor zwanzig Jahren zusammen mit W. Vielstich einen kleinen, nunmehr vergriffenen Band über die Elektrochemie verfasste, befand sich die Kinetik auf ihrem Höhepunkt. Die verschiedenen Puls- und Strömungsmethoden, die in den fünfziger und sechziger Jahren entwickelt worden waren, boten ein reichhaltiges Instrumentarium zur Messung schneller Reaktionsgeschwindigkeiten, zur Aufklärung von Mechanismen und zur makroskopischen Charakterisierung von Elektroden. Seitdem hat sich die Elektrochemie stark gewandelt, wozu vor allem vier Entwicklungen beigetragen haben.

Der Gebrauch von Einkristallelektroden: Zwar kann man auch mit polykristallinen Elektroden reproduzierbare Ergebnisse erzielen, aber nur, solange man sich auf das Studium makroskopischer Eigenschaften wie Reaktionsmechanismen beschränkt. Erst in jüngster Zeit wurden Methoden zur Präparation und mikroskopischen Charakterisierung von Einkristallelektroden entwickelt. In der Folge rückten Untersuchungen zur Struktur der elektrochemischen Phasengrenze in den Mittelpunkt des Interesses.

Die Entwicklung oberflächensensitiver Meßtechniken: Die klassischen elektrochemischen Meßmethoden beruhen auf der Messung von Strom und Potential. Sie sind zwar äußerst nützlich zur Untersuchung von Reaktionsabläufen, doch liefern sie keinerlei Information über die Struktur der Phasengrenze. Jetzt stehen erstmals ein Reihe von Meßtechniken – zum Teil aus den Oberflächenwissenschaften adaptiert – zur Verfügung, mit deren Hilfe sich die mikroskopische Struktur der Elektroden aufklären läßt.

Ein größerer Beitrag der Theorie: Jede exakte Wissenschaft bedarf gleichermaßen der Theorie und des Experiments. Die zahlreichen neuen experimentellen Daten regten zu vermehrten theoretischen Untersuchungen und zu Computersimulationen an.

Eine zunehmende Überlappung mit den Oberflächenwissenschaften: Elektrochemie und Oberflächenwissenschaften haben manche Fragestellung und Experimentiertechnik gemein. Dies gibt zu einem fruchtbaren Dialog zwischen diesen beiden Gebieten Anlaß, von dem eine Reihe von gemeinsamen Tagungen zeugen.

Diese Änderungen müssen sich auch in der Lehre widerspiegeln. Deshalb schrieb ich in den letzten Jahren ein Lehrbuch mit dem Titel *Interfacial Electrochemistry*[1] auf dem Niveau, welches man im Amerikanischen mit *graduate studies* bezeichnet, also etwa auf dem unserer Diplomanden und Doktoranden. Doch hören die deutschen Studenten eine fortgeschrittene Elektrochemievorlesung – falls überhaupt – meist zu einem Zeitpunkt, in dem sie sich noch nicht für ein Forschungsgebiet entschieden haben. Deswegen ist *Interfacial Electrochemistry* für den hiesigen Gebrauch zu anspruchsvoll, zumal die oft gehörte studentische Klage, bei einem

---

[1]Oxford University Press, New York, Oxford, 1996

englischsprachigen Buch lade man sich neben den fachlichen auch noch sprachliche Schwierigkeiten auf, nicht unberechtigt ist. So habe ich in diesem deutschen Buch erhebliche Änderungen vorgenommen: die schwierigen theoretischen Kapitel und die Oberflächenmethoden fehlen hier, dafür wurden Kapitel über Elektrolytlösungen und den Stofftranport hinzugefügt. Zudem habe ich versucht, einige schwierige Passagen, zum Beispiel zur Theorie von Elektronentransferprozessen, einfacher darzustellen.

Die Elektrochemie wird hier als die Lehre von den Strukturen und Prozessen an der Phasengrenze Elektronenleiter-Ionenleiter definiert. Die alte Aufteilung in *Electrodics* – der Lehre von den Elektrodenprozessen – und *Ionics* – der Wissenschaft von den Elektrolytlösungen –, wie sie von Bockris und Reddy[2] in ihrem einflußreichen Lehrbuch praktiziert wurde, ist mittlerweile überholt: Beide Gebiete gehen ihre eigenen Wege, und die Elektrochemie, wie sie hier verstanden wird, hat mehr gemein mit den Oberflächenwissenschaften als mit der physikalischen Chemie der Lösungen.

Nicht alle elektrochemischen Phasengrenzen sind gleich wichtig; so steht im Mittelpunkt dieses Buches die Phasengrenze zwischen einem Metall und einer Elektrolytlösung, aber auch den Halbleiterelektroden und der Phasengrenze zwischen zwei nicht-mischbaren Elektrolytlösungen ist je ein Kapitel gewidmet. In den abschließenden Kapiteln über experimentelle Methoden habe ich mich darauf beschränkt, die Grundlagen darzustellen – mehr kann man und sollte man in einer Vorlesung nicht darbieten. Die Einzelheiten, Modifikationen und verschiedenen Anwendungen kann man nur im Rahmen eines Praktikums lernen.

Mein Buch *Interfacial Electrochemistry* und indirekt auch dieses Buch wurden wesentlich von den Kommentaren und Vorschlägen von Herrn Dr. Roger Parsons, FRS, beeinflußt; ihm möchte ich auch hier besonders danken. Frau Dr. Schulz und Herrn A. Weis vom Vieweg Verlag danke ich für die gute Betreuung und die Durchsicht des Manuskriptes. Schließlich gilt mein ganz besonderer Dank Frau Margrit Lingner für ihre Mitarbeit, insbesondere für die Übersetzungen aus dem Amerikanischen und die Aufbereitung der Graphiken.

Ulm, im August 1996 W.S.

---

[2]J.O'M. Bockris and A.K.N. Reddy, *Modern Electrochemistry*, Plenum Press, New York, 1970

Inhaltsverzeichnis

Liste der häufig verwandten Symbole   **XI**

1 Einleitung   **1**
1.1 Die Phasengrenze Metall/Lösung 3
1.2 Potentiale in der Elektrochemie 7
1.3 Elektrochemisches Potential 10

2 Elektrolytlösungen   **12**
2.1 Struktur des Wassers 12
2.2 Solvatisierung von Ionen 16
2.3 Wechselwirkung zwischen den Ionen 18

3 Das Elektrodenpotential   **24**
3.1 Absolutes Elektrodenpotential 24
3.2 Meßanordnung mit drei Elektroden 27

4 Die Phasengrenze Metall-Elektrolyt   **30**
4.1 Ideal polarisierbare Elektroden 30
4.2 Die Gouy-Chapman-Theorie 30
4.3 Die Helmholtz-Kapazität 33
4.4 Das Potential des Ladungsnullpunkts 36
4.5 Oberflächenspannung und Ladungsnullpunkt 39
4.6 Ableitung der Gouy-Chapman-Kapazität 39

5 Adsorption an Metallelektroden   **42**
5.1 Adsorptionsphänomene 42
5.2 Adsorptionsisotherme 43
5.3 Das Dipolmoment adsorbierter Ionen 47
5.4 Die Struktur von Einkristalloberflächen 50
5.5 Adsorption von Iodid auf Pt(111) 52
5.6 Unterpotentialabscheidung 53
5.7 Adsorption von organischen Molekülen 58
5.8 Elektrosorptionswertigkeit 62

6 Phänomenologische Behandlung der Elektrontransferreaktionen 65
6.1 Reaktionen in der äußeren Sphäre 65
6.2 Die Butler-Volmer-Gleichung 66
6.3 Korrekturen für die Doppelschicht 71
6.4 Reaktionen in der inneren Sphäre 72

7 Theoretische Behandlung der Elektronentransferreaktionen 73
7.1 Qualitative Aspekte 73
7.2 Ein einfaches Modell 75
7.3 Elektronische Struktur der Elektrode 78
7.4 Gerischers Darstellung 82
7.5 Die Reorganisierungsenergie 83

8 Die Phasengrenze Halbleiter/Elektrolyt 86
8.1 Elektronische Struktur der Halbleiter 86
8.2 Potentialverlauf und Bandverbiegung 88
8.3 Elektronentransferreaktionen 91
   8.3.1 Vorbetrachtungen 92
   8.3.2 Theorie des Elektronentransfers 93
8.4 Photoinduzierter Elektronentransfer 96
   8.4.1 Anregung der Elektrode 97
   8.4.2 Anregung eines Redoxpaars 98
8.5 Zersetzung eines Halbleiters 98

9 Experimente zu Elektrontransferreaktionen 100
9.1 Die Gültigkeit der Butler-Volmer-Gleichung 100
9.2 Abweichungen von der Butler-Volmer-Gleichung 100
9.3 Adiabatische Elektronentransferreaktionen 103
9.4 Elektrochemische Eigenschaften von SnO_2 104
9.5 Photoströme an einer WO_3-Elektrode 106

10 Protonen- und Ionentransferreaktionen 110
10.1 Abhängigkeit vom Elektrodenpotential 110
10.2 Geschwindigkeitsbestimmender Schritt 113
10.3 Die Wasserstoffentwicklung 114
10.4 Die Sauerstoffreduktion 116
10.5 Die Chlorentwicklung 117
10.6 Reaktionsgeschwindigkeit und Adsorptionsenergie 119
10.7 Ionen- und Elektronentransferreaktionen – ein Vergleich . . . 120

11 Metallabscheidung und -auflösung 126
11.1 Morphologische Aspekte 126
11.2 Oberflächendiffusion 127
11.3 Keimbildung 130
11.4 Wachstum eines zweidimensionalen Films 132
11.5 Abscheidung auf gleichmäßig glatten Flächen 135
11.6 Metallauflösung und Passivierung 138

12 Komplexe Reaktionen   **141**
12.1 Aufeinanderfolgende elektrochemische Reaktionen 141
12.2 Elektrochemische Reaktionsordnung 143
12.3 Abscheidung von Silber in Gegenwart von Cyaniden 146
12.4 Mischpotentiale und Korrosion 148

13 Flüssig-flüssig Phasengrenzen   **151**
13.1 Die Phasengrenze zwischen zwei nicht mischbaren Flüssigkeiten . . 151
13.2 Verteilung der Ionen 152
13.3 Überführungsenergie eines einzelnen Ions 154
13.4 Eigenschaften der Doppelschicht 155
13.5 Elektronentransferreaktionen 158
13.6 Ionentransferreaktionen 161
13.7 Ein Modell für die flüssig-flüssig Phasengrenze 162

14 Thermodynamik flüssiger Elektroden   **168**

15 Stofftransport   **176**
15.1 Diffusion und Migration 176
15.2 Diffusiongesetze 178
15.3 Stofftransport zu einer Elektrode bei konstantem Strom 180
15.4 Stofftransport bei konstantem Elektrodenpotential 183
15.5 Sphärische Diffusion 184

16 Experimentelle Methoden – instationäre Verfahren   **186**
16.1 Überblick 186
16.2 Grundlagen der instationären Methoden 187
16.3 Potentiostatischer Puls 188
16.4 Galvanostatischer Puls 189
16.5 Zyklische Voltammetrie 191
16.6 Impedanzspektroskopie 194
16.7 Mikroelektroden 198
16.8 Polarographie 199

17 Experimentelle Methoden – Konvektionsmethoden   **203**
17.1 Die rotierende Scheibenelektrode 203
17.2 Turbulente Rohrströmung 207

Abkürzungen   **211**

Atomare Einheiten   **211**

Sachwortverzeichnis   **212**

Liste der häufig verwandten Symbole

a	Aktivität	α	anodischer Durchtrittsfaktor
C	differentielle Kapazität	β	kathodischer Durchtrittsfaktor
	pro Einheitsfläche	Γ	Oberflächenüberschuß
C_{GC}	Gouy-Chapman-Kapazität	γ	Oberflächenspannung
C_H	Helmholtz Kapazität	δ_N	Dicke der Nernstschen Diffusionsschicht
c	Konzentration	ϵ	Dielektrizitätskonstante
$\mathbf{E}$	elektrisches Feld	ϵ_0	elektrische Feldkonstante
E_F	Fermi-Energie,	η	Überspannung
	Fermi-Niveau	Θ	Bedeckungsgrad
e_0	Einheitsladung	κ	inverse Debyelänge
F	Faradaysche Konstante	λ	Reorganisierungsenergie
G	freie Enthalpie	μ	chemisches Potential
I	elektrischer Strom	$\tilde{\mu}$	elektrochemisches Potential
j	Stromdichte	ν	Frequenz
k	Boltzmannsche Konstante	σ	Oberflächenladungsdichte
k	Geschwindigkeitskonstante	Φ	Austrittsarbeit
l	Elektrosorptionswertigkeit	ϕ	inneres Potential,
$\mathbf{m}$	Dipolmoment		Elektrodenpotential
m	Masse	χ	Oberflächendipolpotential
n	Teilchendichte	ψ	äußeres Potential
R	Gaskonstante	ω	Kreisfrequenz
R	Widerstand		
T	Temperatur		
Z	Impedanz		
z	Ladungszahl		

1 Einleitung

Die Elektrochemie ist eine alte Wissenschaft: Archäologische Funde lassen vermuten, daß schon die Parther (250 v.Chr. bis 250 n.Chr.) elektrochemische Zellen benutzten. So fand man im heutigen Irak Tonkrüge, in die ein Kupferzylinder und ein Eisenstab in konzentrischer Anordnung eingelassen waren (s. Abb. 1.1). Kupfer und Eisen waren gegeneinander durch eine Asphaltschicht isoliert; ein Elektrolyt war natürlich nicht mehr in dem Krug, aber man brauchte nur eine der damals bekannten Säuren, etwa Essig- oder Zitronensäure, hinzuzufügen, und schon hatte man eine funktionierende Monozelle. Wozu diese dienten, ist freilich unklar. Verschiedentlich wurde vermutet, sie dienten zur Herstellung dünner galvanischer Überzüge aus Silber oder Gold. Dafür bedarf es freilich cyanidhaltiger Lösungen, die damals wohl noch nicht bekannt waren. So dienten diese Zellen nach gängiger Lehrmeinung kultischen Zwecken, was auch immer man darunter verstehen mag.

Diese frühen Kenntnisse gingen offensichtlich wieder verloren, und erst Ende des achtzehnten Jahrhunderts begann mit den Arbeiten von Volta [1] und Galvani [2] die systematische Erforschung elektrochemischer Phänomene. Wer sich für diese frühe Geschichte der Elektrochemie interessiert, kann dies in dem kleinen Band von Dunsch [3] auf unterhaltsame Weise nachlesen.

Die Bedeutung der Elektrochemie als Wissenschaft hat sich im Laufe der Zeit gewandelt. Bis etwa zur Mitte dieses Jahrhunderts war sie kaum mehr als ein

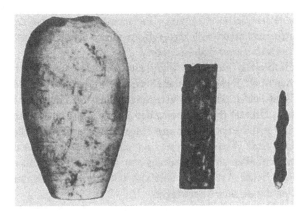

Abbildung 1.1 Galvanische Zelle aus dem Reich der Parther. Links sieht man den Tonkrug, in der Mitte den Kupferzylinder und rechts den Eisenstab.

besonders interessanter Zweig der Thermodynamik. Dies lag nicht nur an dem großen Einfluß der Arbeiten von Gibbs und Nernst, sondern auch an den damaligen Meßmethoden, mit denen man nur stationäre oder sehr langsame Prozesse untersuchen konnte. Erst die Entwicklung der Elektronik gestattete es, den zeitlichen Ablauf von Reaktionen zu verfolgen, und so entstand dann die elektrochemische Kinetik. Nun kann man zwar mit den klassischen elektrochemischen Untersuchungsmethoden, die auf der Messung von Strom und Spannung beruhen, Reaktionsgeschwindigkeiten präzise messen, doch erhält man dadurch keine Informationen über das Geschehen auf molekularer Ebene, und so wäre die Elektrochemie längst zu einem unbedeutenden Randgebiet der Physikalischen Chemie geworden, wenn nicht in jüngster Zeit eine Reihe von hochauflösenden Methoden entwickelt worden wären, mit denen sich Strukturen und Prozesse an der elektrochemischen Phasengrenze untersuchen lassen. Hier liegt auch die Zukunft der Elektrochemie, die deshalb in diesem Buch so definiert wird:

Die Elektrochemie ist die Wissenschaft von den Strukturen und Prozessen an der Phasengrenze zwischen einem elektronischen Leiter (der Elektrode) und einem Ionenleiter (dem Elektrolyten) oder an der Phasengrenze zwischen zwei Elektrolytlösungen.

Diese Definition bedarf einiger Erläuterungen. Zunächst bezeichnet man als *Phasengrenze* diejenigen Bereiche zweier aneinandergrenzenden Phasen, deren Eigenschaften sich wesentlich von denen im Phaseninnern unterscheiden. Solche Phasengrenzen können recht ausgedehnt sein, zum Beispiel, wenn die Elektrode mit einem dünnen Film bedeckt ist; so bilden einige Metalle in wässriger Lösung bis zu einigen Hundert Nanometern dicke Oxidschichten. Ferner mag die explizite Einbeziehung der Phasengrenze zwischen zwei Elektrolyten verwundern. Es schiene natürlicher, die Definition auf die Phasengrenze zwischen einem Elektronen- und einem Ionenleiter zu beschränken. Doch sind die Prozesse an der Phasengrenze zweier nicht mischbarer Elektrolytlösungen so ähnlich, daß es sinnvoll ist, sie explizit in die Definition einzubeziehen.

Metalle und Halbleiter bilden die wichtigsten Klassen von elektronischen Leitern; dazu kommen noch die keramischen Supraleiter, die aber nur der Vollständigkeit halber erwähnt seien, da ihr elektrochemisches Verhalten kaum untersucht ist. Unter gewissen Umständen können aber auch Isolatoren elektronisch leiten, z.B. indem durch Photoanregung Ladungsträger erzeugt werden. Elektrolytlösungen, Salzschmelzen und Festelektrolyte sind Ionenleiter. Ionische und elektronische Leitfähigkeit schließen sich keineswegs aus: Einige Stoffe, z.B. manche Oxidschichten, besitzen beide Arten der Leitfähigkeit, und je nach den Umständen kann die eine oder die andere überwiegen.

Betrachtet man Metalle, Halbleiter und Isolatoren als mögliche Elektrodenmaterialien und Elektrolytlösungen, Salzschmelzen und Festelektrolyte als Ionenleiter, ergeben sich schon neun verschiedene elektrochemische Phasengrenzen. Doch sind nicht alle Kombinationen gleich wichtig: Die meisten elektrochemischen Experimente werden an den Phasengrenzen Metall/Lösung oder Halbleiter/Lösung durchgeführt; dank neuer Meßtechniken werden in letzter Zeit aber auch die flüssig/flüssig Phasengrenzen wieder verstärkt untersucht. Auf diese drei Fälle beschränkt sich dieses Buch.

Solche Phasengrenzen stellen recht komplexe Systeme dar, ihr Verständnis setzt Kenntnisse der wichtigsten Volumeneigenschaften der angrenzenden Phasen voraus. Während Metalle und Halbleiter in den üblichen Studiengängen der Chemie und Physik einigermaßen ausführlich behandelt werden, kommt die Physikalische Chemie von Flüssigkeiten und Lösungen meist zu kurz, oder sie wird eben im Rahmen der Elektrochemie behandelt. Deshalb behandeln die nächsten Kapitel Elektrolytlösungen, erst dann wird mit der eigentlichen Elektrochemie begonnen. Zunächst wird aber zur Einführung eine typische elektrochemische Phasengrenze vorgestellt, und danach werden die zentralen Begriffe „Potential" und „elektrochemisches Potential" geklärt.

1.1   Die Phasengrenze Metall/Lösung

Die Phasengrenze zwischen einem Metall und einer Elektrolytlösung ist das wichtigste elektrochemische System, und Abb. 1.2 mag einen ersten Eindruck von ihrer Struktur geben. In der Grundlagenforschung werden heutzutage die meisten Untersuchungen an Einkristallen durchgeführt; deshalb sind die Metallatome in der Abbildung in einem regelmäßigen Gitter angeordnet. Die Moleküle eines guten Lösungsmittels besitzen in der Regel ein Dipolmoment, welches hier durch einen Pfeil angedeutet wird. Im oberen Teil der Abbildung sieht man je ein solvatisiertes Anion und Kation, die dicht an der Elektrodenoberfläche liegen, aber noch durch ihre Solvathülle von ihr getrennt werden. Weiter unten befindet sich ein Anion unmittelbar an der Oberfläche; wenn es dort chemisch gebunden ist, spricht man von *spezifischer Adsorption* . Gewöhnlich sind Anionen weniger stark solvatisiert als Kationen; deshalb können sie ihre Solvathüllen leichter abstreifen und spezifisch adsorbiert werden, besonders an positiv geladenen Oberflächen. Adsorption findet an bestimmten Plätzen statt; das abgebildete Anion sitzt direkt auf einem Metallatom.

Die Eigenschaften der Phasengrenze werden wesentlich durch die Verteilung der verschiedenen Ladungsträger beeinflußt. In der Lösung sind dies die Ionen, im Metall die frei beweglichen Elektronen und die – bei festen Elektroden unbeweglichen – Ionenrümpfe. Die beiden Seiten der Phasengrenze sind im allgemeinen geladen, aber das gesamte System ist elektrisch neutral. Somit trägt die Metalloberfläche eine Überschußladung, die in der Lösungsrandschicht durch eine Gegenladung gleicher Größe, aber entgegengesetzten Vorzeichens kompensiert wird. Abbildung 1.3 zeigt die Ladungsverteilung für den Fall, daß die Metall-

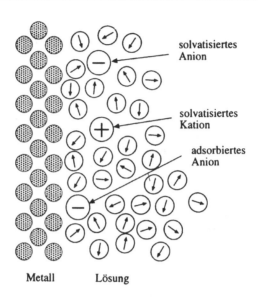

solvatisiertes
Anion

solvatisiertes
Kation

adsorbiertes
Anion

Metall   Lösung

Abbildung 1.2 Strukturen und Prozesse an der Phasengrenze Metall/Elektrolyt

oberfläche eine positive und die Lösung eine negative Ladung trägt, d.h. auf der
Elektrodenoberfläche herrscht ein Elektronenmangel, dafür befinden sich im angrenzenden Bereich der Lösung mehr Anionen als Kationen.

Da Metalle ausgezeichnete Leiter sind, beschränkt sich bei ihnen die Ladung
auf eine nur etwa 1 Å dicke Randschicht. Die Leitfähigkeit der Lösung hängt
von der Konzentration der Ionen ab. Meistens arbeitet man mit ziemlich konzentrierten (ca. 0,1 bis 1 M) Lösungen starker Elektrolyte, welche den Strom
sehr gut leiten, obwohl ihre Leitfähigkeit mehrere Größenordnungen kleiner ist
als diejenige der Metalle. So hat Silber bei Zimmertemperatur eine Leitfähigkeit
von $0,66 \cdot 10^6 \ \Omega^{-1}$cm, eine 1 M Lösung von KCl aber nur eine von $0,11 \ \Omega^{-1}$cm.
Daß Metalle so viel besser leiten, liegt sowohl an der größeren Konzentration an
Ladungsträgern als auch an deren größerer Beweglichkeit. Die Konzentration der
Elektronen beträgt in Silber etwa $5,86 \cdot 10^{22}$ cm^{-3}, die der Ionen in 1 M KCl
immerhin $1,2 \cdot 10^{21}$ cm^{-3}. Die beiden Stoffe unterscheiden sich also mehr in der
Beweglichkeit der Ladungsträger als in deren Konzentration.

Während die Leitfähigkeit einer Elektrolytlösung sowohl von der Konzentration als auch der Beweglichkeit der Ladungsträger abhängt, wird die Dicke der
Ladungsrandschicht an der Oberfläche nur von der Konzentration bestimmt. Sie
erstreckt sich bei den üblichen Konzentrationen (im Bereich von 10^{-3} bis 1 M)
über etwa 5 bis 20 Å. Die resultierende Ladungsverteilung an der Phasengrenze –
zwei dünne Schichten mit entgegengesetzter, betragsmäßig gleich großer Ladung
– wird als *elektrolytische Doppelschicht* bezeichnet. Wegen dieser Ladungsvertei-

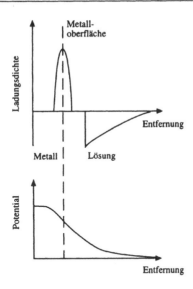

Abbildung 1.3 Ladungsverteilung und Potentialverlauf an der Phasengrenze Metall/Elektrolytlösung (schematisch)

lung wirkt sie wie ein Kondensator mit einem extrem kleinen Plattenabstand und besitzt eine entsprechend große Kapazität.

Diese Ladungsverteilung erzeugt eine Potentialdifferenz zwischen dem Metall und der Lösung, die bis zu einigen Volt betragen kann. Bei höheren Spannungen wird die Lösung zersetzt – in wässriger Lösung setzt dann Wasserstoff- oder Sauerstoffentwicklung ein. Da das Potential über einer sehr dünnen Randschicht abfällt, erzeugt es hohe elektrische Felder bis zu einer Stärke von etwa 10^9 V m^{-1}. So hohe homogene Felder kann man nur an elektrochemischen Phasengrenzen erzeugen. Zwar treten auch im Vakuum Felder dieser Stärke auf, aber nur an scharfen Spitzen, wo sie sehr inhomogen sind.

Untersuchungen zur Struktur der Phasengrenze, also zur Verteilung der Teilchen und des Potentials, bilden ein wichtiges Teilgebiet der Elektrochemie. Eine besondere Schwierigkeit ergibt sich daraus, daß die Phasengrenze nur einen kleinen Bereich der beiden aneinandergrenzenden Phasen ausmacht; deshalb sind spektroskopische Methoden, die sowohl im Inneren der Phasen als auch an der Grenzfläche Signale erzeugen, dafür wenig geeignet – es sei denn, man findet eine Methode, das meist wesentlich stärkere, unerwünschte Signal aus dem Inneren von dem Beitrag der Phasengrenze zu trennen. Gänzlich ungeeignet sind zahlreiche Methoden aus der Oberflächenphysik, die Elektronenstrahlen verwenden, da diese in Lösungen absorbiert werden. Deswegen hat ein Mangel an geeigneten Untersuchungsmethoden die Entwicklung der Elektrochemie lange Zeit behindert, und erst die letzten zwanzig Jahre haben hier Abhilfe geschaffen.

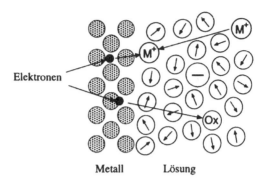

Elektronen

Metall   Lösung

Abbildung 1.4 Abscheidung eines Metallions (oben) und Elektronentransferreaktion (unten)

An der Phasengrenze können ganz unterschiedliche Reaktionen und Prozesse ablaufen. Besonders interessant sind Reaktionen, bei denen Ladung durch die Phasengrenze fließt, sogenannte *elektrochemische Reaktionen*. An ihnen sind stets sowohl Ionen als auch Elektronen beteiligt, da sie den Strom durch die Grenze zwischen zwei Phasen mit unterschiedlichem Leitungsmechanismus transportieren. In Abb. 1.4 sind zwei Arten solcher Reaktionen dargestellt. Im oberen Teil des Bildes handelt es sich um eine *Metallabscheidung*. Dabei bewegt sich ein Metallion aus dem Inneren der Lösung an die Elektrodenoberfläche, wo es unter Aufnahme von Elektronen entladen und in das Metallgitter eingebaut wird. Dabei kann das abgeschiedene Ion zur selben Art gehören wie die Atome der Elektrode – wie etwa bei der Abscheidung von Silberkationen auf Silber –, oder es ist chemisch verschieden, zum Beispiel bei der Abscheidung von Silberionen auf Platin. In beiden Fällen läuft die Reaktion nach folgendem Schema ab:

$$Ag^+(\text{Lösung}) + e^-(\text{Metall}) \rightleftharpoons Ag(\text{Metall}) \tag{1.1}$$

Die Metallabscheidung gehört zu einer größeren Klasse von elektrochemischen Reaktionen, den *Ionentransferreaktionen*. Dabei geht ein Ion, zum Beispiel ein Hydronium- oder ein Chloridion, aus der Lösung auf die Elektrodenoberfläche, wo es entladen wird. Meistens besteht die Gesamtreaktion aus mindestens zwei Schritten. So läuft die Wasserstoffentwicklung in saurer Lösung oft nach folgendem Schema ab:

$$H_3O^+ + e^- \quad \rightleftharpoons \quad H_{ad} + H_2O \tag{1.2}$$

$$2H_{ad} \quad \rightleftharpoons \quad H_2 \tag{1.3}$$

wobei H_{ad} ein adsorbiertes Wasserstoffatom bezeichnet. In diesem Beispiel ist nur der erste Schritt (Gl. (1.2)) eine elektrochemische Reaktion; der zweite ist eine rein chemische Rekombination, bei der keine Ladung durch die Elektrode fließt.

Eine andere Klasse elektrochemischer Reaktionen sind die *Elektronentransferreaktionen*. Als Beispiel sieht man im unteren Teil der Abb. 1.4 eine oxidierte Spezies (Ox), die unter Aufnahme eines Elektrons an der Elektrode reduziert wird. Da Elektronen sehr leichte Teilchen sind, können sie über Entfernungen von 10 Å und mehr tunneln; deswegen braucht bei einem Elektronentransfer der Reaktand nicht unmittelbar auf der Elektrodenoberfläche zu sitzen. Bei den oxidierten und reduzierten Teilchen kann es sich entweder um Ionen oder um ungeladene Moleküle handeln. Ein typisches Beispiel für den ersten Fall ist die Reaktion:

$$Fe^{3+}(\text{Lösung}) + e^-(\text{Metall}) \rightleftharpoons Fe^{2+}(\text{Lösung}) \qquad (1.4)$$

Bei Ionen- und Elektronentransferprozessen fließt Ladung und somit elektrischer Strom durch die Phasengrenze. Findet in dem untersuchten System nur *eine* solche elektrochemische Reaktion statt, dann ist ihre Geschwindigkeit proportional zum Strom. Deswegen kann man die Geschwindigkeit elektrochemischer Reaktionen leichter und präziser messen als diejenige von Reaktionen, die im Inneren einer Phase ablaufen. Andererseits hängen elektrochemische Reaktionen sehr empfindlich vom Zustand der Elektrodenoberfläche ab. Da sich Verunreinigungen aber gerade dort anzureichern pflegen, erfordern elektrochemische Experimente extrem reine Chemikalien und Zellen.

Da bei einer elektrochemischen Reaktion Elektronen oder Ionen, also geladene Teilchen, über eine gewisse Entfernung transferiert werden, geht die Differenz des elektrostatischen Potentials in die freie Enthalpie ΔG der Reaktion ein. Wenn im Beispiel der Reaktion (1.4) das Potential der Elektrode um einen Betrag $\Delta\phi$ erhöht wird, ändert sich die Energie eines Elektrons auf der Elektrode um $-e_0\Delta\phi$, wobei e_0 die Elementarladung bezeichnet. Sorgt man gleichzeitig durch eine geeignete Versuchsanordnung dafür, daß sich das Potential an der Stelle, an der die reagierenden Ionen sitzen, nicht ändert, so erhöht sich die freie Enthalpie der Reaktion um den Betrag $e_0\Delta\phi$. Auf diese Weise läßt sich durch Ändern des Elektrodenpotentials die freie Enthalpie und damit auch die Geschwindigkeit einer elektrochemischen Reaktion kontrollieren. Dies ist ein einzigartiger Vorzug elektrochemischer Reaktionen – bei gewöhnlichen Reaktionen kann man die freie Reaktionsenthalpie nur durch Ligandensubstitution beeinflussen, wobei sich naturgemäß auch die chemischen Eigenschaften der Reaktanden ändern.

1.2 Potentiale in der Elektrochemie

Elektrische Größen wie Potential, Ladung, Dipolmoment und Strom spielen eine bedeutende Rolle in der Elektrochemie. Deshalb ist es sehr wichtig, mit einer genauen Definition des elektrostatischen Potentials einer Phase zu arbeiten. Gebräuchlich sind zwei verschiedene Begriffe. Das *äußere* oder *Voltapotential* ψ_α der

Phase α ist die Arbeit, die benötigt wird, um eine Punktladung aus dem Unendlichen in die Nähe der *Oberfläche* der Phase zu bringen. Dieser Punkt in der Nähe der Oberfläche soll sich an einer Stelle befinden, an der Wechselwirkungen mit der Phase noch vernachlässigt werden können; im allgemeinen wird dies in einer Entfernung von $10^{-5} - 10^{-3}$ cm der Fall sein. Das äußere Potential ψ_α ist definitionsgemäß eine meßbare Größe.

Das *innere* oder *Galvanipotential* ϕ_α hingegen ist definiert als die Arbeit, die benötigt wird, um eine Punktladung aus dem Unendlichen ins *Innere* der Phase α zu bringen (s. Abb. 1.5). Es handelt sich dabei um das elektrostatische Potential, welches auf ein geladenes Teilchen innerhalb der Phase wirkt. Unglücklicherweise kann das innere Potential nicht gemessen werden. Bringt man ein wirkliches geladenes Teilchen – im Gegensatz zu einer gedachten Punktladung – ins Innere der Phase, so ist zusätzliche Arbeit erforderlich, da zwischen diesem Teilchen und den Teilchen der Phase chemische Wechselwirkungen auftreten. Bringt man z. B. ein Elektron ins Innere eines Metalls, muß nicht nur elektrostatische Arbeit verrichtet werden, sondern zusätzlich Arbeit gegen die Austausch- und Korrelationsenergie mit den anderen Elektronen.

Die Differenz zwischen innerem und äußerem Potential ergibt das *Oberflächenpotential* $\chi_\alpha = \phi_\alpha - \psi_\alpha$, welches durch eine inhomogene Ladungsverteilung an der Oberfläche verursacht wird. Diese kann verschiedene Ursachen haben. Bei einer Metalloberfläche ist die positive Ladung auf Ionen verteilt, die sich an bestimmten Gitterplätzen befinden, während die Elektronendichte, welche die negative Ladung trägt, über eine Entfernung von etwa 1 Å auf Null abfällt (s. Abb. 1.6). Es entsteht somit ein Dipolmoment der Größenordnung von einigen Volt. Niedrigere Dipolpotentiale entstehen an der Oberfläche von polaren Lösungsmitteln wie Wasser, deren Moleküle ein Dipolmoment besitzen. Durch die Wechselwirkungen zwischen den Molekülen richten sich die Dipole an der Flüssigkeitsoberfläche meist so aus, daß ein Ende bevorzugt zur Oberfläche gerichtet ist. Dies führt zur Bildung eines entsprechenden Dipolpotentials (s. Abb. 1.7).

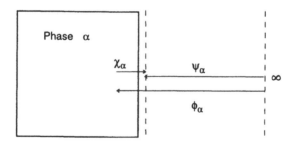

Abbildung 1.5 Zur Definition von innerem, äußerem und Oberflächenpotential

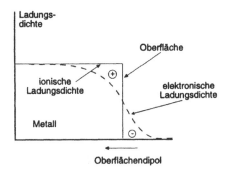

Abbildung 1.6 Ladungsverteilung und Oberflächendipol einer Metalloberfläche. Zur Vereinfachung ist die positive Ladung der Metallionen zu einer konstanten positiven „Hintergrundladung" verschmiert.

Das innere Potential ϕ charakterisiert das Innere einer Phase. Wenngleich es Messungen nicht zugänglich ist, ist es doch eine hilfreiche Größe, vor allem für Modellrechnungen. Zudem kann man die Differenz der inneren Potentiale zweier Phasen messen, wenn sie die gleiche chemische Zusammensetzung haben, ein Aspekt, der weiter unten ausführlicher behandelt werden soll. Das Oberflächenpotential χ ist eine Oberflächeneigenschaft und ist sogar für verschiedene Flächen eines Einkristalls unterschiedlich. Das gleiche gilt demnach auch für das äußere Potential ψ, die verschiedenen Flächen eines Einkristalls haben normalerweise unterschiedliche äußere Potentiale.

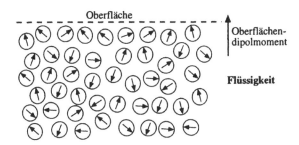

Abbildung 1.7 Orientierung von polaren Molekülen an der Oberfläche einer Flüssigkeit; in diesem Beispiel ist das Dipolmoment vorwiegend nach außen gerichtet. Die mittlere Ausrichtung ist stark übertrieben dargestellt.

1.3   Elektrochemisches Potential

In der Thermodynamik wird das chemische Potential μ_i einer Spezies i definiert als:

$$\mu_i = \left(\frac{\partial G}{\partial N_i} \right)_{p,T} \tag{1.5}$$

wobei G die freie Enthalpie der entsprechenden Phase, p der Druck, T die Temperatur und N_i die Anzahl der Teilchen der Sorte i sind. μ_i bezeichnet also die Arbeit, die erforderlich ist, um ein Teilchen bei konstantem Druck und konstanter Temperatur in das System zu bringen. Alternativ dazu kann man μ_i auch mit Hilfe der Größe m_i, der Molzahl der Spezies i, definieren, die sich von μ_i durch die Avogadro-Zahl unterscheidet. Diese Möglichkeit sei nur angeführt, gearbeitet wird hier mit der ersten Definition des chemischen Potentials.

Sind die Teilchen der Sorte i in der Gl. (1.5) geladen, spricht man statt vom chemischen vom *elektrochemischen Potential* , welches mit $\tilde{\mu}_i$ gekennzeichnet ist. Für $\tilde{\mu}_i$ gelten nun die üblichen thermodynamischen Gleichgewichtsbedingungen. Läuft an einer Elektrode eine Reaktion der Form:

$$\sum_{i,\alpha} \nu_{i,\alpha} A_{i,\alpha} = 0 \tag{1.6}$$

ab, wobei $A_{i,\alpha}$ die reagierenden Stoffe in der Phase α und $\nu_{i,\alpha}$ die zugehörigen stöchiometrischen Koeffizienten bezeichnen, so gilt im Gleichgewicht:

$$\sum_{i,\alpha} \nu_{i,\alpha} \tilde{\mu}_{i,\alpha} = 0 \tag{1.7}$$

Als Spezialfall folgt: Ist die Komponente A_i in den beiden Phasen α und β vorhanden, und ist die Phasengrenze für A_i durchlässig, so lautet die Gleichgewichtsbedingung:

$$\tilde{\mu}_{i,\alpha} = \tilde{\mu}_{i,\beta} \tag{1.8}$$

Fügt man ein geladenes Teilchen einer Phase hinzu, muß auch Arbeit gegen das innere Potential geleistet werden, so daß es nützlich ist, Gl. (1.5) in einen chemischen und einen elektrostatischen Term aufzuschlüsseln:

$$\tilde{\mu}_i = \left(\frac{\partial G}{\partial N_i} \right)_{p,T} = \mu_i + z_i e_0 \phi \tag{1.9}$$

Dabei ist z_i die Ladungszahl der Spezies i, e_0 die Elementarladung. μ_i wird jetzt wieder *chemisches Potential* genannt, bezeichnet es doch die Arbeit, die gegen die chemischen Wechselwirkungen geleistet werden muß. Für ungeladene Teilchen sind chemisches und elektrochemisches Potential identisch.

Am absoluten Nullpunkt besetzen die Elektronen eines Festkörpers gemäß dem Pauli-Prinzip nur die niedrigsten Energieniveaus. Das höchste besetzte Energieniveau bei $T = 0$ ist das Fermi-Niveau E_F. Für Metalle sind bei $T = 0$ Fermi-Niveau und elektrochemisches Potential der Elektronen identisch, da jedes hinzugefügte Elektron das Fermi-Niveau besetzen muß. Bei endlichen Temperaturen unterscheiden sich E_F und $\tilde{\mu}$ um Terme der Größenordnung $(kT)^2$. Diese machen weniger als ein Prozent aus und können für die meisten Belange vernachlässigt werden. Zahlenwerte von E_F und $\tilde{\mu}$ beziehen sich stets auf einen Referenzwert. Bezugspunkte sind häufig eine Bandkante oder das Vakuumniveau, d.h. die Energie eines ruhenden Teilchens im Vakuum. Will man die Fermi-Energien verschiedener Systeme vergleichen, muß man sicher gehen, daß der gleiche Referenzpunkt gewählt wurde.

Für die Elektronen eines Metalls ist die *Austrittsarbeit* Φ definiert als die Arbeit, die erforderlich ist, um ein Elektron aus dem Inneren des Metalls zu einem Punkt gerade außerhalb der Phase zu bringen (vgl. Definition des äußeren Potentials im Abschnitt 1.2). Bei diesem Vorgang wird auch Arbeit gegen das Dipolpotential χ geleistet. Somit enthält die Austrittsarbeit eine oberflächenabhängige Komponente, so daß sie für verschiedene Einkristallflächen unterschiedlich ist. Die Austrittsarbeit hat den gleichen Betrag wie die Fermi-Energie, $E_F = -\Phi$, vorausgesetzt, daß der Referenzpunkt für letztere gerade außerhalb der Metalloberfläche liegt. Wird der Referenzpunkt so gewählt, daß er dem Vakuumniveau entspricht, dann ist die Fermi-Energie: $E_F = -\Phi - e_0\psi$, da zusätzlich die Arbeit $-e_0\psi$ nötig ist, um das Elektron aus dem Vakuum auf die Metalloberfläche zu bringen.

Literatur

[1]   A. Galvani, De Viribus Electricitatis in Motu Musculari Commentarius, *ex Typ. Instituti Scientiarum Bononiae*, 1791; siehe auch: S. Trasatti, *J. Electroanal. Chem.* **197** (1986) 1.

[2]   A. Volta, *Phil. Trans.* II (1800) S. 405 - 431; *Gilbert's Ann.* **112** (1800) 497.

[3]   L. Dunsch, *Geschichte der Elektrochemie*, VEB Deutscher Verlag für Grundstoffindustrie, Leipzig, 1985.

2 Elektrolytlösungen

2.1 Struktur des Wassers

Die meisten Lösungsmittel sind polar, das heißt, ihre Moleküle besitzen ein Dipolmoment. Einige typische Werte sind in Tabelle 2.1 aufgeführt. Zum Vergleich sei angemerkt, daß das Dipolmoment zweier Elementarladungen, die sich in einem Abstand von 1 Å befinden, $1,6 \cdot 10^{-29}$ C m beträgt. Bei guten Lösungsmitteln liegt das Dipolmoment oft nicht viel unter diesem Wert. Die starke elektrostatische Wechselwirkung der Moleküle untereinander ist dann meist auch der Grund, warum die Substanz flüssig ist und nicht gasförmig. Es gibt aber auch gute Lösungsmittel, die nur ein kleines oder gar kein permanentes Dipolmoment besitzen, dafür aber eine große *Polarisierbarkeit* (z.B. CCl_4), so daß die Gegenwart von Ladungen ein induziertes Dipolmoment erzeugt.

Wasser ist das mit Abstand wichtigste Lösungsmittel. Seine Moleküle können zusätzlich Wasserstoffbrückenbindungen eingehen, was die Kohäsionskräfte noch erheblich verstärkt. So kann man sich flüssiges Wasser als ein Netzwerk von Molekülen vorstellen, das durch zum Teil deformierte oder gelockerte Wasserstoffbrücken zusammengehalten wird. Auf Grund ihres Aufbaus– zwei Wasserstoffatome mit positiver Partialladung und zwei freie Elektronenpaare – neigen Wassermoleküle dazu, tetraederartige Strukturen zu bilden. In Abb. 2.1 sieht man einige benachbarte Moleküle; das Bestreben, Wasserstoffbrücken zu bilden, ist deutlich zu sehen, wenn auch die Bindungslängen und Winkel nicht denen einer perfekten Bindung im Eis entsprechen.

Solche Momentaufnahmen dienen zwar der Anschauung, eignen sich aber nicht zur quantitativen Beschreibung der Struktur. Zu diesem Zweck führt man die *Paarkorrelationsfunktion* $g(r)$ ein, welche auf folgende Weise definiert ist: Man denke sich ein bestimmtes Molekül im Ursprung des Koordinatensystems. Die

Tabelle 2.1 Dipolmoment m und Polarisierbarkeit α einiger Lösungsmittel

Stoff	m / C m $\cdot 10^{-30}$	α / m$^3 \cdot 10^{-30}$
H_2O	6,14	1,5
HCl	3,44	2,6
NH_3	4,97	2,26
CCl_4	4,97	2,26

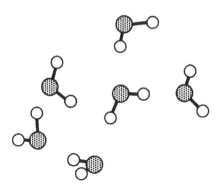

Abbildung 2.1 Einige benachbarte Moleküle in flüssigem Wasser. Diese Konfiguration wurde einer Computersimulation entnommen.

Dichte $\rho(r)$ der anderen Moleküle hängt vom Abstand r ab. Man erhält dann $g(r)$ durch die Normierung auf die mittlere Dichte ρ_0 im Volumen:

$$g(r) = \rho(r)/\rho_0 \tag{2.1}$$

Bei Wasser identifiziert man den Ort des Moleküls meist mit dem des Sauerstoffatoms, denn dieses ist größer und schwerer als die Wasserstoffatome, zudem läßt sich die Paarkorrelationsfunktion der Sauerstoffatome mittels Neutronenstreuung leichter messen. Für große Abstände tendiert die Dichte $\rho(r)$ gegen die mittlere Dichte ρ_0; andererseits können sich keine zwei Moleküle an demselben Ort aufhalten. Also gilt:

$$\lim_{r \to 0} g(r) = 0 \qquad \lim_{r \to \infty} g(r) = 1 \tag{2.2}$$

Dieses Grenzverhalten sieht man deutlich bei der Paarkorrelationsfunktion des Wassers, die in Abb. 2.2 für zwei verschiedene Temperaturen dargestellt ist. Auffällig ist das Maximum bei einem Abstand von ca. 2,7 Å, wo die nächsten Nachbarn sitzen. In größerem Abstand tauchen noch weitere Maxima auf, doch nimmt ihre Amplitude ab. Bei höheren Temperaturen lockert sich die Struktur, und die Maxima sind weniger ausgeprägt. Über die genaue räumliche Anordnung der Moleküle, also etwa über Bindungswinkel, liefern diese Verteilungsfunktionen allerdings keine direkten Aussagen, doch kann man die aus Modellen berechneten Kurven mit den gemessenen vergleichen und feststellen, ob ein Modell mit den experimentellen Daten verträglich ist.

Die ausgeprägten Oszillationen in der Paarkorrelationsfunktion sind vor allem ein Packungseffekt; man findet sie schon in dem einfachsten Modell für eine Flüssigkeit: einem Ensemble von harten Kugeln. Wie der Name schon besagt,

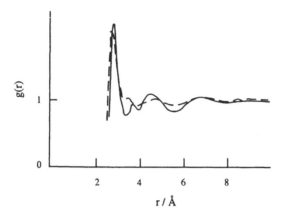

Abbildung 2.2 Paarkorrelationsfunktion des Wassers bei zwei verschiedenen Temperaturen; die durchgezogene Linie ist für 4° C, die gestrichelte für 75° C. Die Daten wurden [1] entnommen.

besteht dieses aus identischen Kugeln mit einem Radius R_0, die nicht überlappen können, aber ansonsten keine Kräfte aufeinander ausüben. Sie wechselwirken also mit der Potentialfunktion:

$$V(r) = \begin{cases} \infty & \text{für} \quad r < 2R_0 \\ 0 & \text{für} \quad r \geq 2R_0 \end{cases} \qquad (2.3)$$

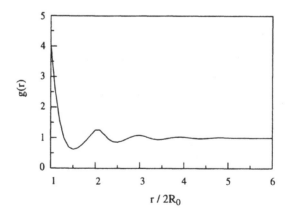

Abbildung 2.3 Paarkorrelationsfunktion eines Ensembles von harten Kugeln mit einer Dichte von $3,2 \cdot 10^{22} \text{cm}^{-3}$.

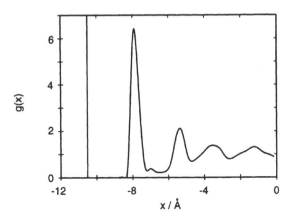

Abbildung 2.4 Verteilungsfunktion für Wasser an einer ungeladenen Silberoberfläche, nach einer Computersimulation von Leiva [2].

Bei höheren Dichten zeigt auch die Paarkorrelationsfunktion für harte Kugeln Oszillationen (s. Abb. 2.3). Die Wasserstoffbrücken des Wassers bewirken die Feinstruktur der Korrelationsfunktion, die bei harten Kugeln nicht auftritt.

In der Elektrochemie interessiert man sich besonders für die Struktur des Wassers an der Elektrodenoberfläche. An die Stelle der Paarkorrelationsfunktion $g(r)$ tritt hier die Verteilungsfunktion $g(x)$, die normierte Dichte als Funktion des Abstands von der Oberfläche. Leider läßt sich diese nicht direkt messen, so daß wir unsere Kenntnisse aus Computersimulationen beziehen müssen. Dabei hofft man, daß Wassermodelle, welche die Struktur im Inneren, also $g(r)$, korrekt wiedergeben, auch gute Ergebnisse an Phasengrenzen liefern. Ein schwieriger Punkt ist die Wechselwirkung des Wassers mit der Elektrode, die nur unzulänglich bekannt ist. Trotzdem liefern Simulationen mit verschiedenen Annahmen zumindest qualitativ ähnliche Strukturen. Als Beispiel zeigt die Abb. 2.4 eine berechnete Verteilungsfunktion für Wasser an einer Silberoberfläche. Wiederum gibt es die typischen Oszillationen, deren Amplitude mit zunehmender Entfernung von der Elektrode abnimmt.

Neben der Verteilung der Wassermoleküle ist ihre Orientierung an der Oberfläche wichtig. Auch diese kann man nicht messen, doch sprechen sowohl experimentelle Daten als auch Computersimulationen dafür, daß im Mittel die Wassermoleküle, die im direkten Kontakt mit einer ungeladenen Metalloberfläche stehen, eine kleine mittlere Orientierung mit dem Sauerstoffende zur Oberfläche aufweisen, die umso größer ist, je stärker die Wechselwirkung mit dem Metall ist. Diese Ausrichtung erzeugt ein Oberflächenpotential, welches in der Größenordnung von ca. 0,1 - 0,7 V liegt. Diese Schätzung beruht zum Teil auf Messungen an Metalloberflächen im Vakuum; die Adsorption einer Monoschicht von Wasser führt dort zu einer Erniedrigung der Austrittsarbeit von der angegebenen Größe.

Man darf freilich bei solchen Übertragungen aus den Oberflächenwissenschaften in die Elektrochemie nicht vergessen, daß dort die Messungen oft bei viel tieferen Temperaturen durchgeführt werden und daß sich eine Monoschicht anders verhält als die Oberfläche einer Phase. In diesem Fall führen Abschätzungen auf Grund elektrochemischer Daten aber zu ähnlichen Werten.

Die mittlere Orientierung des Wassers ändert sich, sobald eine Ladung auf die Elektrode gebracht wird. Eine Oberflächenladung σ erzeugt ein äußeres elektrostatisches Feld $E = \sigma/\epsilon_0$, welches die Wassermoleküle ausrichtet. Die Orientierung des Dipolmoments ist dabei dem äußeren Feld entgegengesetzt, so daß dieses abgeschwächt wird. In großer Entfernung von der Elektrode beträgt in reinem Wasser die gesamte, makroskopische Feldstärke nur noch $\sigma/\epsilon\epsilon_0$, wobei ϵ die Dielektrizitätskonstante des Wassers ist. Das äußere Feld wird also etwa um den Faktor 80 abgeschwächt, man spricht auch von einer *Abschirmung* des Feldes. Unmittelbar an der Oberfläche ist die Feldstärke allerdings größer; die Abschirmung wird erst bei größeren Abständen voll wirksam, weil es dazu einer großen Anzahl von Wassermolekülen bedarf.

2.2 Solvatisierung von Ionen

Das Dipolmoment der Solvensmoleküle – sei es permanent oder induziert – bewirkt eine starke Wechselwirkung mit Ionen, die man als *Solvatisierung* , im Falle des Wassers auch als *Hydratation* , bezeichnet. Quantitativ läßt sich diese durch die *freie Solvatisierungsenthalpie* des Ions erfassen, wobei es, ähnlich wie beim Potential, zwei verschiedene Größen gibt: eine meßbare und eine nichtmeßbare. Die meßbare Größe heißt *reale freie Solvatisierungsenthalpie* ΔG^r_{sol} und ist folgendermaßen definiert:

> *Die reale freie Solvatisierungsenthalpie eines Ions ist die Arbeit, die man aufwenden muß, um ein Ion aus dem Vakuum in die Lösung zu bringen.*

Wenn freie Enthalpie gewonnen wird, hat sie konventionsgemäß ein negatives Vorzeichen, – andernfalls lösen sich die Ionen nicht. Diese Definition hat eine gewisse Ähnlichkeit mit derjenigen für die elektronische Austrittsarbeit; die reale freie Solvatisierungsenthalpie ist sozusagen die Austrittsarbeit des Ions aus der Lösung, aber mit negativem Vorzeichen. Sie läßt sich ebenfalls in zwei Anteile aufspalten: Einen Volumenanteil, der von der Wechselwirkung mit dem Lösungsmittel herrührt, und einen Oberflächenanteil, der von der Arbeit $ze_0\chi$ stammt, die ein Ion mit der Ladungszahl z beim Durchtritt durch die Oberfläche gegen das Oberflächenpotential χ leisten muß. In Tabelle 2.2 sind einige experimentelle Werte für die reale freie Solvatisierungsenthalpie einfacher Ionen angegeben.

In den meisten Tabellenwerken findet man freilich nur den nicht meßbaren Volumenanteil, den man *freie Solvatisierungsenthalpie* ΔG_{sol} nennt. Messen kann

Tabelle 2.2 Hydratisierungsenthalpien einiger Ionen (in kJ mol^{-1}). Die Werte für ΔG_{sol}^r sind der Arbeit von Randles [3] entnommen, die Werte für ΔG_{sol} stammen aus Latimer [4]; dabei wurde für das Proton eine freie Solvatisierungsenthalpie von -1081,6 kJ mol^{-1} zugrunde gelegt.

Ion	Radius / Å	$-\Delta G_{sol}$	$-\Delta G_{sol}^r$	$-\Delta G_{sol}^{Born}$
Li$^+$	0,60	517,5	511,6	1139,8
Na$^+$	0,95	411,9	411,5	719,9
K$^+$	1,33	338,5	337,7	514,2
Rb$^+$	1,48	321,0	316,3	462,1
Cs$^+$	1,69	297,5	284,1	404,7
F$^-$	1,36	434,9	415,2	502,9
Cl$^-$	1,81	317,6	296,2	377,8
Br$^-$	1,95	303,8	271,9	350,7
I$^-$	2,16	257,3	239,7	316,6

man diese Größe nur für ein Salz, da sich dabei die Oberflächenanteile der beteiligten Ionen aufheben. Um sie in Werte für die Einzelionen aufzuspalten, bedarf es einer Konvention. Zudem setzt dies voraus, daß sich die Solvatisierungsenergien in folgendem Sinne additiv verhalten: Untersucht man eine Reihe von Salzen der Form AX, muß die Differenz der freien Solvatisierungsenthalpien zwischen A_1X_1 und A_2X_1 gleich derjenigen zwischen den Salzen A_1X_2 und A_2X_2 sein; dies ist dann offenbar die Differenz der freien Solvatisierungsenthalpien zwischen den beiden Ionen A_1 und A_2. Dieses Prinzip ist bei kleinen Salzkonzentrationen gut erfüllt – es dürfen sich jedoch keine Ionenpaare in der Lösung bilden. Somit genügt es, die freie Solvatisierungsenthalpie eines einzigen Ions festzusetzen; für alle anderen kann man sie dann aus den Werten für die Salze erhalten. Solche Konventionen beruhen meist auf expliziten Modellen für die Solvatisierung, auf die hier nicht weiter eingegangen werden soll. Tabelle 2.2 gibt einige solcher konventioneller Werte für wässrige Lösung an.

Die beiden verschiedenen Arten der freien Solvatisierungsenthalpie unterscheiden sich nur um den Oberflächenterm

$$\Delta G_{sol}^r - \Delta G_{sol} = ze_0\chi \tag{2.4}$$

der bei einem gegebenem Lösungsmittel lediglich von der Ladungszahl des Ions abhängt. Deswegen sollten die Differenzen der dritten und vierten Spalte in Tabelle 2.2 dem Betrag nach konstant sein, doch sind die experimentellen Werte, auf denen die Tabelle beruht, offenbar nicht sehr genau.

Da die Solvatisierung der Ionen weitgehend auf elektrostatischen Kräften beruht, wird in dem einfachsten Modell das Lösungsmittel als ein dielektrisches Kontinuum betrachtet und ein Ion als eine geladene Kugel mit einem Radius R. Die freie Solvatisierungsenthalpie ist dann die Energie, die man gewinnt, wenn man die Kugel aus dem Vakuum in das Dielektrikum bringt. Um diese zu berechnen, benötigt man die elektrostatische Energie einer geladenen Kugel in einem Dielektrikum. Dies ist die Energie, die man braucht, um eine zunächst ungeladene Kugel aufzuladen.

Dazu betrachte man eine Kugel mit Radius R, die bereits eine Ladung Q trägt, in einem Dielektrikum. Diese erzeugt ein Potential $V(r) = Q/4\pi\epsilon\epsilon_0 r$. Folglich benötigt man eine Arbeit:

$$\delta W = \frac{Q}{4\pi\epsilon\epsilon_0 R}\delta Q \tag{2.5}$$

um eine zusätzliche Ladung δQ auf die Kugel zu bringen. Die gesamte Arbeit zum Aufladen der Kugel ergibt sich durch Integration:

$$W = \int_0^\infty \frac{Q}{4\pi\epsilon\epsilon_0 R}\,dQ = \frac{Q^2}{8\pi\epsilon\epsilon_0 R} \tag{2.6}$$

Um die freie Solvatisierungsenthalpie zu erhalten, zieht man von der elektrostatischen Energie im Dielektrikum diejenige für die Kugel im Vakuum ab; letztere erhält man, indem man $\epsilon = 1$ setzt. Somit ergibt sich die von *Born* aufgestellte Formel:

$$\Delta G_{sol} = -\left(1 - \frac{1}{\epsilon}\right)\frac{(ze_0)^2}{8\pi\epsilon_0 R} \tag{2.7}$$

Wie zu erwarten, ist nach dieser Formel die Solvatisierungsenergie umso größer, je höher die Ladung, wobei deren Vorzeichen keine Rolle spielt; mit zunehmendem Ionenradius nimmt sie ab. Überraschen mag hingegen, daß sie nur schwach von der Dielektrizitätskonstanten ϵ abhängt: Bei guten Lösungsmitteln liegt der Term $1/\epsilon$ in der Größenordnung von 10^{-2} und ist damit gegenüber eins fast zu vernachlässigen. Nach dieser Formel verliert das Ion fast seine ganze elektrostatische Energie, wenn es vom Vakuum in die Lösung gebracht wird.

Natürlich kann ein so einfaches Modell nicht mehr als die Größenordnung der Solvatisierungsenergie und ihre Abhängigkeit von den Systemparametern wiedergeben (s. Tabelle 2.2). Insbesondere bei kleinen Ionen liefert die Bornsche Formel zu große Werte, da dort die elektrischen Felder besonders groß sind und dielektrische Sättigung auftritt, die bei der Ableitung nicht berücksichtigt wurde. Bei besseren Modellen wird zumindest die primäre Solvathülle – also die Solvensmoleküle, die in unmittelbarem Kontakt mit dem Ion stehen – auf molekularer Ebene behandelt. Solche Modelle werden ausführlicher in [5] behandelt.

2.3   Wechselwirkung zwischen den Ionen

Die große Dielektrizitätskonstante guter Lösungsmittel schwächt die elektrostatische Wechselwirkung zwischen den Ionen erheblich ab – andernfalls ließen sich Salze gar nicht lösen. Trotzdem bleibt die Coulomb-Wechselwirkung stark genug, um die Verteilung der Ionen erheblich zu beeinflussen. Im Inneren der Lösung herrscht an jeder Stelle *Elektroneutralität*, d.h. in jedem Volumenelement mit makroskopischen Dimensionen ist die gesamte Ladung Null. Deshalb ordnen sich in der Umgebung jedes einzelnen Ions die anderen Ionen so an, daß sich im räumlichen Mittel die Ladung ausgleicht. In ähnlicher Form tritt dieses Problem an Phasengrenzen auf; dort kann es zu einer räumlichen Ladungstrennung kommen, wobei sich die Überschußladungen auf beiden Seiten exakt kompensieren (s. die Diskussion in Abschnitt 1.2).

Ein einfaches Modell für die mittlere räumliche Anordnung der Ionen wurde von Debye und Hückel aufgestellt. Die Ionen werden dabei als Punktladungen behandelt, das Lösungsmittel, wie schon bei der Bornschen Theorie für die Solvatisierung, als dielektrisches Kontinuum. Die Verteilung der Teilchen wird durch zwei Faktoren beeinflußt: die elektrostatische Wechselwirkung, welche die Abstände zwischen entgegesetzt geladenen Teilchen zu verringern sucht, und die thermische Bewegung, welche nach einer gleichmäßigen mittleren Verteilung aller Teilchen strebt. Zur mathematischen Beschreibung denkt man sich ein Zentralion mit der Ladungszahl z im Ursprung des Koordinatensystems und berechnet die mittlere Verteilung der Ionen in seiner Umgebung als Funktion des radialen Abstands r. Die Coulomb-Kräfte gehorchen der Poisson-Gleichung:

$$\Delta\phi(r) = \frac{1}{r^2}\frac{d}{dr}\left(r^2\frac{d}{dr}\right)\phi(r) = -\frac{\rho(r)}{\epsilon\epsilon_0} \tag{2.8}$$

Wegen der sphärischen Symmetrie des Problems genügt es, die radiale Komponente des Laplace-Operators Δ zu betrachten. Die Ladungsdichte $\rho(r)$ wird durch die Teilchendichten $n_+(r)$ und $n_-(r)$ der Kationen und Anionen bestimmt. Beschränkt man sich auf die Lösung eines einfachen Salzes, bei dem Kationen und Anionen dieselbe Ladungszahl z haben – einen sogenannten z-z Elektrolyten – so gilt:

$$\rho(r) = ze_0[n_+(r) - n_-(r)] \tag{2.9}$$

Die Teilchendichten hängen nun ihrerseits über die Boltzmann-Verteilung vom Potential $\phi(r)$ ab:

$$\begin{aligned} n_+(r) &= n_0 \exp{-\frac{ze_0\phi(r)}{kT}} \\ n_-(r) &= n_0 \exp{\frac{ze_0\phi(r)}{kT}} \end{aligned} \tag{2.10}$$

wobei n_0 die Konzentration der beiden Ionensorten im Innern der Lösung bezeichnet. Eigentlich müßte in Gl. (2.10) in den Exponenten nicht das elektrostatische Potential ϕ sondern das sogenannte *Potential der mittleren Kraft* stehen, doch wird der Unterschied zwischen diesen beiden Größen erst bei hohen Elektrolytkonzentrationen bedeutsam, bei denen dieses einfache Modell sowieso nicht mehr gilt. Mit Hilfe der Gleichungen (2.9) und (2.10) kann man nun die Teilchendichte aus der Poissongleichung eliminieren, und man erhält die *Poisson-Boltzmann Gleichung*:

$$\frac{1}{r^2}\frac{d}{dr}\left(r^2\frac{d}{dr}\right)\phi(r) = -\frac{ze_0 n_0}{\epsilon\epsilon_0}\left(\exp{-\frac{ze_0\phi(r)}{kT}} - \exp{\frac{ze_0\phi(r)}{kT}}\right) \tag{2.11}$$

Diese enthält zwar lediglich das unbekannte Potential ϕ, doch läßt sie sich in dieser Form nicht analytisch lösen. Beschränkt man sich jedoch auf den Fall kleiner Konzentrationen, so ist der mittlere Abstand zwischen den Teilchen so groß, daß die elektrostatische Energie eines Ions klein gegenüber seiner thermischen Energie ist. Es gilt dann: $|ze_0\phi| << kT$, und es genügt, die beiden Exponentialterme zu entwickeln und nur Terme der ersten Ordnung zu berücksichtigen. Diese Näherung begrenzt die Gültigkeit der Debye-Hückel-Theorie für $z = 1$ auf Konzentrationen unterhalb von etwa 10^{-3} molar, bei höheren Ladungszahlen auf noch kleinere Werte. Da das Modell nur bei kleinen Konzentrationen realistisch ist, bedeutet dies keine wesentliche Beschränkung der Theorie.

Man erhält somit die *lineare Poisson-Boltzmann Gleichung*:

$$\frac{1}{r^2}\frac{d}{dr}\left(r^2\frac{d}{dr}\right)\phi(r) = \frac{2(ze_0)^2 n_0}{\epsilon\epsilon_0 kT}\,\phi(r) \tag{2.12}$$

Diese läßt sich mit dem Ansatz

$$\phi(r) = \frac{u(r)}{r} \tag{2.13}$$

lösen, wobei sich eine einfache lineare Differentialgleichung 2. Ordnung ergibt:

$$\frac{d^2}{dr^2}u(r) = \kappa^2 u(r) \tag{2.14}$$

wobei

$$\kappa = ze_0\sqrt{\frac{2n_0}{\epsilon\epsilon_0 kT}} \tag{2.15}$$

die *inverse Debye-Länge* bezeichnet; entsprechend heißt $L_D = 1/\kappa$ die *Debye-Länge*. Die Bedeutung dieser Größen wird sich weiter unten ergeben. Die allgemeine Lösung von Gl. (2.14) hat die Form:

$$u(r) = Ae^{-\kappa r} + Be^{\kappa r} \tag{2.16}$$

mit zunächst unbekannten Koeffizienten A und B, die durch die Randbedingungen festgelegt werden müssen. Da das Potential in großer Entfernung von dem Zentralion endlich bleiben muß, folgt $B = 0$. Die Konstante A ergibt sich aus der Bedingung der Elektroneutralität, nach der die Ladung auf dem Zentralion von der umgebenden Ladung kompensiert werden muß:

$$ze_0 = -4\pi\int_0^\infty \rho(r)r^2\,dr \tag{2.17}$$

Da in der hier verwendeten linearer Näherung

$$\rho(r) = \frac{2(e_0 z)^2 e_0}{kT}\, \phi(r) \qquad (2.18)$$

gilt, ergibt sich:

$$A = \frac{z e_0}{4\pi\epsilon\epsilon_0} \qquad (2.19)$$

Insgesamt erhält man also für das elektrostatische Potential und die Ladungsverteilung in der Umgebung des Zentralions:

$$\phi(r) = \frac{z e_0}{4\pi\epsilon\epsilon_0 r}\, \exp{-\kappa r}$$

$$\rho(r) = \kappa^2 \frac{z e_0}{4\pi r}\, \exp{-\kappa r} \qquad (2.20)$$

Das Potential des Zentralions nimmt also durch den Einfluß der umgebenden Ionen im wesentlichen exponentiell mit dem Radius ab, wobei die Debye-Länge $L_D = 1/\kappa$ die Rolle einer charakteristischen Abfallänge spielt, welche die Reichweite der Wechselwirkung bestimmt. Anschaulich kann man sich das so vorstellen: Das Zentralion wird von einer Raumladungswolke umgeben, deren Dichte durch $\rho(r)$ und deren Ausdehnung durch L_D bestimmt werden. Je größer die Konzentration und die Ladungszahl der Ionen, desto stärker ist die Wechselwirkung zwischen den Ionen, umso kleiner ist dann L_D und damit die Ausdehnung der Raumladung. Umgekehrt führt eine Erhöhung der Temperatur zu einer gleichmäßigeren Verteilung der Ionen und damit zu einer Erhöhung der Debye-Länge. Tabelle 2.3 gibt einige charakteristische Werte für L_D bei Raumtemperatur an.

In der Lösung ist das elektrostatische Potential eines Ions also erheblich schwächer als im Vakuum, man sagt auch, daß die umgebenden Ionen die Ladung des Zentralions *abschirmen*. Diesen Effekt findet man stets bei Systemen mit beweglichen Ladungsträgern, so zum Beispiel auch in Metallen und Halbleitern.

Die elektrostatischen Wechselwirkungen der Ionen beeinflussen ihre freie Enthalpie. Deswegen weicht das elektrochemische Potential einer Elektrolytlösung von dem Wert für eine ideale verdünnte Lösung ab, was sich in den Aktivitätskoeffizienten niederschlägt. Der Vollständigkeit halber sei diese Anwendung der Debye-Hückel-Theorie hier angeführt, obwohl sie für Phasengrenzen weniger wichtig ist. Dazu spaltet man das elektrostatische Potential auf in die Beiträge ϕ_I des Zentralions und ϕ_W der umgebenden Raumladungswolke :

$$\phi(r) = \phi_I(r) + \phi_W(r)$$

Tabelle 2.3 Debye-Längen für eine wässrige Lösung eines vollständig dissoziierten 1-1 Elektrolyten bei Raumtemperatur

Konzentration / mol l^{-1}	10^{-4}	10^{-3}	10^{-2}	10^{-1}
Debye-Länge/ Å	304	96	30,4	9,6

$$\phi_I(r) = \frac{ze_0}{4\pi\epsilon\epsilon_0 r}$$

$$\phi_W(r) = \frac{ze_0}{4\pi\epsilon\epsilon_0 r}[\exp(-\kappa r) - 1] \qquad (2.21)$$

Die Energie des Zentralions im Potential der Raumladung beträgt dann:

$$W_I = ze_0\phi_W(0) = -\frac{(ze_0)^2\kappa}{4\pi\epsilon\epsilon_0} \qquad (2.22)$$

Man erhält hieraus den Beitrag für ein mol, indem man mit der Avogadro-Zahl N_A multipliziert und durch zwei dividiert – jedes Ion gehört ja auch zur Raumladung der anderen Ionen, und bei einer einfachen Summation würde man alle Wechselwirkungen doppelt zählen. Also ergibt sich:

$$\Delta\tilde{\mu}_I = -\frac{N_A(ze_0)^2\kappa}{8\pi\epsilon\epsilon_0} \qquad (2.23)$$

Diese Abweichung vom idealen Verhalten wird formal durch den Aktivitätskoeffizienten γ_I beschrieben:

$$\Delta\tilde{\mu}_I = RT\ln\gamma_I \qquad (2.24)$$

Der Aktivitätskoeffizient eines einzelnen Ions ist freilich nicht meßbar; deswegen wird ein mittlerer Aktivitätskoeffizient definiert, und zwar für den hier betrachteten Fall eines z-z Elektrolyten durch:

$$\gamma_\pm = \sqrt{\gamma_+\gamma_-} \qquad (2.25)$$

wobei der Index '+' für die Kationen und '-' für die Anionen steht. Im Rahmen des hier verwendeten Modells ergibt sich:

$$\ln\gamma_\pm = \ln\gamma_+ = \ln\gamma_- = -\frac{N_A(ze_0)^2\kappa}{8\pi RT\epsilon\epsilon_0} \qquad (2.26)$$

Da diese Beziehung nur für kleine Elektrolytkonzentrationen gilt, ist sie auch als *Debye-Hückelsches Grenzgesetz* bekannt.

Das Phänomen, welches der Debye-Hückel-Theorie zu Grunde liegt – die Abschirmung einer Ladung durch bewegliche Ladungsträger, die sich zu einer Raumladungswolke anordnen – findet sich auch an Phasengrenzen. So wird in Kapitel 5 behandelt, wie eine Ladung auf einer Metallelektrode die Anordnung der Ionen in einer angrenzenden Elektrolytlösung beeinflußt.

Literatur

[1]   A.H. Narten, M.D. Denford und H.A. Levy, *Disc. Faraday Soc.* **43** (1967) 97.

[2]   E. Leiva, unveröffentlicht, private Mitteilung.

[3]   J.E.B. Randles, *Trans. Farad. Soc.* **52** (1956) 1573.

[4]   W.M. Latimer, *The Oxidation States of the Elements and their Potentials in Aqueous Solutions*, Prentice Hall, Englewood Cliffs, N. J., 1952.

[5]   J. O'M. Bockris und A.K.N. Reddy, *Modern Electrochemistry*, Vol. 1, Plenum Press, New York, 1970.

3 Das Elektrodenpotential

3.1 Absolutes Elektrodenpotential

Der absolute Wert elektrostatischer Potentiale hat keine direkte Bedeutung; signifikant ist lediglich deren Differenz. Deswegen müssen Potentiale relativ zu einem Bezugspunkt angegeben werden, wobei man oft, zum Beispiel bei der Formulierung des Coulomb-Gesetzes, einen unendlich fernen Punkt wählt. Für praktische Messungen ist dieser freilich kaum geeignet, deswegen wird in der Elektrochemie das Potential einer Arbeitselektrode relativ zu einer Bezugselektrode gemessen, deren Wahl durch praktische Gesichtpunkte bestimmt ist.

In der Praxis bestimmt man die Potentialdifferenz zwischen Arbeits- und Bezugselektrode mit einem Voltmeter. Dieses mißt die Differenz der elektrochemischen Potentiale der beiden Elektroden, wie folgende Überlegung zeigt: Beim Messen verbindet man das Voltmeter über zwei gleiche Drähte, z.B. zwei Kupferkabel, mit den beiden Elektroden. Da zwischen jeder Elektrode und ihrer Zuleitung elektronisches Gleichgewicht herrscht, haben beide dasselbe elektrochemische Potential. Das Voltmeter zeigt die Differenz der elektrochemischen Potentiale der beiden Zuleitungen an – diese ist gleich der Differenz der inneren Potentiale, da sie aus demselben Material bestehen. Folglich gibt das gemessene Elektrodenpotential die Differenz der elektrochemischen Potentiale zwischen Arbeits- und Bezugselektrode wieder.

In der Praxis sind verschiedene Bezugselektroden üblich [1], doch hat sich in der Elektrochemie die Normal-Wasserstoffelektrode (NHE = normal hydrogen electrode) als Standard durchgesetzt, auf den man die gemessene Werte bezieht. Sie dient auch den üblichen Tabellen der Standard-Gleichgewichtspotentiale von elektrochemischen Reaktionen [2] als Basis. Die Wahl der Wasserstoffelektrode ist willkürlich; außerhalb der Elektrochemie spielt sie keinerlei Rolle als Bezugssystem. Deshalb ist es natürlich, nach einem Bezugspunkt zu suchen, der auch in anderen Gebieten der Physik und Chemie Anwendung findet.

Wie im ersten Kapitel dargelegt, werden charakteristische Energien von Festkörpern, z.B. Austrittsarbeit und Fermi-Energie, auf das Vakuum bezogen. Es liegt deshalb nahe, das Vakuum auch für elektrochemische Energien als sogenannten 'absoluten' Bezugspunkt zu wählen. Um diese Idee zu verfolgen, untersucht man zunächst die Verhältnisse an der Phasengrenze zwischen zwei Festkörpern und betrachtet zwei Metalle I und II mit unterschiedlichen Austrittsarbeiten Φ_I und Φ_{II}. Werden diese beiden Metalle miteinander in Kontakt gebracht, muß das unterschiedlich hohe Fermi-Niveau ausgeglichen werden. Also fließen Elektronen

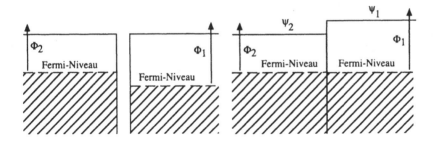

Abbildung 3.1 Zwei Metalle mit unterschiedlicher Austrittsarbeit bevor (a) und nachdem (b) sie in Kontakt miteinander gebracht wurden (schematisch)

vom Metall mit der niedrigeren Austrittsarbeit zu dem Metall mit der höheren Austrittsarbeit, so daß eine Dipolschicht an der Phasengrenze entsteht, die ein unterschiedliches äußeres Potential der beiden Phasen bewirkt (s. Abb. 3.1). Es muß dann keine Arbeit mehr geleistet werden, um ein Elektron von I nach II zu bringen, da sich die beiden Systeme im Gleichgewicht befinden. Diese Tatsache erlaubt es, die Differenz der äußeren Potentiale der beiden Metalle zu berechnen. Dazu wird zunächst ein Elektron vom Fermi-Niveau E_F des Metalls I ins Vakuum außerhalb des Metalls gebracht. Die dazu erforderliche Arbeit entspricht der Austrittsarbeit Φ_I. Anschließend wird das Elektron aus dem Vakuum zu einem Punkt oberhalb des Metalls II gebracht; die Arbeit, die dafür aufgebracht werden muß, ist: $-e_0(\psi_{II} - \psi_I)$. Wird dieses Elektron schließlich auf das Fermi-Niveau des Metalls II transferiert, wird die Energie $-\Phi_{II}$ gewonnen. Da die Gesamtenergie des Prozesses gleich Null sein muß, erhält man:

$$\psi_I - \psi_{II} = \frac{-(\Phi_I - \Phi_{II})}{e_0} \tag{3.1}$$

Also kann man die Differenz der äußeren Potentiale zweier Metalle aus ihren Austrittsarbeiten berechnen. Aus der gleichen Überlegung folgt auch, daß die unterschiedlichen Flächen eines Einkristalls verschiedene äußere Potentiale haben, wenn ihre Austrittsarbeiten nicht gleich sind.

Analog zu dem obigen Gedankengang soll die "Austrittsarbeit" einer elektrochemischen Reaktion – bezogen auf das Vakuum-Niveau – so definiert werden, daß man mit ihrer Hilfe die Differenz der äußeren Potentiale für die Phasengrenze Metall/Elektrolyt berechnen kann. Erläutert sei dies am Beispiel der Reaktion $Fe^{2+} \leftrightarrow Fe^{3+} + e^-$. Dazu betrachtet man ein Metall M, das in eine Lösung taucht, die zu gleichen Teilen Fe^{3+}- und Fe^{2+}-Ionen enthält, wobei sich die Reaktion im Gleichgewicht befinden soll. Die Austrittsarbeit des Redoxpaars wird dann definiert als die Arbeit, die erforderlich ist, um ein Elektron aus dem Fe^{2+}-Ion zu entfernen und in das Vakuum über die Lösung zu bringen, wobei ein Fe^{3+} zurückbleibt. Wir zerlegen diesen Vorgang in drei Schritte:

1. Zunächst wird ein Fe^{2+}-Ion aus der Lösung in das Vakuum über der Lösung gebracht; die erforderliche Arbeit ist das Negative von $\Delta G_{sol}^r(Fe^{2+})$, der realen Lösungsenthalpie des Fe^{2+} Ions (s. Kapitel 2).

2. Das Fe^{2+}-Ion gibt ein Elektron ab: $Fe^{2+} \rightarrow Fe^{3+} + e^-$; die dafür erforderliche Arbeit ist die dritte Ionisierungsenergie I_3 des Eisens.

3. Das entstandene Fe^{3+} Ion wird in die Lösung zurückgegeben, dabei wird die Energie $\Delta G_{sol}^r(Fe^{3+})$ gewonnen.

Addiert man die Energien dieses Vorgangs, erhält man für die Austrittsarbeit:

$$\Phi(Fe^{3+}/Fe^{2+}) = \Delta G_{sol}^r(Fe^{3+}) - \Delta G_{sol}^r(Fe^{2+}) - I_3 \qquad (3.2)$$

Alle Größen, die auf der rechten Seite der Gleichung stehen, sind meßbar, so daß die Austrittsarbeit wohl definiert ist.

Glücklicherweise muß man nicht für jede Elektrodenreaktion die Austrittsarbeit auf diese Weise berechnen. Wie im nächsten Abschnitt explizit gezeigt wird, ist die Differenz der Potentiale zweier Elektroden (gemessen in Volt), die sich im Gleichgewicht befinden, gleich der Differenz der Austrittsarbeiten der Elektrodenreaktionen (gemessen in eV). Es reicht also aus, die Austrittsarbeit einer bestimmten Reaktion in einem gegebenen Lösungsmittel zu kennen. Für die NHE (also für H_2/H^+) wird die Austrittsarbeit auf $4,5 \pm 0,2$ eV geschätzt – die relativ große Unsicherheit rührt daher, daß die erforderlichen Größen bisher nicht mit der erforderlichen Genauigkeit gemessen wurden. Die Austrittsarbeit jeder beliebigen elektrochemischen Reaktion erhält man durch einfaches Addieren dieses Wertes zu dem Standardelektrodenpotential auf der NHE-Skala. Dividiert man die erhaltenenen Werte der Austrittsarbeit durch die Einheitsladung (oder rechnet man diese von Elektronenvolt in Volt um) ergibt sich die *absolute Skala der elektrochemischen Potentiale*.

Da sich herkömmliche und absolute Potentialskala lediglich durch eine Konstante unterscheiden, hängt auch das absolute Potential gemäß der Nernst-Gleichung von der Konzentration der Reaktanden ab. Diese Abhängigkeit ist eigentlich auch in Gl. (3.2) enthalten, beinhalten doch die freien Lösungsenthalpien die Entropie, die von der Konzentration der beteiligten Teilchen in der Lösung abhängt.

Die Austrittsarbeit einer elektrochemischen Reaktion läßt sich genau so zur Berechnung der Differenz der äußeren Potentiale an einer Phasengrenze benutzen wie die Austrittsarbeit von Metallen. Wenn sich z.B. an einer Platinelektrode die Reaktion $Fe^{2+} \leftrightarrow Fe^{3+} + e^-$ im Gleichgewicht befindet, läßt sich die Differenz der äußeren Potentiale zwischen Elektrode und Lösung nach Gl.(3.1) aus der Differenz der Austrittsarbeiten berechnen.

Für ein Metall beschreibt das Negative der Austrittsarbeit, $-\Phi$, die Lage des Fermi-Niveaus bezüglich des Vakuums außerhalb des Metalls. Analog dazu nennt man das Negative der Austrittsarbeit einer elektrochemischen Reaktion das Fermi-Niveau E_F(redox) der Reaktion im Vakuum; in diesem Kontext ist das Fermi-Niveau gleichzusetzen mit dem elektrochemischen Potential. Hat man den gleichen Referenzpunkt für das Metall und das Redoxpaar gewählt, sind die Gleichgewichtsbedingungen einfach zu beschreiben: E_F(metal)= E_F(redox). Daher eignet sich der Begriff des Fermi-Niveaus auch zur Beschreibung eines Redoxpaars. Dies bedeutet jedoch nicht, daß sich in der Lösung freie Elektronen befinden, die der Fermi-Dirac Statistik gehorchen, ein Mißverständnis, das einem leider zuweilen in der Literatur begegnet.

3.2 Meßanordnung mit drei Elektroden

Normalerweise untersuchen Elektrochemiker eine bestimmte Phasengrenze zwischen einer Elektrode und einem Elektrolyten. Damit Strom fließen kann, ist aber immer die Anwesenheit mindestens einer weiteren Elektrode notwendig. Zudem benötigt man eine Bezugselektrode, um das Potential der Arbeitselektrode bestimmen zu können. Da das Potential der Bezugselektrode konstant bleiben muß, sollte kein Strom durch diese fließen. So setzt man in der Praxis drei Elektroden ein: eine Arbeitselektrode, die man untersuchen möchte, eine Meßelektrode, die den Strom aufnimmt, und eine Bezugselektrode (Abb. 3.2). Bei dieser Anordnung ist es wichtig, den ohmschen Spannungsabfall zwischen Arbeits- und Bezugselektrode möglichst gering zu halten. Dies kann dadurch erreicht werden, daß die Bezugselektrode in einer getrennten Zelle aufbewahrt wird, wobei die Verbindung zu der Hauptzelle mittels einer sogenannten *Luggin-Kapillare* hergestellt wird, deren Spitze so angebracht wird, daß sie unmittelbar bei der Arbeitselektrode endet. Da zwischen Arbeits- und Bezugselektrode auf diese Weise kein Strom fließt, ist der ohmsche Spannungsabfall zwischen den beiden Elektroden auf den Bereich

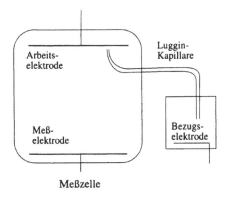

Meßzelle

Abbildung 3.2 Elektrochemische Zelle mit drei Elektroden

zwischen Kapillarspitze und Arbeitselektrode beschränkt. Ein weiteres Problem tritt durch das Diffusionspotential an der Luggin-Kapillare auf, und zwar treffen an dieser Stelle zwei unterschiedliche Elektrolyten aufeinander, was einen geringen Spannungsabfall verursacht [3]. In der Praxis kann dieses Potential gering gehalten und damit vernachlässigt werden.

Was wird denn nun eigentlich bei solch einer Anordnung gemessen? Zur diese Frage betrachte man eine Metallelektrode (M) im Gleichgewicht mit einer Lösung, die ein Redoxpaar red/ox enthält und die mit einer NHE verbunden ist. Letztere besteht aus Platin, und um weitere Komplikationen zu vermeiden, wird angenommen, daß die beiden Leitungen zum Voltmeter ebenfalls aus Platin sind. Wie bereits dargelegt, mißt ein Voltmeter, das an zwei Phasen angeschlossen ist, die Differenz der elektrochemischen Potentiale, also ist die gemessene Spannung ΔV gegeben durch:

$$-e_0 \, \Delta V = \tilde{\mu}_1 - \tilde{\mu}_2 = \mu_1 - e_0\phi_1 - \mu_2 + e_0\phi_2 \tag{3.3}$$

Haben die beiden Phasen die gleiche chemische Zusammensetzung, sind auch ihre chemischen Potentiale gleich, demnach ist dann $\Delta V = \phi_1 - \phi_2$, was bereits in Abschnitt 2.1 erwähnt wurde. Bestehen also beide Zuleitungen aus dem gleichen Material, wie hier Platin, so gilt für das gemessene Elektrodenpotential, welches dem Ruhepotential des Redoxpaars ϕ_0 entspricht:

$$\phi_0 = \phi_\mathrm{I} - \phi_\mathrm{II} = (\phi_\mathrm{I} - \phi_M) + (\phi_M - \phi_\mathrm{sol}) + (\phi_\mathrm{sol} - \phi_\mathrm{II}) \tag{3.4}$$

Hierbei steht der Index I für den Platindraht, der vom Voltmeter zur Metallelektrode M führt, und der Index II für die Platinelektrode der NHE, die dasselbe innere Potential hat wie ihre Zuleitung an das Voltmeter, die ja ebenfalls aus Platin besteht. Im allgemeinen gilt, wenn zwei Phasen im Gleichgewicht sind: $e_0(\phi_1 - \phi_2) = \mu_1 - \mu_2$. In dem hier betrachteten Fall besteht ein Gleichgewicht zwischen der Zuleitung I, dem Metall M und dem Redoxpaar auf der einen Seite, und zwischen der Platinelektrode II und dem Referenzsystem (Index: ref) auf der anderen Seite, so daß Gl. (2.8) umgeformt werden kann:

$$e_0\phi_0 = (\mu_\mathrm{I} - \mu_M) + (\mu_M - \mu_\mathrm{redox}) + (\mu_\mathrm{ref} - \mu_\mathrm{II}) = -\mu_\mathrm{redox} + \mu_\mathrm{ref} \tag{3.5}$$

Da auf das Redoxpaar und das Referenzsystem das gleiche innere Potential ϕ_sol wirkt, kann man dies zu den chemischen Potentialen addieren, und es gilt:

$$e_0\phi_0 = -\tilde{\mu}_\mathrm{redox} + \tilde{\mu}_\mathrm{ref} = \Phi_\mathrm{redox} - \Phi_\mathrm{ref} \tag{3.6}$$

da die Austrittsarbeit entgegengesetzt gleich dem elektrochemischen Potential ist. Demnach mißt man die Differenz der Austrittsarbeiten des Redoxpaars und der Bezugselektrode, und diese ist unabhängig vom Elektrodenmaterial, vorausgesetzt, das Redoxpaar geht keine Reaktion mit dem Metall M ein.

In der oben angeführten Ableitung wurde davon ausgegangen, daß an der Arbeitselektrode Gleichgewicht herrscht, so daß die Fermi-Niveaus des Metalls und

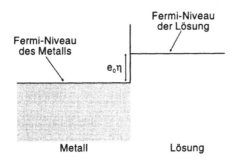

Abbildung 3.3 Änderung des Fermi-Niveaus eines Metalls bei Anlegen einer Überspannung

des Redoxpaars gleich sind. Das Gleichgewicht kann durch Vorgabe eines Elektrodenpotential $\phi \neq \phi_0$ von außen gestört werden, welches das Fermi-Niveau des Metalls um den Betrag von $-e_0\eta$ verändert, wobei $\eta = \phi - \phi_0$ als Überspannung bezeichnet wird (Abb. 3.3). Also führt das Anlegen einer Überspannung zu einer relativen Änderung um $-e_0\eta$ der Fermi-Niveaus des Metalls und der Lösung. Wird also das Gleichgewicht durch Anlegen einer Überspannung gestört, läuft die Reaktion in eine bestimmte Richtung, und Strom fließt durch die Phasengrenze.

Literatur

[1]   Bezugselektroden werden behandelt bei: D. J. G. Ives und G. J. Janz (Hrsg.), *Reference Electrodes*, Academic Press, New York, 1961.

[2]   Tabellen mit Standardelektroden-Potentialen findet man in: A. J. Bard, R. Parsons, und J. Jordan (Hrsg.), *Standard Potentials in Aqueous Solutions*, Dekker, New York, 1985.

[3]   K. J. Vetter, *Electrochemische Kinetik*, Springer Verlag, Heidelberg, 1961.

4 Die Phasengrenze Metall-Elektrolyt

4.1 Ideal polarisierbare Elektroden

Das wichtigste elektrochemische System ist die Phasengrenze zwischen einem Metall und einem Elektrolyten. Zunächst soll der einfachste Fall untersucht werden, bei dem keine Reaktionen stattfinden. Solch ein System besteht aus einer Metallelektrode in Kontakt mit einer Elektrolytlösung, die sich aus dem Lösungsmittel sowie aus inerten Kationen und Anionen zusammensetzt. Ein typisches Beispiel ist eine Silberelektrode, die in eine wässrige Kaliumfluorid-Lösung taucht. Das Potential sei so gewählt, daß keine oder nur eine vernachlässigbare Zersetzung des Elektrolyten stattfindet. Somit muß im Falle einer wässrigen Lösung das Potential unterhalb der Sauerstoffentwicklung und oberhalb des Bereichs der Wassserstoffentwicklung liegen. Solch eine Phasengrenze bezeichnet man auch als *ideal polarisierbar*, eine Bezeichnung, die auf thermodynamischen Überlegungen beruht. Den Potentialbereich, innerhalb dessen das System ideal polarisierbar ist, nennt man *Potentialfenster*, da dort elektrochemische Prozesse untersucht werden können, ohne daß dabei eine Zersetzung des Elektrolyten auftritt.

Wie bereits in der Einleitung erwähnt, bildet sich an der Phasengrenze eine Doppelschicht betragsmäßig gleich großer, entgegengesetzter Ladungen aus. In der Lösung ist die Überschußladung in einer Raumladungsschicht konzentriert, die um so ausgedehnter ist, je geringer die Konzentration der Ionen. Somit befindet sich in der Nähe der Phasengrenze ein Überschuß an positiven oder negativen Ionen. In diesem Kapitel soll der Fall untersucht werden, bei dem sich die Überschußladung allein aus elektrostatischen Wechselwirkungen ergibt; es soll keine spezifische Adsorption stattfinden. Dies in der Praxis zu erreichen ist schwierig, aber man muß zunächst diesen einfachen Fall verstehen, ehe man sich mit komplizierteren Systemen beschäftigen kann.

4.2 Die Gouy-Chapman-Theorie

Ein sehr einfaches, aber erstaunlich gutes Modell für die Phasengrenze Metall-Elektrolyt wurde schon 1910 von Gouy [1] und Chapman [2] entwickelt. In ihrem Modell nehmen sie an, daß die Lösung aus punktförmigen Ionen in einem dielektrischen Kontinuum, dem Lösungsmittel, besteht. Die Metallelektrode wird als perfekter Leiter angesehen. Die Verteilung der Ionen an der Phasengrenze kann dann mit Hilfe der Elektrostatik und der Statistischen Mechanik berechnet werden. Die Theorie ist sehr ähnlich der – später entstandenen – Debye-Hückel-Theorie, wobei die Elektrode die Rolle des Zentralions spielt.

Eine ebene Elektrode sei in Kontakt mit einer Lösung eines z-z Elektrolyten (d.h. Kationen der Ladungszahl z und Anionen der Ladungszahl $-z$). Das Koordinatensystem sei so gewählt, daß die Elektrode bei $x = 0$ liegt und senkrecht zur x-Achse steht. Das innere Potential $\phi(x)$ gehorcht der Poisson-Gleichung:

$$\frac{d^2\phi}{dx^2} = -\frac{\rho(x)}{\epsilon\epsilon_0} \tag{4.1}$$

wobei $\rho(x)$ die Ladungsdichte des Elektrolyten, ϵ die Dielektrizitätskonstante des Lösungsmittels und ϵ_0 diejenige des Vakuums ist. $n_+(x)$ und $n_-(x)$ seien die Dichten der Kationen und Anionen, die im Inneren der Lösung gleich n_0 sind. Für die Ladungsdichte ergibt sich:

$$\rho(x) = ze_0\left[n_+(x) - n_-(x)\right] \tag{4.2}$$

Die Ionendichte muß vom Potential $\phi(x)$ abhängen. Setzt man das Potential $\phi(\infty) = 0$, wählt also den Bezugspunkt im Lösungsinneren, so kann die Boltzmann-Statistik in folgender Form angewendet werden:

$$
\begin{aligned}
n_+(x) &= n_0 \exp-\frac{ze_0\phi(x)}{kT} \\
n_-(x) &= n_0 \exp\frac{ze_0\phi(x)}{kT}
\end{aligned}
\tag{4.3}
$$

Die Exponenten sollten eigentlich nicht das innere Potential ϕ enthalten, sondern das sogenannte *Potential der mittleren Kraft*. Dieser Unterschied spielt jedoch erst bei hohen Elektrolytkonzentrationen und hohen Potentialen eine Rolle, einem Bereich, in dem weitere Schwächen des Modells auffallen. Deswegen wird dieser Unterschied an dieser Stelle ignoriert. Substituiert man die Gl. (4.3) und Gl. (4.2) in Gl. (4.1), erhält man eine Differentialgleichung für $\phi(x)$, die als *Poisson-Boltzmann-Gleichung* bekannt ist:

$$\frac{d^2\phi}{dx^2} = -\frac{ze_0n_0}{\epsilon\epsilon_0}\left[\exp-\frac{ze_0\phi(x)}{kT} - \exp\frac{ze_0\phi(x)}{kT}\right] \tag{4.4}$$

Betrachtet man zunächst den einfachen Fall, in dem überall $ze_0\phi(x)/kT \ll 1$, so kann der Exponent linearisiert werden, und man erhält die *linearisierte Poisson-Boltzmann-Gleichung*:

$$\frac{d^2\phi}{dx^2} = \kappa^2\phi(x) \tag{4.5}$$

wobei κ die aus dem zweiten Kapitel bekannte *inverse Debye-Länge* ist:

$$\kappa = \left[\frac{2(ze_0)^2n_0}{\epsilon\epsilon_0kT}\right]^{1/2} \tag{4.6}$$

Wegen der ebenen Geometrie läßt sich die lineare Poisson-Boltzmann-Gleichung
hier leichter lösen als in der Debye-Hückel-Theorie. Die Lösung, die der Rand-
bedingung $\phi(\infty) = 0$ gehorcht, hat die Form: $\phi(x) = A \exp(-\kappa x)$, wobei die
Konstante A durch das Ladungsgleichgewicht festgelegt wird:

$$\int_0^\infty \rho(x) \, dx = -\sigma \qquad (4.7)$$

σ ist die Oberflächenladungsdichte des Metalls, welche durch die Raumladung
in der Lösung kompensiert wird. $\rho(x)$ erhält man aus $\phi(x)$ und der Poisson-
Gleichung; eine einfache Rechnung ergibt

$$\phi(x) = \frac{\sigma}{\epsilon \epsilon_0 \kappa} \exp(-\kappa x) \qquad (4.8)$$

für das Potential und

$$\rho(x) = -\sigma \kappa \, \exp(-\kappa x) \qquad (4.9)$$

für die Ladungsdichte. Die Raumladung in der Lösung fällt also exponentiell ab,
wobei die Debye-Länge ihre Ausdehnung bestimmt.

Dieser Ladungsverteilung entspricht eine Kapazität. Das Elektrodenpotential
ist gegeben durch: $\phi = \phi(0) = \sigma/\epsilon\epsilon_0\kappa$; Dipolpotentiale werden in diesem einfachen
Modell vernachlässigt. Die Kapazität der Phasengrenze pro Fläche ist bekannt als
die *Doppelschichtkapazität* und ergibt sich wie folgt:

$$C = \frac{\sigma}{\phi} = \epsilon\epsilon_0\kappa \qquad (4.10)$$

Die Doppelschichtkapazität gleicht also der Kapazität eines Plattenkondensators,
wobei der Abstand der Platten durch die Debey-Länge gegeben ist. Da diese
bei hohen Konzentrationen nur wenige Ångstrom beträgt, sind die Kapazitäten
entsprechend hoch.

So inhaltsvoll die Gleichungen (4.8) und (4.9) auch sein mögen, sie gelten
nur für kleine Ladungsdichten an den Elektroden. Für einen z-z Elektrolyten
kann man über die lineare Näherung hinausgehen und die nichtlineare Poisson-
Boltzmann-Gleichung (4.4) explizit lösen. Dabei interessiert vor allem die *differentielle Kapazität*, eine meßbare Größe, die definiert ist als: $C = \partial\sigma/\partial\phi$. Eine
einfache Rechnung (Details finden sich am Ende dieses Kapitels) ergibt:

$$C = \epsilon\epsilon_0\kappa \, \cosh\left[\frac{ze_0\phi(0)}{2kT}\right] \qquad (4.11)$$

Diese Formel ist jedoch nicht nützlich, da das Potential $\phi(0)$ nicht gemessen
werden kann. Das Elektrodenpotential ϕ unterscheidet sich von $\phi(0)$ durch eine
Konstante; ist $\phi(0) = 0$, so trägt die Elektrode keine Ladung, und das entsprechende Elektrodenpotential ϕ_{pzc} ist das Potential am *Ladungsnullpunkt* (*pzc =
potential of zero charge*). Die Gleichung (4.10) kann umgeformt werden in:

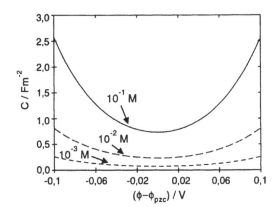

Abbildung 4.1 Gouy-Chapman-Kapazität für verschiedene Konzentrationen einer wässrigen Lösung eines 1-1-Elektrolyten bei Raumtemperatur

$$C = \epsilon\epsilon_0\kappa \ \cosh\left[\frac{ze_0\,[\phi - \phi_{pzc}]}{2kT}\right] \tag{4.12}$$

Diese differentielle Kapazität ist unter dem Namen *Gouy-Chapman-Kapazität* bekannt. Sie hat ein ausgeprägtes Minimum am Ladungsnullpunkt und steigt mit der Wurzel der Elektrolytkonzentration. Die Abbildung 4.1 zeigt die Gouy-Chapman-Kapazität für verschiedene Elektrolytkonzentrationen.

4.3 Die Helmholtz-Kapazität

Bei geringen Elektrolytkonzentrationen bis zu 10^{-3}M stimmt die Gouy-Chapman-Theorie ganz gut mit experimentellen Werten für die Doppelschichtkapazität überein, sofern keine spezifische Adsorption vorliegt. Sie gilt also in demselben Bereich wie die verwandte Debye-Hückel-Theorie. Bei höheren Konzentrationen beobachtet man systematische Abweichungen. Tatsächlich folgen die experimentellen Werte einer Gleichung der Form:

$$\frac{1}{C} = \frac{1}{C_{GC}} + \frac{1}{C_H} \tag{4.13}$$

wobei sich die Gouy-Chapman-Kapazität C_{GC} aus der Gleichung (4.11) ergibt und die *Helmholtz-Kapazität* C_H unabhängig von der Konzentration n_0 des Elektrolyten ist.

Experimentell erhält man die Helmholtz-Kapazität, indem man die flächenbezogene Kapazität C der Phasengrenze bei verschiedenen Konzentrationen mißt und anschließend $1/C$ gegen die berechnete inverse Gouy-Chapman-Kapazität

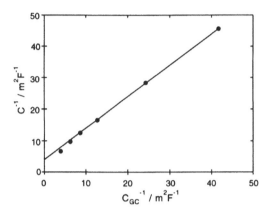

Abbildung 4.2 Parsons-Zobel-Diagramm

$1/C_{GC}$ bei konstanter Oberflächenladungsdichte σ aufträgt (*Parsons-Zobel-Diagramm*). Der Schnittpunkt der erhaltenen Geraden mit der Ordinate ergibt die gesuchte Größe $1/C_H$ (s. Abb. 4.2) [3]. Ist die Oberfläche der Elektrode unbekannt, so trägt man stattdessen die Kapazität (nicht die flächenbezogene) auf und erhält die Fläche aus dem Anstieg der Geraden. Ergibt diese Auftragung keine Gerade, so ist dies ein Hinweis darauf, daß spezifische Adsorption vorliegt.

Da die Helmholtz-Kapazität besonders bei hohen Elektrolytkonzentrationen, d.h. wenn die Raumladungsdichte gering ist, überwiegt, muß sie sehr nahe an der Phasengrenze entstehen. Für ein gegebenes System hängt C_H im allgemeinen stark von der Ladungsdichte σ und weniger stark von der Temperatur ab. Trägt man die Kapazität C_H gegen die Ladungsdichte σ auf, findet man für verschiedene Metalle und unterschiedliche Lösungsmittel sehr stark voneinander abweichende Kurven; sie sind sogar für die verschiedenen Flächen eines Einkristalls etwas unterschiedlich. Die Abhängigkeit vom Elektrolyten ist dabei eher schwach, wenn dieser nicht adsorbiert ist. Abbildung 4.3 zeigt die Helmholtz-Kapazitäten für Quecksilber und für eine Silbereinkristallelektrode (Ag(111) – die Bezeichnung der Einkristallflächen wird im folgenden Kapitel erläutert) in einer wässrigen Lösung als Funktion der Ladungsdichte. Auffallend sind die Maxima in der Nähe des Ladungsnullpunkts und der große Unterschied im Betrag der Kapazitäten.

Es wurden verschiedene Theorien vorgeschlagen, um die Ursache und die Größe der Helmholtz-Kapazität zu erklären. Diese Modelle, so unterschiedlich sie in den Details auch sein mögen, stimmen darin überein, daß die Helmholtz-Kapazität Beiträge sowohl des Metalls als auch der Lösung umfaßt:

- Wegen der endlichen Ausdehnung der Ionen und der Lösungsmittelmoleküle besitzt die Lösung eine Struktur an der Phasengrenze, die bei der einfachen Gouy-Chapman-Theorie nicht berücksichtigt wird. Das Abfallen der

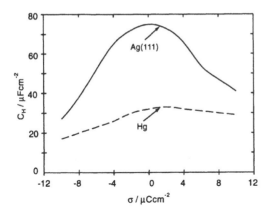

Abbildung 4.3 Helmholtz-Kapazität für Ag(111) und Hg in wässriger Lösung

Kapazität beim Maximum nahe des Ladungsnullpunkts wird durch eine dielektrische Sättigung hervorgerufen: Hohe Ladungsdichten erzeugen starke elektrische Felder; somit sinkt die Dielektrizitätskonstante und damit die Kapazität.

- Das Oberflächenpotential χ des Metalls ändert sich mit der Oberflächenladung, und zwar ist diese Änderung dem von außen angelegten Potential entgegengerichtet. Somit verkleinert sie den gesamten Potentialabfall bei gegebener Oberflächenladung und vergrößert die Kapazität.

Dieser zweite Effekt wird im *Jellium-Modell* berücksichtigt. Es handelt sich dabei um ein einfaches Modell für Metalle, welches auf folgenden Überlegungen beruht: Bekanntlich besteht ein Metall aus positiv geladenen Ionenrümpfen und negativ geladenen Elektronen. Im Jellium-Modell wird die ionische Ladung zu einer konstanten positiven Hintergrundladung verschmiert, die an der Oberfläche abrupt auf Null fällt. Die Elektronen werden als ein quantenmechanisches Plasma behandelt, welches mit der Hintergrundladung und mit etwaigen äußeren Feldern, wie sie zum Beispiel durch eine Oberflächenladung erzeugt werden, wechselwirkt. Auf Grund ihrer geringen Masse können die Elektronen in die Lösung eindringen; typischerweise nimmt die Elektronendichte an der Oberfläche exponentiell ab, wobei die charakteristische Länge etwa 0,5 beträgt. Wegen der großen Elektronendichte im Metall führt dies zu einer beachtlichen negativen Überschußladung vor der Oberfläche, die bei einer ungeladenen Elektrode durch eine entgegengesetzt große Ladung innerhalb des Metalls ausgeglichen werden muß. Abbildung 4.4 zeigt die resultierende Elektronendichte als Funktion des Abstands x von der Metalloberfläche. Insgesamt ergibt die Ladungsverteilung ein Dipolmoment an der Oberfläche; das zugehörige Dipolpotential χ beträgt typischerweise einige Volt (s. auch Kapitel 1).

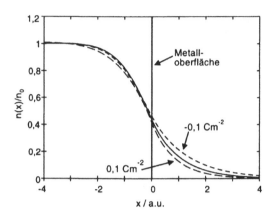

Abbildung 4.4 Verteilung der Elektronendichte im *Jellium-Modell*; das Metall befindet sich im Bereich $x \leq 0$. Die durchgezogene Linie zeigt die Verteilung bei einer ungeladenen Oberfläche, die anderen beiden Kurven zeigen sie bei positiver und negativer Aufladung. Die Entfernung auf der x-Achse wird in atomaren Einheiten (a.u. = *atomic units*) gemessen.

Das elektrische Feld in der Doppelschicht verändert die Verteilung der Elektronen und ändert damit das Oberflächenpotential χ. Eine negative Aufladung erzeugt einen Elektronenüberschuß an der Oberfläche. Das resultierende elektrostatische Feld verschiebt die Elektronen in Richtung der Lösung und vergrößert damit das Oberflächenpotential. Umgekehrt erzeugt eine positive Aufladung einen Elektronenmangel, und das Oberflächenpotential wird kleiner. Diese Änderungen im Oberflächenpotential wirken dem äußeren Potential entgegen. Damit wird bei gegebener Oberflächenladung der Potentialabfall an der Phasengrenze kleiner und die Kapazität größer. Anders gesagt: Die Elektronen an der Oberfläche bilden ein polarisierbares Medium, vergleichbar einem Dielektrikum, welches die Kapazität vergrößert. Da es sich hierbei um einen elektronischen Effekt handelt, könnte man vermuten, daß er mit steigender Elektronendichte zunimmt. Dies scheint in der Tat für einfache Metalle, die sp-Metalle der zweiten Neben- und dritten Hauptgruppe des Periodensystems, für die experimentelle Daten existieren, zu gelten (s. Abb. 4.5): Die Helmholtz-Kapazität dieser Elemente am Ladungsnullpunkt korreliert mit der Elektronendichte.

4.4   Das Potential des Ladungsnullpunkts

Das Potential des Ladungsnullpunkts ist eine charakteristische Größe für die Phasengrenze und demnach von besonderem Interesse. In Abwesenheit von spezifischer Adsorption liegt es beim Minimum der Gouy-Chapman-Kapazität. Bei

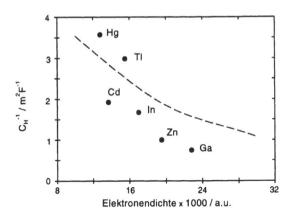

Abbildung 4.5 Die inverse Helmholtz-Kapazität am Ladungsnullpunkt als Funktion der Elektronendichte; diese ist in atomaren Einheiten angegeben (a.u.). Die gestrichelte Linie ergibt sich aus Modellrechnungen [3].

flüssigen Metallen entspricht der Ladungsnullpunkt dem Maximum der Oberflächenspannung (vgl. Abschnitt 4.5).

Es gibt eine interessante Korrelation zwischen dem Potential des Ladungsnullpunkts und der Austrittsarbeit eines Metalls, die sich aus folgender Überlegung ableiten läßt: Eine Metallelektrode M sei am Ladungsnullpunkt in Kontakt mit der Lösung eines inerten, nichtadsorbierenden Elektrolyten, in den eine Platin/Wasserstoff-Referenzelektrode eintaucht. Das Metall wird mit einem Platindraht verbunden und erhält den Index I, die Platinreferenzelektrode bezeichnet man mit II. Diese Anordnung ist der in Abschnitt 2.4 vorgestellten sehr ähnlich, aber diesmal ist die Phasengrenze Metall-Elektrolyt nicht im elektronischen Gleichgewicht. Die Ableitung wird hier insofern vereinfacht, als angenommen wird, die beiden Platindrähte hätten die gleiche elektronische Austrittarbeit, so daß auch ihr Oberflächenpotential gleich ist. Für das Elektrodenpotential ergibt sich dann:

$$\phi_{\mathrm{pzc}} = \phi_{\mathrm{I}} - \phi_{\mathrm{II}} = \psi_{\mathrm{I}} - \psi_{\mathrm{II}} = (\psi_{\mathrm{I}} - \psi_M) + (\psi_M - \psi_{\mathrm{sol}}) + (\psi_{\mathrm{sol}} - \psi_{\mathrm{II}}) \quad (4.14)$$

Der erste und der letzte Term können durch die Differenz der Austrittsarbeiten ersetzt werden, nicht aber der zweite Term, da sich diese Phasengrenze nicht im elektronischen Gleichgewicht befindet:

$$
\begin{aligned}
\phi_{\mathrm{pzc}} &= \frac{1}{e_0} \left[(\Phi_M - \Phi_{Pt}) + (\Phi_{Pt} - \Phi_{\mathrm{ref}}) \right] + (\psi_M - \psi_{\mathrm{sol}}) \\
&= \frac{1}{e_0} (\Phi_M - \Phi_{\mathrm{ref}}) + (\psi_M - \psi_{\mathrm{sol}}) \quad (4.15)
\end{aligned}
$$

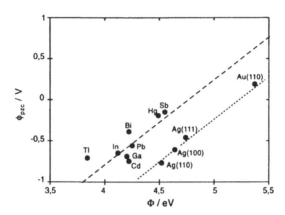

Abbildung 4.6 Das Potential am Ladungsnullpunkt für verschiedene Metalle in wässriger Lösung; *sp*-Metalle (gestrichelte Linie), *sd*-Metalle (gepunktete Linie) [4].

Um den zweiten Term zu vereinfachen, bringt man eine Testladung (kein Elektron!) von außerhalb des Metalls zunächst in das Metall, dann durch die Phasengrenze Metall/Elektrolyt hindurch, dann in eine Position außerhalb der Lösung und anschließend wieder in eine Position außerhalb des Metalls zurück; man erhält

$$\psi_M - \psi_{\text{sol}} = -\chi_M + \chi_{\text{int}} + \chi_{\text{sol}} \tag{4.16}$$

wobei χ_{int} das Dipolpotential der Phasengrenze Metall/Elektrolyt ist. Gäbe es keine Wechselwirkung zwischen dem Metall und der Lösung, wäre χ_{int} einfach zu ersetzen durch $\chi_M - \chi_{\text{sol}}$, und die äußere Potentialdifferenz am Ladungsnullpunkt verschwände. Die Wechselwirkung zwischen Metall und Lösung beeinflußt aber das Oberflächenpotential folgendermaßen: Die Anwesenheit des Lösungsmittels verändert die Elektronenverteilung an der Oberfläche des Metalls und damit χ_M. Andererseits bewirkt das Metall eine geringfügige Ausrichtung der Lösungsmittelmoleküle, welche χ_{sol} beeinflußt. Bezeichnet man diese Veränderungen der Oberflächenpotentiale mit $\delta\chi_M$ und $\delta\chi_{\text{sol}}$, so kann man $\psi_M - \psi_{\text{sol}} = \delta\chi_M - \delta\chi_{\text{sol}}$ setzen und erhält für den Ladungsnullpunkt:

$$\phi_{\text{pzc}} = \frac{1}{e_0}(\Phi_M - \Phi_{\text{ref}}) + \delta\chi_M - \delta\chi_{\text{sol}} \tag{4.17}$$

Die Änderungen der Dipolpotentiale sind meist gering, und zwar in der Größenordnung von einigen Zehntel Volt. Die Austrittsarbeiten betragen hingegen einige Volt. Wird das Lösungsmittel und damit Φ_{ref} konstant gehalten und das Metall verändert, so ist das Potential des Ladungsnullpunkts ungefähr proportional der Austrittsarbeit des Metalls (s. Abb. 4.6). Untersucht man die Dipolpotentiale genauer, wird man feststellen, daß es unterschiedliche Korrelationen für *sp*-, *sd*- und Übergangsmetalle gibt [4].

4.5 Oberflächenspannung und Ladungsnullpunkt

Es ist besonders einfach, den Ladungsnullpunkt flüssiger Metalle zu bestimmen, da er dem Maximum der Oberflächenspannung entspricht. In diesem Kapitel wird lediglich eine einfache Ableitung dieses Phänomens vorgestellt, eine vollständigere, thermodynamische Ableitung soll im Kapitel „Thermodynamik" erfolgen. Man betrachte die Oberfläche eines flüssigen Metalls mit der Oberflächenladungsdichte σ in Kontakt mit einem inerten Elektrolyten beim Druck p und der Temperatur T. Dabei wirken zwei verschiedenartige Kräfte auf das Metall: die Oberflächenspannung γ, welche die Oberfläche zu verkleinern sucht, und die elektrostatische Kraft, welche eine möglichst breite Verteilung der Oberflächenladung und damit eine Vergrößerung der Oberfläche anstrebt. Verändert man das Elektrodenpotential bei konstantem T, p und konstanter Zusammensetzung um $d\phi$, wird die freie Enthalpie (pro Fläche) um den Betrag $\sigma d\phi$ größer, während die Oberflächenspannung um den gleichen Betrag kleiner wird:

$$d\gamma = -\sigma \, d\phi, \quad \text{und} \quad \frac{\partial \gamma}{\partial \phi} = -\sigma \qquad (4.18)$$

Dies bedeutet aber auch, daß die Oberflächenspannung am Ladungsnullpunkt ein Extremum hat. Durch Differenzieren erhält man:

$$\frac{\partial^2 \gamma}{\partial \phi^2} = -\frac{\partial \sigma}{\partial \phi} = -C \qquad (4.19)$$

Das Extremum muß ein Maximum sein, da die Kapazität stets positiv ist. Diese Gleichung ist als *Lippmann-Gleichung* bekannt. Das Maximum der Oberflächenspannung einer Flüssigkeit kann über seine Kapillareigenschaften bestimmt werden, und man hat damit eine einfache Methode zur Messung des Ladungsnullpunkts bei flüssigen Elektrolyten.

4.6 Ableitung der Gouy-Chapman-Kapazität

Zum Abschluß dieses Kapitels wird die Ableitung der Gouy-Chapman-Theorie nachgetragen. Die nichtlineare Poisson-Boltzmann-Gleichung 4.4 läßt sich in folgender Form schreiben:

$$\frac{d^2 \phi}{dx^2} = -\frac{2 z e_0 n_0}{\epsilon \epsilon_0} \sinh \frac{z e_0 \phi(x)}{kT} \qquad (4.20)$$

Multipliziert man nun beide Seiten mit $2d\phi/dx$ und benutzt die Beziehung

$$\frac{d}{dx}\left(\frac{d\phi}{dx}\right)^2 = 2\frac{d^2\phi}{dx^2}\frac{d\phi}{dx} \qquad (4.21)$$

so kann man beide Seiten integrieren:

$$2 \int_0^\infty \frac{d^2\phi}{dx^2} \frac{d\phi}{dx} \, dx = \left(\frac{d\phi}{dx} \right)^2 \Big|_0^\infty$$

$$= - \int_0^\infty \frac{4ze_0 n_0}{\epsilon\epsilon_0} \sinh\left(\frac{ze_0\phi}{kT} \right) \frac{d\phi}{dx} \, dx \qquad (4.22)$$

Das elektrische Feld E und das Potential ϕ verschwinden im Unendlichen; somit ergibt sich:

$$E(0)^2 = \frac{4kTn_0}{\epsilon\epsilon_0} \left(\cosh \frac{ze_0\phi(0)}{kT} - 1 \right) \qquad (4.23)$$

Oberflächenladungsdichte und Feldstärke hängen gemäß $E(0) = \sigma/\epsilon\epsilon_0$ zusammen; benutzt man die Identität $\cosh x - 1 = 2 \sinh^2 x/2$, so folgt:

$$\sigma = (8kTn_0\epsilon\epsilon_0)^{1/2} \sinh \frac{ze_0\phi(0)}{2kT} \qquad (4.24)$$

Differenziert man nun nach dem Potential, erhält man Gl. (4.12) für die Gouy-Chapman-Kapazität.

Manchmal benötigt man neben der Kapzität auch das Potential $\phi(x)$; es läßt sich auf folgende Weise berechnen: Integriert man Gl. (4.20) von x bis ∞, so erhält man für die Ableitung $\phi'(x)$:

$$\phi'(x) = - \left(\frac{8kTn_0}{\epsilon\epsilon_0} \right)^{1/2} \sinh \frac{ze_0\phi(x)}{2kT} \qquad (4.25)$$

Man substituiert nun $\psi(x) = [ze_0\phi(x)]/2kT$:

$$\frac{\psi'(x)}{\sinh\psi(x)} = -\kappa \qquad (4.26)$$

und integriert auf beiden Seiten:

$$\ln \tanh \frac{\psi}{2} = -\kappa x + \ln C \qquad (4.27)$$

wobei $\ln C$ die Integrationskonstante ist, die sich durch den Wert des Potentials am Ursprung ausdrücken läßt:

$$C = \tanh \frac{ze_0\phi(0)}{4kT} \qquad (4.28)$$

nach Gl. (4.24) kann man $\phi(0)$ durch die Ladungsdichte σ ausdrücken:

$$\frac{ze_0\phi(0)}{2kT} = \operatorname{arcsinh} \alpha\sigma, \text{ wobei } \alpha = (8kTn_0\epsilon\epsilon_0)^{-1/2} \qquad (4.29)$$

Unter Benutzung der Beziehung:

$$\tanh\left(\frac{1}{2}\text{arcsinh } x\right) = \frac{\sqrt{1+x^2}-1}{x} \tag{4.30}$$

erhält man schließlich:

$$\tanh\frac{ze_0\phi(x)}{4kT} = \frac{\sqrt{1+\alpha^2\sigma^2}-1}{\alpha\sigma}\exp-\kappa x \tag{4.31}$$

Diese Gleichung kann man dann explizit nach dem Potential auflösen:

$$\phi(x) = \frac{4kT}{ze_0}\arctan\left[\frac{\sqrt{1+\alpha^2\sigma^2}-1}{\alpha\sigma}\exp-\kappa x\right] \tag{4.32}$$

Literatur

[1]   G. Gouy, *J. Phys.* **9** (1910) 457.

[2]   D. L. Chapman, *Phil. Mag.* **25** (1913) 475.

[3]   W. Schmickler und D. Henderson, „New Models for the Electrochemical Interface",
      Progress in Surface Science, Vol. 22, No. 4, pp. 323-420, 1986.

[4]   R. Parsons und F.G.R. Zobel, *J. Electroanal. Chem.* **9** *1965* 333.

[5]   S. Trasatti, in: *Advances in Electrochemistry and Electrochemical Engineering*,
      Vol. 10, Hrsg. H. Gerischer und C. W. Tobias, Wiley Interscience, New York,
      1977.

5 Adsorption an Metallelektroden

5.1 Adsorptionsphänomene

Ist die Konzentration einer Spezies an der Phasengrenze größer, als daß sie auf elektrostatische Wechselwirkungen zurückgeführt werden könnte, spricht man von *spezifischer Adsorption*. In den meisten Fällen wird sie durch chemische Wechselwirkungen zwischen Adsorbat und Elektrode hervorgerufen, man bezeichnet sie dann als *Chemisorption*. Nur in dem selteneren Fall der *Physisorption* wird die Adsorption durch schwächere physikalische Kräfte, z.B. van der Waals-Kräfte, verursacht. An der Phasengrenze ist immer auch das Lösungsmittel anwesend, so daß die Wechselwirkung der zu adsorbierenden Spezies und der Elektrode größer sein muß als diejenige zwischen Lösungsmittel und Elektrode. Adsorption setzt zudem ein partielles Abstreifen der Solvathülle voraus. Da Kationen eine stärker gebundene Solvathülle als Anionen haben, werden sie weniger leicht adsorbiert.

Die Anzahl der adsorbierten Teilchen wird durch den *Bedeckungsgrad* θ definiert, der angibt, welcher Bruchteil der Elektrodenoberfläche mit Adsorbat bedeckt ist. Kann das Adsorbat eine vollständige Monoschicht ausbilden, so gleicht θ dem Verhältnis der Anzahl der adsorbierten Teilchen zur maximalen Anzahl adsorbierbarer Teilchen. In einigen Systemen verändert sich die von einem einzelnen adsorbierten Molekül bedeckte Fläche mit dem Bedeckungsgrad. So ordnen sich einige organische Moleküle bei niedrigem Bedeckungsgrad flach an und richten sich bei höherem Bedeckungsgrad auf. In diesem Fall muß man genauer definieren, auf welche Ausrichtung sich der Bedeckungsgrad bezieht. In den Oberflächenwissenschaften wird der Bedeckungsgrad θ oft als Verhältnis der Anzahl der adsorbierten Teilchen zur Anzahl der Oberflächenatome des Substrats definiert. Glücklicherweise geben die meisten Autoren an, welche Definition sie benutzen.

Chemisorption findet immer an ganz bestimmten Plätzen der Elektrode statt. Daher beziehen sich die meisten Untersuchungen auf wohldefinierte Oberflächen, z.B. flüssige Elektroden oder bestimmte Flächen eines Einkristalls. Ältere Arbeiten auf diesem Gebiet wurden häufig an Quecksilber oder Amalgamen durchgeführt, da erst in letzter Zeit die Methoden zum Präparieren von Einkristalloberflächen optimiert wurden. Flüssige Elektroden können nicht nur einfacher präpariert werden, sie haben zudem den Vorteil, daß die Adsorption einfach durch Änderung der Oberflächenspannung gemessen werden kann.

Eine thermodynamische Behandlung dieser Phasengrenze wird später folgen. An dieser Stelle soll lediglich erwähnt werden, daß man durch thermodynamische

Messungen den *Oberflächenüberschuß* Γ_i einer Spezies erhält. Γ_i ist die Anzahl der überschüssigen Teilchen i pro Fläche im Verhältnis zu der Anzahl Teilchen, die vorhanden wären, wenn die Konzentration an der Phasengrenze gleich der Konzentration in der Lösung wäre. Γ_i kann positiv oder negativ sein – Kationen können beispielsweise in der Nähe einer positiv geladenen Elektrode ausgeschlossen werden. Vor der Entwicklung moderner spektroskopischer Methoden zur Untersuchung elektrochemischer Phasengrenzen waren thermodynamische Messungen die einzige Möglichkeit, spezifische Adsorption zu untersuchen.

Dieser Oberflächenüberschuß enthält aber nicht nur die Atome oder Moleküle der Spezies i, die an der Metalloberfläche adsorbiert sind, sondern auch alle anderen im Bereich der Raumladung vorhandenen Teilchen. Dieser Bereich ist auch als *diffuser Teil der Doppelschicht* bzw. als *diffuse Doppelschicht* bekannt, während die adsorbierten Teilchen als *kompakter Teil der Doppelschicht*, oder einfach als *kompakte Doppelschicht*, bezeichnet werden. Im allgemeinen gilt das Interesse aber nur der Anzahl der Teilchen, die spezifisch adsorbiert sind. Der Überschuß an Teilchen der Sorte i in der diffusen Doppelschicht kann gering gehalten werden, indem man mit einer hohen Konzentration eines inerten, nicht adsorbierbaren Elektrolyten (eines sogenannten *Leitelektrolyten*) arbeitet. Soll z.B. die Adsorption eines Anions A^- untersucht werden, wird ein großer Überschuß an nichtadsorbierbaren Ionen B^+ und C^- dem Elektrolyten hinzugefügt. Bei konstanter Elektrodenladung verringert sich dann der Anteil an A^--Ionen in der diffusen Doppelschicht. Verdeutlichen kann man dies mit folgender Überlegung: Q sei die gesamte Oberflächenladung der Phasengrenze, die sowohl die Überschußladung des Metalls als auch diejenige des Adsorbats beinhaltet. Diese Ladung muß im Bereich der Raumladung durch eine Ladung $-Q$ ausgeglichen werden. Die Konzentration $n_i(x)$ der Teilchen i in diesem Bereich ist proportional zur Konzentration im Inneren der Lösung $n_{i,o}$ (s. Gl. 4.3): $n_i(x) = n_{i,o} \exp(z_i e_0 \phi(x)/kT)$. Fügt man nun einen Überschuß eines Leitelektrolyten hinzu, wird der Anteil an A^--Ionen in diesem Bereich drastisch gesenkt. Da die Ladungszahl in den Exponenten eingeht, verlangen mehrfach geladene Ionen einen höher konzentrierten Leitelektrolyten. In der Praxis ist es aber nicht einfach, einen Leitelektrolyten zu finden, der nicht spezifisch adsorbiert.

5.2 Adsorptionsisotherme

Untersucht man die Adsorption des Stoffes A der Konzentration c_A aus einer Lösung, so wird die Änderung des Bedeckungsgrads θ mit c_A bei konstanter Temperatur als *Adsorptionsisotherme* bezeichnet.

Die Adsorption wird als Reaktion der freien Oberflächenplätze der Elektrode, deren Anzahl proportional zu $(1 - \theta)$ ist, mit dem gelösten Stoff A aufgefaßt.

Zur Berechnung der Adsorptionsisotherme kann man die Theorie des aktivierten Komplexes heranziehen und erhält für die Geschwindigkeit der Adsorption:

$$v_{\mathrm{ad}} = Cc_A(1 - \theta) \exp\left(-\frac{G^\dagger - G_A}{RT}\right)$$ (5.1)

dabei ist C eine Konstante, $G^\dagger$ und G_A sind die molaren freien Enthalpien des aktivierten Komplexes bzw. des gelösten Stoffes. Analog dazu ist die Geschwindigkeit der Desorption:

$$v_d = C\theta \exp\left(-\frac{G^\dagger - G_{\mathrm{ad}}}{RT}\right)$$ (5.2)

hierbei ist G_{ad} die molare freie Enthalpie des Adsorbats. Im Gleichgewicht ergibt sich:

$$\frac{\theta}{1 - \theta} = c_A \exp\left(-\frac{\Delta G_{\mathrm{ad}}}{RT}\right), \quad \text{mit} \quad \Delta G_{\mathrm{ad}} = G_A - G_{\mathrm{ad}}$$ (5.3)

Hängt die freie Adsorptionsenthalpie G_{ad} nicht vom Bedeckungsgrad ab, erhält man eine Gleichung, die als *Langmuir-Isotherme* bezeichnet wird. Sinnvoll ist diese Annahme jedoch nur, wenn die Wechselwirkungen zwischen den Adsorbaten gering sind. Diesen Wechselwirkungen kann man phänomenologisch auf einfache Weise Rechnung tragen, indem man annimmt, daß G_{ad} proportional zu θ ist: $\Delta G_{\mathrm{ad}} = \Delta G_{\mathrm{ad}}^0 + \gamma\theta$, wobei die Konstante γ positiv ist, wenn die Adsorbate sich gegenseitig abstoßen, und negativ, wenn sie sich anziehen. Man erhält dann die Isotherme

$$\frac{\theta}{1 - \theta} = c_A \exp\left(-\frac{\Delta G_{\mathrm{ad}}^0}{RT}\right) e^{-g\theta}$$ (5.4)

mit $g = \gamma/RT$, die als *Frumkin-Isotherme* bekannt ist. Zur Zeit gibt es leider keine befriedigende Theorie zu den Wechselwirkungen der Adsorbate an der Phasengrenze fest/flüssig und folglich auch keine zu den Adsorptionsisothermen. Abgesehen von den Gleichungen (5.3) und (5.4) wurden verschiedene andere Isothermen vorgeschlagen, denen jedoch sehr einfache Modelle zugrunde liegen, so daß keine von ihnen zufriedenstellend ist. Abbildung 5.1 zeigt Frumkin-Isothermen bei verschiedenen Werten des Wechselwirkungsparameters g. Positive Werte für g führen zu einer Verbreiterung der Isothermen, da die Adsorbate sich gegenseitig abstoßen, während negative Werte stark ansteigende Isothermen ergeben; Adsorption ist in dem Fall ein kooperativer Effekt. Ist $g = 0$, entspricht dies der Langmuir-Isothermen.

Die freie Adsorptionsenthalpie hängt naturgemäß vom Elektrodenpotential ϕ ab. Diese Abhängigkeit ist für Anionen, Kationen und ungeladene Teilchen unterschiedlich. Der einfachste Fall ist die Adsorption eines Ions bei vollständigem Ladungsausgleich gemäß der Gleichung:

$$A^{z+} + ze^- \rightleftharpoons A_{\mathrm{ad}}$$ (5.5)

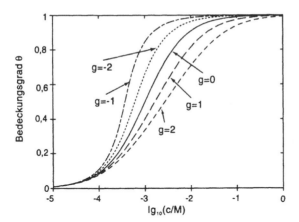

Abbildung 5.1 Frumkin-Isothermen für verschiedene Wechselwirkungswerte des Parameters g; die Langmuir-Isotherme entspricht dem Wert $g = 0$.

In Anlehnung an die Langmuir-Isotherme ergibt sich folgende Potentialabhängigkeit:

$$\Delta G^0_{ad} = \Delta G^0_{ad}(\phi_0) + zF(\phi - \phi_0) \tag{5.6}$$

wobei ϕ_0 ein beliebig gewähltes Bezugspotential ist. Die Auswahl von ϕ_0 ist jedoch nicht entscheidend, sie beeinflußt lediglich den Nullpunkt der Potentialskala. Sinnvoll erscheint es, das Bezugspotential so zu wählen, daß der Bedeckungsgrad für die entsprechende Elektrolytkonzentration $\theta = 1/2$. Für die Isotherme ergibt sich dann:

$$\frac{\theta}{1-\theta} = c_A K \exp\left(-\frac{zF(\phi - \phi_0)}{RT}\right) \tag{5.7}$$

was in der Abbildung 5.2 wiedergegeben ist. Die Annahmen, die dieser Gleichung zugrundeliegen, sind in der Praxis nur selten erfüllt. Werden Ionen adsorbiert, ist die Wechselwirkung der Adsorbaten nicht unerheblich, zudem werden die adsorbierten Ionen nicht mehr vollständig entladen (worauf später eingegangen werden soll), und Gl. (5.6) wird nicht mehr gelten. Die einfache Adsorptionsisotherme (Gl. 5.7) sollte lediglich als ein ideales Bezugssystem angesehen werden.

Eine einfache Möglichkeit, die Potentialabhängigkeit der Adsorptionsreaktion zu untersuchen, ist der *lineare Potentialdurchlauf*. Bei dieser Methode wird das Elektrodenpotential zunächst in einem Bereich belassen, in dem die Adsorption vernachlässigbar ist. Anschließend wird das Potential langsam mit einer konstanten Rate $v_s = d\phi/dt$ verändert und der zugehörige Strom I gemessen. Der Betrag von v_s muß sorgfältig gewählt werden. Er muß so langsam sein, daß die Reaktion immer im Gleichgewicht ist, und daß der durch die Aufladung der Doppelschicht bedingte Strom (s. Kapitel 4) vernachlässigbar oder klein ist. Andererseits muß

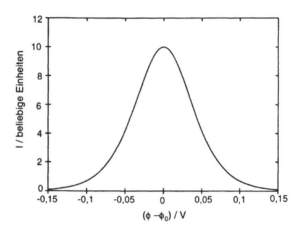

Abbildung 5.2 Strom-Spannungskurve für eine Langmuir-Isotherme, deren Potential-abhängigkeit in Gl. (5.7) gegeben ist. Diese Kurve erhält man durch einen langsamen Potentialdurchlauf. Die absoluten Stromwerte hängen von der Durchlaufgeschwindigkeit ab (s. Text).

v_s so groß sein, daß ein meßbarer Strom fließt. Beträge von v_s in der Größenordnung einiger mV s^{-1} sind üblich. Im einfachen Fall ist der Strom proportional der Änderung des Bedeckungsgrades

$$I = Q_0 \, \frac{d\theta}{dt} \qquad (5.8)$$

wobei Q_0 die für die Ausbildung einer Monoschicht des Adsorbats erforderliche Ladung ist. Die Gleichung gilt aber nur, wenn die zur Adsorption eines Teilchens erforderliche Ladung unabhängig vom Bedeckungsgrad ist. Dies muß nicht immer der Fall sein. Bei niedrigem Bedeckungsgrad kann das Adsorbat noch geladen sein, während bei höherem Bedeckungsgrad die Coulomb-Abstoßung die Anwesenheit einer beträchtlichen Ladung an der Phasengrenze verhindert, was dazu führt, daß das Adsorbat entladen wird. Abbildung 5.2 zeigt die Strom-Spannungskurve, wenn Gl. (5.7) und (5.8) gelten. Der absolute Wert des Stroms hängt von der Geschwindigkeit des Potentialdurchlaufs und von der Ladung Q_0 ab. Auch diese Kurve sollte lediglich als ideale Bezugskurve angesehen werden. Die experimentellen Kurven weichen signifikant davon ab. Gegenseitiges Abstoßen des Adsorbats führt zu einer Verbreiterung der Spitze, während Anziehung eine schmalere Spitze bedingt. Ist die Ladung pro adsorbiertem Teilchen konstant, kann der Bedeckungsgrad bei einem gegebenen Potential durch Messen der Ladung bestimmt werden:

$$\theta(\phi) = \frac{Q(\phi)}{Q_0} = \frac{1}{Q_0} \int_{\phi_1}^{\phi} \frac{I}{v_s} d\phi \qquad (5.9)$$

dazu muß ϕ_1 in dem Bereich liegen, in dem keine Adsorption stattfindet.

In solchen Strom-Spannungskurven können noch andere Phänomene, z.B. Phasenübergänge und Phasenbildungen, sichtbar werden. Es ist wohl deutlich geworden, daß die Adsorption ein komplizierter Prozeß ist, weshalb nur wenige Systeme verstanden sind. Einige besonders anschauliche Fälle werden noch im Verlauf dieses Kapitels vorgestellt.

5.3 Das Dipolmoment adsorbierter Ionen

Wird ein Ion an einer Metallelektrode spezifisch adsorbiert, so bildet sich im allgemeinen eine polare Bindung aus. Dies führt zu einer ungleichen Ladungsverteilung zwischen Adsorbat und Metall und zur Entstehung eines Dipolmoments. Die Adsorption eines Ions verändert damit das an der Metalloberfläche bestehende Dipolpotential.

Den gleichen Effekt beobachtet man bei der Adsorption aus der Gasphase an einer Metalloberfläche. In diesem Fall verursacht die Änderung des Dipolpotentials eine Änderung der Austrittsarbeit um den Betrag $\Delta\Phi$. Wenn n_{ad} die Anzahl adsorbierter Moleküle pro Fläche ist, kann das Dipolmoment m_x eines adsorbierten Moleküls aus folgender Beziehung berechnet werden:

$$\Delta\Phi = \frac{n_{ad}m_x}{\epsilon_0} \qquad (5.10)$$

Wie üblich wurde die x-Richtung so gewählt, daß sie senkrecht zur Metalloberfläche steht. In der Elektrochemie kann das Dipolmoment m_x, welches durch eine Adsorbatbindung hervorgerufen wurde, durch folgendes Gedankenexperiment beschrieben werden: Der Einfachheit halber wird angenommen, daß die Elektrode eine Einheitsfläche hat. Am Anfang sei die Elektrode am Ladungsnullpunkt und frei von Adsorbaten. Anschließend werden n_{ad} Ionen der Ladungszahl z adsorbiert, während gleichzeitig eine Ladung $-ze_0n_{ad}$ auf die Metalloberfläche fließt. Die Änderung des Elektrodenpotentials $\Delta\phi$ ist durch folgende Beziehung mit dem Dipolmoment verknüpft:

$$e_0 \, \Delta\phi = \frac{n_{ad}m_x}{\epsilon_0} \qquad (5.11)$$

Dabei ist zu beachten, daß die Summe der Oberflächenladung des Metalls und des Adsorbats gleich Null ist und sich daher in der diffusen Doppelschicht keine Überschußladung befindet. Nach der Adsorption ist die Elektrode nicht mehr am Ladungsnullpunkt, da während des Prozesses Ladung aufgenommen wurde.

Die Dipolmomente bei Adsorption aus der Gasphase, die durch Gl. (5.10) beschrieben werden, beziehen sich jeweils auf ein einzelnes adsorbiertes Molekül.

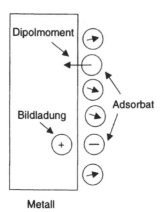

Abbildung 5.3 Ladungsverteilung bei Adsorption. Oben: Dipolmoment; unten: ein partiell geladenes Adsorbat und die ihm entgegengesetzte Bildladung. Das Dipolmoment der umliegenden Lösungsmittelmoleküle orientiert sich entgegen der Richtung des Dipolmoments des Adsorbats.

Dies ist jedoch unter elektrochemischen Bedingungen anders. Das Dipolmoment eines adsorbierten Teilchens beeinflußt benachbarte Lösungsmittelmoleküle so, daß diese sich in entgegengesetzter Richtung anordnen, was dazu führt, daß das gesamte Dipolpotential verringert wird (s. Abb. 5.3). Man kann aber nur die gesamte Änderung des Dipolpotentials an der Phasengrenze messen, und es gibt keine Möglichkeit, die einzelnen Beiträge, d.h. die der Adsorbatbindung bzw. die der Reorganisation des Lösungsmittels, zu trennen. Das Dipolpotential eines aus der Lösung adsorbierten Ions auf einem bestimmten Metall ist häufig merklich geringer als bei der Adsorption im Vakuum (s. Tabelle 5.1), da es einen Beitrag des Lösungsmittels mitbeinhaltet. So liegt beispielsweise das Dipolmoment im Vakuum adsorbierter Alkalimetallionen in der Größenordnung von 10^{-29} C m.

Tabelle 5.1 Dipolmomente einiger aus wässriger Lösung adsorbierter Ionen bei niedrigem Bedeckungsgrad

Elektrode	Ion	$m \times 10^{-30}$ C m
Hg	Rb^+	4,07
Ga	Rb^+	0,90
Hg	Cs^+	4,65
Ga	Cs^+	0,90
Hg	Cl^-	-3,84
Hg	Br^-	-3,17
Hg	I^-	-2,64

Hat die Adsorbatbindung einen stark ionischen Charakter, wie z.B. bei Alkalimetallionen und Halogeniden, zieht man zur Erklärung oft das Modell der *Partialladung* hinzu. Dabei nimmt man an, das adsorbierte Ion trage eine Ladung $z_{ad}e_0$, die meist nur eine Teilladung ist, d.h. z_{ad} ist keine ganze Zahl. Die Überschußladung des Ions induziert eine gleich große, aber entgegengesetzte Bildladung an der Metalloberfläche (s. Abb. 5.3), was zur Ausbildung eines Dipolmoments an der Oberfläche führt. Daraus ergibt sich der Begriff des *partiellen Ladungs-Transferkoeffizienten l*, der als $l = z_{ion} - z_{ad}$ definiert ist.

Betrachtet man bei diesem Modell die Elektronendichte, erkennt man, daß ein Teil dem Adsorbat und ein Teil dem Metall zugeordnet werden muß. Diese Aufteilung ist aber nicht eindeutig. Infolgedessen können Partialladungen auch nicht gemessen werden. Plausibel wird das Modell, wenn man quantenmechanische Überlegungen hinzuzieht. Zur Veranschaulichung betrachte man die Adsorption eines Cs^+-Ions aus einer wässrigen Lösung und nehme an, daß das Elektrodenpotential so niedrig ist, daß keine Reaktionen eintreten. Solange sich das Cs^+-Ion in der Lösung befindet, hat das Valenzorbital ein wohl definiertes Energieniveau, welches oberhalb des Fermi-Niveaus der Elektrode liegt. Wird das Ion an der Metallelektrode adsorbiert, überlappen die Valenzorbitale des Ions mit denen des Metalls. Wird ein Elektron in das Valenzorbital des adsorbierten Cs-Atoms gebracht, hat es eine endliche Lebensdauer τ in diesem Zustand, bevor es zum Metall übergeht. Je größer die Wechselwirkungen, desto geringer ist τ. Gemäß der Heisenbergschen Energieunschärfe entspricht der endlichen Lebensdauer τ eine Energieunschärfe $\Delta = \hbar/\tau$. Das Valenzorbital wird daher breiter und nimmt eine Zustandsdichte $\rho(\epsilon)$ mit einer Breite Δ an. Dieses Phänomen kennt man als *Linienverbreiterung* auch aus der Elektronenresonanzspektroskopie. Diese Zustandsdichte wird bis zum Fermi-Niveau des Metalls aufgefüllt, indem sich das Adsorbat Elektronen mit dem Metall teilt. Für ein adsorbiertes Cs-Atom liegt das Zentrum der Zustandsdichte weit oberhalb des Fermi-Niveaus E_F (s.

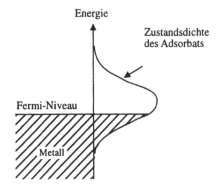

Abbildung 5.4 Zustandsdichte eines adsorbierten Kations (schematisch)

Abb. 5.4), der Besetzungsgrad n ist in der Regel gering, und die Partialladung $z_{ad} = 1 - n$ liegt nahe an eins. Halogenide hingegen haben üblicherweise eine negative Ladung, und der Mittelpunkt der Zustandsdichte ihres Valenzorbitals liegt unterhalb oder nahe am Fermi-Niveau des Metalls.

5.4 Die Struktur von Einkristalloberflächen

Obgleich die Struktur von Metallen und Metalloberflächen ein Gebiet der Festkörperphysik und -chemie ist, muß man zum Verständnis vieler elektrochemischer Prozesse, insbesondere der Adsorption, die wesentlichen Grundlagen kennen. Eine umfassende Behandlung dieses Themas würde jedoch den Rahmen dieses Buches sprengen.

Viele Metalle, die in diesem Buch erwähnt werden (z. B. Gold, Silber, Kupfer, Platin, Palladium und Iridium) kristallisieren im *kubisch flächenzentrierten (fcc = face centered cubic)* Gitter, so daß eine detaillierte Behandlung dieses Falls sinnvoll erscheint. Weitere Einzelheiten über Kristallgitter kann man in der einschlägigen Literatur nachlesen [1].

Abbildung 5.5 zeigt die Elementarzelle eines fcc-Gitters. Sie besteht aus den acht Atomen, die an den Ecken des Würfels sitzen, und aus den sechs Atomen, die jeweils die Flächenmitten besetzen. Die Länge a der Seite des Würfels ist die *Gitterkonstante*. Für die vorgestellte Elementarzelle soll diese Länge eins sein. Man erhält das Gitter eines unendlichen, perfekten Festkörpers, indem man diesen Kubus in alle drei Dimensionen des Raums periodisch wiederholt.

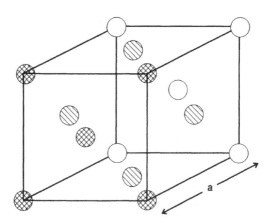

Abbildung 5.5 Elementarzelle eines kubisch flächenzentrierten Gitters. Das Gitter enthält die Eckpunkte des Würfels und die Punkte in der Mitte der sechs Seiten.

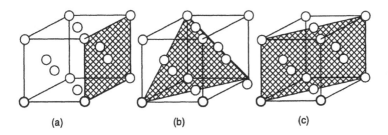

Abbildung 5.6 Elementarzelle eines fcc-Gitters und die wichtigsten Gitterebenen: (a) (100), (b) (111), (c) (110)

Eine perfekte Oberfläche erhält man, indem man das unendliche Gitter längs einer Ebene schneidet, die bestimmte Gitterpunkte enthält. Solch eine *Gitterebene* besitzt ein zweidimensionales Gitter, dessen Oberflächenstrukturen klassifiziert werden können. Parallele Gitterebenen sind gleichwertig in dem Sinne, daß sie identische zweidimensionale Gitter enthalten und die gleichen Oberflächenstrukturen ergeben. Eine solche Schar paralleler Ebenen kann man durch einen Vektor charakterisieren, der senkrecht zu ihnen steht. Da die Länge des Vektors keine Rolle spielt, wählt man sie so, daß die Komponenten ganzzahlig sind.

Für ein fcc-Gitter erhält man eine besonders einfache Oberflächenstruktur, indem man das Gitter parallel zu den Seiten des Kubus der Elementarzelle schneidet (s. Abb. 5.6). Man erhält eine Ebene, die senkrecht zu dem Vektor $(1,0,0)$ ist. Diese Ebene wird daher als (100)-Ebene indiziert, und man spricht von den Ag(100)-, Au(100)-, usw. Ebenen, wobei der Index (100) *Miller-Index* heißt. Offensichtlich haben die Ebenen (100), (010) und (001) die gleiche Struktur, nämlich ein einfaches, quadratisches Gitter mit einer Gitterkonstante von $a/\sqrt{2}$ (s. Abb. 5.7a).

Die dichteste Gitterstruktur erhält man, wenn man das Gitter senkrecht zur [111]-Richtung schneidet (s. Abb. 5.6b). Die erhaltene Ebene bildet ein dreieckiges (oder hexagonales) Gitter mit einer Gitterkonstanten von $a/\sqrt{2}$.

Die (110)-Fläche hat eine geringere Dichte als die (111)- und die (100)-Fläche (Abb. 5.6c). Sie bildet ein viereckiges Gitter mit den Gitterkonstanten a und $a/\sqrt{2}$ (Abb. 5.7). Die entsprechende Struktur hat charakteristische, in eine Richtung laufende Rillen.

Die eben besprochenen Strukturen sind die einfachsten und gleichzeitig die wichtigsten Oberflächenstrukturen. Andere Gitterebenen, wie die (210)- oder die (311)-Ebene, sind weniger dicht und oft weniger stabil. In einigen Fällen (z.B. beim Gold) sind sogar die (100) und die (111) Ebenen nicht stabil. Durch Rekonstruktion bilden sich dichtere Ebenen mit einer geringeren Oberflächenenergie [2].

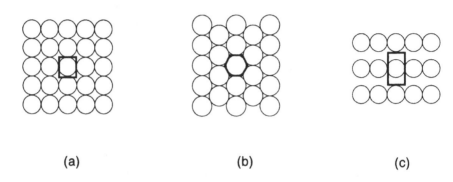

(a)   (b)   (c)

Abbildung 5.7 Gitterstrukturen von Einkristalloberflächen: (a) fcc(100), (b) fcc(111), (c) fcc(110)

5.5 Adsorption von Iodid auf Pt(111)

Da Anionen sehr leicht adsorbieren, vor allem bei positiven Elektrodenpotentialen, ist es nicht einfach, den Bedeckungsgrad zu bestimmen. Häufig tragen die adsorbierten Ionen eine Partialladung und stoßen einander ab. Der Bedeckungsgrad wächst mit zunehmendem Potential nur sehr langsam und kann daher durch Messen der Ladung, die sich während eines Potentialsprungs ergibt, nur schwer bestimmt werden. Nur bei einigen wenigen Systemen, bei denen die Anionen ein regelmäßiges Gitter bilden, konnte die Struktur mit spektroskopischen Methoden aufgeklärt werden.

Ein Beispiel ist die Adsorption von Iodid-Ionen an einer Pt(111)-Elektrode. Platin bildet ein kubisch flächenzentriertes Gitter mit einer Gitterkonstanten von $a = 3,92$ Å aus. Die (111)-Ebene hat eine dreieckige Gitterstruktur, wobei sich die benachbarten Atome in einer Entfernung von $a/\sqrt{2} = 2,77$ Å befinden. Taucht diese Oberfläche in eine wässrige Lösung ein, die Iodidionen enthält, werden diese Anionen über einen breiten Potentialbereich hinweg adsorbiert. Mit einem Rastertunnelmikroskop konnten unter folgenden Bedingungen topographische Aufnahmen dieser regelmäßigen Adsorbatschicht gemacht werden: Die Lösung hatte eine Konzentration von 10^{-4} M KI, 10^{-2} NaClO$_4$ und 10^{-4} M HClO$_4$ als Leitelektrolyten; das Elektrodenpotential betrug 0,9 V bezüglich RHE [3] (RHE = reversible hydrogen electrode; das Potential bezieht sich auf das Gleichgewichtspotential der Wasserstoffentwicklung in der gleichen Lösung). Die beobachtete Struktur ist in Abb. 5.8 wiedergegeben. Iodid bildet ein hexagonales Gitter mit einem Abstand von 4,16 Å zum nächsten Nachbarn. Weitere Untersuchungen haben ergeben, daß die adsorbierten Ionen nicht alle gleichwertig sind: 1/4 der Ionen liegt etwas

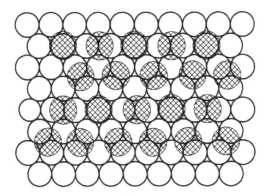

Abbildung 5.8 Adsorption von Iodid (schraffierte Kreise) auf Pt(111) (helle Kreise). Zur Verdeutlichung ist nur ein Teil des Adsorbatgitters dargestellt.

höher, wobei jedes dieser Ionen von einem Sechseck niedriger gelegener Ionen umgeben ist. In Abbildung 5.8 wird deutlich, daß ein Viertel der Ionen direkt über den Platinatomen sitzen, während ihre sechs Nachbarn Brückenplätze zwischen zwei Platinatomen besetzen. Der Bedeckungsgrad entspricht 4/9 der Oberfläche, die bedeckt wäre, wenn auf jedem Platinatom ein Ion adsorbiert wäre. Diese Struktur zeigt auch, daß sich die adsorbierten Teilchen, wahrscheinlich wegen ihrer Partialladung, gegenseitig abstoßen. Eine starke Anziehung hingegen würde bei niedrigem Bedeckungsgrad zur Bildung von sogenannten *Adatominseln* mit dichter Packung führen.

5.6 Unterpotentialabscheidung

Die Adsorption eines Metallions auf einem Fremdmetall ist ein besonders interessantes Phänomen. Dabei eröffnen sich zwei verschiedene Möglichkeiten der Adsorption: Die freie Enthalpie der Wechselwirkung des Adsorbats mit dem Substrat kann schwächer oder stärker als jene zwischen den benachbarten Adsorbatteilchen sein. Im ersten Fall findet eine Adsorption in einem Potentialbereich statt, der unterhalb des Gleichgewichtspotentials ϕ_{00} für Abscheidung und Auflösung liegt. Es entstehen dreidimensionale Cluster. Im zweiten Fall kann das Adsorbat auf dem Fremdmetall in Potentialbereichen oberhalb ϕ_{00} abgeschieden werden. Man bezeichnet dies als *Unterpotentialabscheidung* (upd = underpotential deposition). Im allgemeinen kann bis zu einer Monoschicht Adsorbat auf diese Weise entstehen.

Der energetische Aspekt der Unterpotentialabscheidung kann mit einem langsamen Potentialdurchlauf (z.B. einige mV pro Sekunde) untersucht werden, wenn man bei Potentialen beginnt, die so hoch sind, daß keine Adsorption stattfindet.

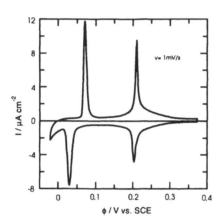

Abbildung 5.9 Zyklisches Voltammogramm für die Unterpotentialabscheidung von Kupfer auf Au(111); der Elektrolyt ist eine wässrige Lösung von 0,05 M H_2SO_4 und 10^{-3} M $CuSO_4$.

Wird das Potential gesenkt, beobachtet man eine oder mehrere Stromspitzen, die durch die Adsorption der Metallionen hervorgerufen werden (Abb. 5.9). Der Adsorptionsstrom ist gemäß der elektrochemischen Konvention negativ (kathodisch). Den verschiedenen Maxima entsprechen oft unterschiedliche Plätze, an denen Adsorption stattfindet. Sie sind möglicherweise aber auch ein Hinweis auf sich ändernde Strukturen der Adsorbatschicht. Beim weiteren Potentialdurchlauf zu kleineren Potentialen wird das Gleichgewichtspotential ϕ_{00} unterschritten, und man kann die übliche Abscheidung beobachten.

Anstatt nur einen einzelnen Potentialdurchlauf durchzuführen, ist es üblich, die Richtung des Durchlaufs umzukehren und an den Ausgangspunkt der Abscheidung zurückzukehren. Dabei beobachtet man die Auflösung der Adsorbatschicht als Stromspitzen oder Maxima. Die Durchlaufrichtung wird dann bei einem Potential weit oberhalb der Auflösung nochmals umgekehrt, und der Vorgang noch einige Male wiederholt. Die dabei entstehende Strom-Spannungskurve bezeichnet man als *zyklisches Voltammogramm*. Weitere Einzelheiten dieser Methode sind in Kapitel 15 aufgeführt. Mehrere Durchläufe nacheinander ergeben identische Kurven, wenn die Reaktionen, die in diesem Bereich ablaufen, reversibel sind. Bei niedriger Durchlaufgeschwindigkeit und reversiblen Reaktionen liegen die Stromspitzen der Bildung und der Auflösung der Adsorbatschicht beim gleichen Potential. In Abbildung 5.9, beim zyklischen Voltammogramm der Abscheidung von Cu^{2+} auf Au(111), entsprechen sich die Spitzen beim Potential um 0,2 V beinahe. Der Ladung unterhalb der ersten Spitze entspricht die Abscheidung von 2/3 der Monoschicht, während die zweite bei 0,03 V der Bedeckung von 1/3 der Monoschicht zugeordnet werden kann. Bemerkenswert ist, daß die Stromspitze

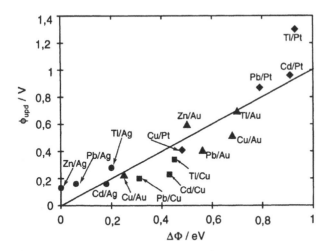

Abbildung 5.10 Korrelation zwischen der Unterpotentialverschiebung ϕ_{upd} und der Differenz der Austrittsarbeiten bei polykristallinen Metallen; A/B bedeutet: Metall A ist auf B adsorbiert.

der dazugehörigen Auflösung (Desorption) in Richtung eines höheren Potentials (0,07 V) verschoben ist, was wahrscheinlich darauf zurückzuführen ist, daß die Auflösung sehr langsam voranschreitet.

Die Verschiebung der Stromspitzen bei der Desorption im Vergleich zum Gleichgewichtspotential der Metallabscheidung ist als *Unterpotentialverschiebung* ϕ_{upd} bekannt. Bei einfachen Systemen ist der Wert ϕ_{upd} unabhängig von der Konzentration der Ionen in der Lösung, da sich die freien Enthalpien der Abscheidung und der Desorption gemäß der Nernst-Gleichung gleichermaßen verschieben. Abweichungen von diesem Verhalten weisen meist auf die Koadsorption anderer Ionen hin.

Kolb et al. [4] beobachteten eine bemerkenswerte Korrelation bei der Adsorption auf polykristallinen Substraten: Trägt man ϕ_{upd} gegen die Differenz der Austrittsarbeiten des Substrats und des Adsorbats $\Delta\Phi = \Phi_{sub} - \Phi_{ad}$ auf, erhält man eine Gerade mit einer Steigung von ungefähr 1/2 (Abb. 5.10). Häufig beobachtet man mehrere Stromspitzen bei der Unterpotentialabscheidung, z.B. beim oben diskutierten Cu auf Au(111). In solchen Fällen wurden diejenigen Werte ausgewählt, die der stärksten Wechselwirkung zwischen Adsorbat und Substrat entsprechen. Die Korrelation ist etwas grob, dennoch ist es interessant, daß in fast allen Fällen, in denen Unterpotentialabscheidung beobachtet wird, die Austrittsarbeit des Substrats höher ist als die des Adsorbats. Festzuhalten ist zudem, daß diese Korrelation nicht für Einkristalloberflächen gilt: Die Potenti-

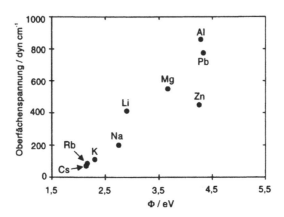

Abbildung 5.11 Korrelation zwischen der Oberflächenenergie und der Austrittsarbeit bei polykristallinen Metallen

alverschiebungen ϕ_{upd} verschiedener Einkristalloberflächen korreliert nicht mit den entsprechenden Austrittsarbeiten. Das Adsorbat bildet auf unterschiedlichen Oberflächen häufig Schichten mit verschiedenen Strukturen. Diese strukturellen Effekte scheinen sich bei upd auf polykristallinen Oberflächen auszugleichen.

Diese Korrelation wurde mit dem Auftreten von zwei verschiedenen Effekten erklärt: mit den Oberflächenenergien der beiden beteiligten Metalle und mit der Bildung eines Dipolpotentials an der Oberfläche.

1. Die Austrittsarbeit von Metallen korreliert mit der Oberflächenenergie; Abbildung 5.11 illustriert dies für verschiedene sp-Metalle. Daher wird die Oberflächenenergie eines Metalls mit einer hoher Austrittsarbeit herabgesetzt, wenn es mit einer Monoschicht eines Metalls bedeckt ist, dessen Austrittsarbeit und Oberflächenenergie geringer sind.

2. Die Differenz der Austrittsarbeiten verursacht einen Elektronenfluß von dem Metall mit der niedrigen Austrittsarbeit hin zu dem mit der höheren, wodurch ein Dipolmoment an der Oberfläche entsteht. Dies ist derselbe Effekt, der zu einer Differenz der äußeren Potentiale am Kontak zweier Metalle führt (vgl. Kapitel 3). Zwar hat ein Adsorbat nicht die gleiche Austrittsarbeit wie das Metall selbst, dennoch findet ein Ladungsaustausch statt.

Diese beiden Effekte führen dazu, daß die Adsorption auf einem Metall mit einer höheren Austrittsarbeit gegenüber der gewöhnlichen Abscheidung bevorzugt wird.

Will man Informationen über die Struktur von Adsorbatschichten erhalten, muß man, wie bereits angedeutet, Einkristallelektroden benutzen. Als Beispiel soll die Unterpotentialabscheidung von Kupfer auf Au(111) betrachtet werden, deren

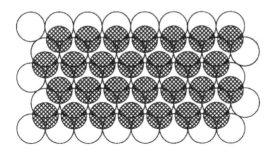

Abbildung 5.12 Adsorption einer Monoschicht Kupfer auf Au(111)

zyklisches Voltammogramm schon diskutiert wurde (s. Abb. 5.9). Die Stromspitzen der Adsorption und Desorption sind sehr schmal, was häufig der Fall ist, wenn regelmäßige Gitter gebildet werden. Die Struktur der Monoschicht, die sich bei einem Potential unterhalb von 0,3 V gebildet hat, konnte durch Röntgenspektroskopie [5] aufgeklärt werden. Gold kristallisiert in einem fcc-Gitter, und die Au(111)-Fläche bildet ein dreieckiges Gitter mit einer Gitterkonstanten von 2,89 Å. Kupferatome sind kleiner als Goldatome, sie werden bevorzugt in den Mulden adsorbiert und bilden dort entsprechend dem Gitter des Substrats ein ebenfalls dreieckiges Gitter, also ein *kommensurables Gitter*, d.h. das Gitter des Adsorbats und das der oberen Schicht des Substrats sind durch eine einfache mathematische Beziehung miteinander verknüpft.

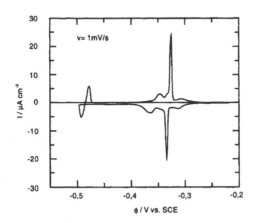

Abbildung 5.13 Zyklisches Voltammogramm für die Unterpotentialabscheidung von Blei auf Ag(111); der Elektrolyt ist eine Lösung von 0,5 M NaClO$_4$, 10^{-3} M HClO$_4$, 10^{-3} M Pb(ClO$_4$)$_2$.

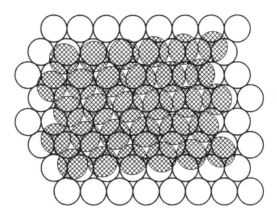

Abbildung 5.14 Adsorption einer Monoschicht Blei (schraffierte Kreise) auf Ag(111)
(offene Kreise)

Silber bildet ebenfalls ein fcc-Gitter aus, und seine Gitterkonstante entspricht
annähernd der von Gold. Taucht man eine Ag(111)-Elektrode in eine Lösung mit
einer geringen Konzentration an Pb^{2+}-Ionen und einem Leitelektrolyten, zeigt
ein Potentialdurchlauf mehrere Stromspitzen bei einem Potential von ca. -0,34 V
(Abb. 5.13). Durch Röntgenspektroskopie konnte gezeigt werden, daß im Potentialbereich unterhalb dieser Stromspitzen eine dichte Pb(111)-Schicht vorliegt,
deren Gitter aber nicht mit dem des Substrats kommensurabel ist. Die Gitterkonstante der Adsorbatschicht ist größer als die des Substrats, und seine Achse
um $4,5°$ gedreht (Abb. 5.14).

5.7   Adsorption von organischen Molekülen

Die Adsorption von organischen Molekülen ist ein sehr umfangreiches Gebiet, und
viele Untersuchungen dazu wurden an Quecksilberelektroden durchgeführt. Der
Vorteil dieser Untersuchungsmethode liegt, wie bereits erwähnt, in der einfachen
Bestimmbarkeit der Oberflächenladung und Kapazität, die durch Differenzieren
aus der Oberflächenenergie erhalten werden können. An dieser Stelle sollen jedoch
nicht die vielen Ergebnisse, die in der Literatur zu finden sind, referiert werden,
sondern vielmehr ein Beispiel näher betrachtet werden, nämlich die Adsorption
einer aliphatischen Verbindung.

Mißt man die Oberflächenspannung einer Quecksilberelektrode, die in die wässrige Lösung einer neutralen aliphatischen Verbindung taucht, als Funktion der
Elektrodenladung oder des Potentials, wird folgendes beobachtet: Die Oberflächenspannung wird in dem Bereich um den Ladungsnullpunkt der Elektrode bei
Anwesenheit des Adsorbats deutlich verringert, während an weiter entfernten

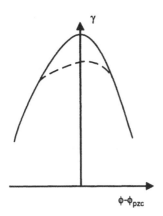

Abbildung 5.15 Oberflächenspannung von Quecksilber bei Anwesenheit (gestrichelte Linie) und in Abwesenheit (durchgezogene Linie) einer aliphatischen Verbindung (schematisch)

Stellen die Oberflächenspannung unverändert ist (Abb. 5.15). Offensichtlich ist die Adsorption der Teilchen auf den Bereich um den Ladungsnullpunkt begrenzt. Dies liegt daran, daß einerseits die aliphatischen Ketten durch die Wasserstoffbrückenbindungen des Wassers an die Oberfläche gedrängt werden. Andererseits ist das Dipolmoment der aliphatischen Verbindung niedriger als dasjenige des Wassers. Ist die Ladung an der Elektrodenoberfläche hoch, werden die Wassermoleküle wegen der elektrostatischen Kräfte stärker angezogen und verdrängen die adsorbierten organischen Moleküle.

Frumkin [8] versuchte, diese Beobachtungen quantitativ zu beschreiben, und zog dazu das *Plattenkondensatormodell* heran. Eine vereinfachte Version soll hier vorgestellt werden. Bei diesem Modell wird davon ausgegangen, daß die Oberfläche der Elektrode stellenweise mit adsorbierten Molekülen bedeckt ist, während andere Stellen frei bleiben. Da das Dipolmoment des Wasser höher ist als dasjenige des Adsorbats und die Wassermoleküle zudem kleiner sind, haben die mit Adsorbat bedeckten Stellen eine andere Kapazität. Die Phasengrenze verhält sich also wie zwei parallel geschaltete Kondensatoren.

Man betrachte eine Elektrode mit einer Einheitsfläche, wobei die Kapazität pro freigebliebener Fläche mit dem Symbol C_0 und die der bedeckten Fläche mit C_1 bezeichnet wird; zudem gilt $C_1 < C_0$, da das Adsorbat das kleinere Dipolmoment besitzt. Um die Rechnungen zu vereinfachen, wird angenommen, daß C_0 und C_1 konstant sind und der Ladungsnullpunkt durch das Adsorbat nicht verschoben wird. Die Gesamtladung der Elektrode ist dann:

$$\sigma = (1 - \theta)C_0(\phi - \phi_{pzc}) + \theta C_1(\phi - \phi_{pzc}) \tag{5.12}$$

wobei θ der Bedeckungsgrad des Adsorbats ist. Die molare freie Adsorptionsenthalpie ΔG_{ad} setzt sich aus zwei Anteilen zusammen, von denen einer durch die chemische Wechselwirkung bestimmt und damit unabhängig vom Elektrodenpotential ist. Der zweite Anteil ist elektrostatischer Natur und beinhaltet die Arbeit $W(\phi)$, die erforderlich ist, um ein einzelnes Molekül bei einem gegebenen Potential an der Elektrodenoberfläche zu adsorbieren. Also kann man schreiben:

$$\exp\left(-\frac{\Delta G_{\text{ad}}}{RT}\right) = B_0 \exp\left(-\frac{W(\phi)}{kT}\right) \tag{5.13}$$

Wird ein Molekül adsorbiert, ändert sich die Kapazität der Phasengrenze. Man muß also die Arbeit berechnen, die erforderlich ist, um die Kapazität eines Kondensators bei einem gegebenen, konstanten Potential ϕ zu ändern. Die Energie, die in einem Kondensator gespeichert ist, beträgt $\phi\sigma/2 = C\phi^2/2$, wobei σ die Ladung der Platte ist. Ändert sich die Kapazität, ändert sich auch die Energie um den Betrag:

$$dW_1 = \frac{1}{2}\phi^2\,dC \tag{5.14}$$

Gleichzeitig ändert sich auch die Ladung des Kondensators um den Betrag $d\sigma = \phi\,dC$, und der Potentiostat muß die Arbeit $dW_2 = \phi d\sigma = \phi^2\,dC$ am Kondensator verrichten. Die gesamte Änderung der Energie ist damit:

$$dW = dW_1 - dW_2 = -\frac{1}{2}\phi^2\,dC \tag{5.15}$$

Eine kurze Überlegung zeigt, daß das negative Vorzeichen richtig ist. Erhöht man die Kapazität eines Kondensators bei konstantem Potential, z. B. indem man den Plattenabstand und damit die Ladungstrennung verkleinert, wird die Energie des Systems herabgesetzt.

Wird nur ein einziges Molekül an der Oberfläche adsorbiert, ändert sich der Bedeckungsgrad um den infinitesimalen Betrag von $\Delta\theta = 1/N_{\text{max}}$; dabei ist N_{max} die maximale Anzahl Teilchen, die adsorbiert werden können. Aus Gl. (5.12) ergibt sich für die zugehörige Änderung der Kapazität:

$$\Delta C = (C_1 - C_0)\,\Delta\theta = \frac{(C_1 - C_0)}{N_{\text{max}}} \tag{5.16}$$

Durch Substitution dieses Ergebnisses in Gl. (5.15) ergibt sich die zur Adsorption eines Teilchens erforderliche elektrostatische Arbeit zu:

$$W(\phi) = -\frac{1}{2}(\phi - \phi_{\text{pzc}})^2 \frac{(C_1 - C_0)}{N_{\text{max}}} \tag{5.17}$$

Da $C_1 < C_0$ gilt, erhält die Arbeit ein positives Vorzeichen, und der Bedeckungsgrad nimmt mit der Entfernung vom pzc ab. Die Gleichungen (5.13) und (5.17) können mit der Frumkin-Isotherme verbunden werden, wobei sich folgende Gleichung ergibt:

$$\frac{\theta}{1-\theta} = c_A B_0 \exp\left(-\frac{(\phi - \phi_{\text{pzc}})^2(C_1 - C_0)}{2N_{\text{max}}kT}\right)\exp(-\gamma\theta) \tag{5.18}$$

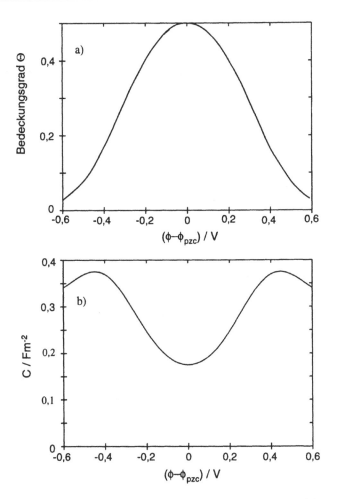

Abbildung 5.16 Bedeckung (a) und differentielle Kapazität (b) bei der Adsorption einer aliphatischen Verbindung gemäß der Gl. (5.18)

In Abbildung 5.16 werden typische Kapazitätskurven als Funktion des Elektrodenpotentials gezeigt. Bemerkenswert sind die ausgeprägten Kapazitätsmaxima in der Nähe des Potentials, bei dem die Desorption beginnt. Gleichung (5.18) kann verbessert werden, indem man die Potentialabhängigkeit von C_0 und C_1 sowie die Verschiebung des Ladungsnullpunkts mit der Adsorption einbezieht, wodurch man aber im Grunde wenig an zusätzlichem physikalischen Verständnis hinzugewinnt.

5.8   Elektrosorptionswertigkeit

Zwischen der Adsorption eines Teilchens und der Abscheidung von Ionen besteht
eine formale Ähnlichkeit, die auf das Konzept der *Elektrosoptionswertigkeit* führt.
Zum Vergleich betrachte man die Abscheidung eines Metallions der Ladungszahl
z auf einer Elektrode, die aus demselben Metall besteht. Hält man das Elektrodenpotential ϕ konstant, so ist die Stromdichte j durch

$$j = -ze_0 \left(\frac{\partial N}{\partial t}\right)_\phi \tag{5.19}$$

gegeben, wobei N die Anzahl der Teilchen ist, die pro Fläche abgeschieden werden. Wird stattdessen ein Adsorbat (Index i) auf der Elektrode abgeschieden, so
wird der Strom proportional zur Adsorptionsrate sein:

$$j = -le_0 \left(\frac{\partial \Gamma_i}{\partial t}\right)_{\phi,\Gamma_j \neq \Gamma_i} \tag{5.20}$$

wobei Γ_i den Oberflächenüberschuß bedeutet. Benutzt man die Beziehung $d\sigma =
j\, dt$ zwischen Ladungs- und Stromdichte, so läßt sich Gl. (5.20) in folgende Form
bringen:

$$-\left(\frac{\partial \sigma}{\partial \Gamma_i}\right)_{\phi,\Gamma_j \neq \Gamma_i} = le_0 \tag{5.21}$$

Der Koeffizient l erhielt von verschiedenen Autoren unterschiedliche Namen, doch
hat sich der Begriff *Elektrosoptionswertigkeit*, der von Vetter und Schultze eingeführt wurde [9], schließlich durchgesetzt[1]. Aus der Thermodynamik (s. Kapitel
14) kann man die Beziehung

$$le_0 = \left(\frac{\partial \mu_i^s}{\partial \phi}\right)_{\Gamma_i} \tag{5.22}$$

ableiten, in der μ_i^s das chemische Potential des Adsorbats an der Oberfläche
bezeichnet.

Die Definition der Elektrosorptionswertigkeit bezieht sich auf den gesamten
Oberflächenüberschuß, nicht nur auf den Teil, der spezifisch adsorbiert ist. Meistens korrigiert man Γ_i um den Teil, der sich in der diffusen Doppelschicht befindet und sich aus der Gouy-Chapman-Theorie berechnen läßt. Meistens ist diese
Korrektur klein, insbesondere, wenn das Adsorbat stark gebunden ist oder ein
inerter Leitelektrolyt verwendet wird.

Die Elektrosorptionswertigkeit ist nicht leicht zu interpretieren. Der folgende,
etwas naive Gedankengang zeigt, daß sie sowohl vom Verlauf des Potentials als
auch von der Ladung abhängt, die bei der Adsorption auf die Elektrode übergeht.

---

[1]Meist wird die Elektrosorptionswertigkeit mit γ bezeichnet, welches hier jedoch für die Oberflächenspannung benutzt wird. Das Symbol l wurde vorher von Lorenz und Salie [10] eingeführt.

Angenommen, ein Ion S^z wird adsorbiert und nimmt dabei λ Elektronen auf, wobei λ keine ganze Zahl zu sein braucht (vgl. das Konzept der Partialladung). Formal kann man die Adsorptionsreaktion in der Form

$$S^z \to S^{z+\lambda} + \lambda e^- \qquad (5.23)$$

schreiben. Wie schon früher bemerkt, ist der partielle Ladungsübergang nicht streng definiert. Behandelt man $S^{z+\lambda}$ aber trotzdem wie eine gewöhnliche chemische Spezies, kann man ihr ein elektrochemisches Potential

$$\tilde{\mu}_i^{\mathrm{ad}} = \mu_i^{\mathrm{ad}} + (z + \lambda)e_0\phi_{\mathrm{ad}} \qquad (5.24)$$

zuordnen, wobei ϕ_{ad} das elektrostatische Potential am Ort des Adsorbats bezeichnet. Da sich die Reaktion im Gleichgewicht befindet, müssen die elektrochemischen Potentiale des Adsorbats und des gelösten Stoffes gleich sein. Setzt man das elektrostatische Potential im Inneren der Lösung gleich Null, so gilt:

$$\mu_i^s = \mu_i^{\mathrm{ad}} + (z + \lambda)e_0\phi_{\mathrm{ad}} - \lambda e_0\phi_m \qquad (5.25)$$

ϕ_m ist das innere Potential der Elektrode. Differenziert man diese Gleichung nach dem Elektrodenpotential ϕ, welches sich von ϕ_m nur um eine Konstante unterscheidet, so erhält man:

$$l = gz - \lambda(1 - g), \qquad \text{wobei } g = \left(\frac{\partial\phi_{\mathrm{ad}}}{\partial\phi}\right)_{\Gamma_i} \qquad (5.26)$$

Diese Gleichung ist sicherlich nicht exakt, kann aber für qualitative Betrachtungen verwendet werden. Von besonderem Interesse sind die folgenden Grenzfälle:

1. Vollständige Entladung: $\lambda = -z$ oder $l = z$.

2. Einbau in die Elektrode: $\phi_{ad} = \phi_m$, $g = 1$ und $l = z$.

3. Kein Ladungsübergang: $\lambda = 0$, $l = gz$.

Tabelle 5.2 Elektrosorptionswertigkeit einiger einfacher Ionen am Ladungsnullpunkt und bei kleinen Bedeckungsgraden.

Electrode	Ion	l
Hg	Rb^+	0,15
Ga	Rb^+	0,20
Hg	Cs^+	0,18
Ga	Cs^+	0,20
Hg	Cl^-	-0,20
Hg	Br^-	-0,34
Hg	I^-	-0,45

Im allgemeinen hängt die Elektrosorptionswertigkeit sowohl vom Elektrodenpotential als auch vom Bedeckungsgrad ab, wie man auch nach Gl. (5.26) erwarten würde. Tabelle 5.2 gibt die Werte für einige einfache Ionen am Ladungsnullpunkt und bei kleinen Bedeckungsgraden an [1], wobei nur flüssige Elektroden verwendet wurden, an denen die Messung des Oberflächenüberschusses leichter ist als an Festkörpern. Die kleinen Werte für die Alkali-Ionen Rb^+ and Cs^+ lassen vermuten, daß bei der Adsorption dieser Ionen kein Ladungstransfer stattfindet. Hingegen deuten die Werte für die Halogenionen eventuell auf einen partiellen Transfer von Elektronen auf das Metall. Bei der Abscheidung von Monoschichten ist die Elektrosorptionswertigkeit fast immer gleich der Ladungszahl des Ions, welches also vollständig entladen wird. Eine partielle Ladung auf einem dicht gepackten Adsorbat würde zu einer starken Abstoßung der Teilchen führen und ist deswegen energetisch ungünstig.

Literatur

[1]   Eine gute Einführung in Gitterstrukturen und Einkristalloberflächen findet sich in: C. Kittel, *Einführung in die Festkörperphysik*, Oldenbourg, München, 1989; A. Zangwill, *Physics at Surfaces*, Cambridge University Press, 1988.

[2]   D. Kolb, *Surface Reconstruction at Metal-Electrolyte Interfaces*, in: *Structure of Electrified Interfaces*, Hrsg. J. Lipkowski und P. N. Ross, VCH, New York, 1993.

[3]   R. Vogel, I. Kamphausen und H. Baltruschat, *Ber. Bunsenges. Phys. Chem.* **96** (1992) 525; B. C. Schardt, S. L. Yau, und F. Rinaldi, *Science* **243** (1989) 981.

[4]   D. Kolb, in: *Advances of Electrochemistry and Electrochemical Engineering*, Vol. 11, S. 125, John Wiley & Sons, New York, 1978.

[5]   H. D. Abruña, in: *Electrochemical Interfaces*, Hrsg. H. D. Abruña, S. 1, VCH, New York, 1991.

[6]   M. F. Toney und O. Melroy, in: *Electrochemical Interfaces*, Hrsg. H. D. Abruña, S. 57, VCH, New York, 1991.

[7]   J. W. Schultze und D. Dickertmann, *Surf. Science* **54** (1976) 489.

[8]   A. N. Frumkin *Z. Phys.* **35** (1926) 792.

[9]   K. J. Vetter und J. W. Schultze, *Ber. Bunsenges. Phys. Chem.* **76** (1972) 920, 927.

[10]   W. Lorenz und G. Salie, *Z. Phys. Chem.* NF **29** (1961) 390, 408.

[11]   J. W. Schultze und F. D. Koppitz, *Electrochim. Acta* **21** (1977) 81.

6 Phänomenologische Behandlung der Elektrontransferreaktionen

6.1 Reaktionen in der äußeren Sphäre

Elektronentransferreaktionen sind die einfachste Art elektrochemischer Reaktionen. Ihnen kommt eine sehr wichtige Rolle zu, da bei jeder elektrochemischen Reaktion mindestens ein Elektronentransfer geleistet wird. Dieses trifft auch dann zu, wenn der Strom, der über die elektrochemische Phasengrenze fließt, von Ionen getragen wird, denn an der Phasengrenze werden die Ionen durch Elektronentransfer entweder erzeugt oder entladen.

Elektronentransferreaktionen können unter Umständen sehr kompliziert sein, gerade wenn dabei chemische Bindungen gebildet oder gebrochen werden, wenn einer der beiden Reaktionspartner adsorbiert wird oder wenn ein Katalysator beteiligt ist. So sollen die Betrachtungen an dieser Stelle auf den einfachsten Fall, bei dem diese Komplikationen nicht auftreten, auf den sogenannten *Elektronentransfer in der äußeren Sphäre*, beschränkt bleiben. Diese Bezeichnung bedarf einer Erläuterung. Bei den Reaktanden handelt es sich meist um komplexierte Ionen oder um größere Moleküle. Die Liganden des Komplexes nennt man die *innere Sphäre*, die umgebende Solvathülle *äußere Sphäre* (s. Abb. 6.1). Bei Reaktionen in der äußeren Sphäre werden chemische Bindungen weder zerstört noch neu gebildet, die Bindungsabstände können sich allerdings etwas ändern; die innere Sphäre bleibt also chemisch unverändert. Katalyse durch einen weiteren Reaktionpartner schließt man per definitionem ebenfalls aus. Ändern sich hingegen die Bindungsverhältnisse während der Reaktion, spricht man von einer Reaktion in der *inneren Sphäre*.

Unglücklicherweise gibt es nicht sonderlich viele Beispiele für Reaktionen in der äußeren Sphäre. Zwei davon seien hier vorgestellt:

$$[Ru(NH_3)_6]^{2+} \rightleftharpoons [Ru(NH_3)_6]^{3+} + e^-$$
$$[Fe(H_2O)_6]^{2+} \rightleftharpoons [Fe(H_2O)_6]^{3+} + e^- \qquad (6.1)$$

Es handelt sich dabei um stabile Komplexe, deren Zentralion von inerten Liganden umgeben ist, die eine Adsorption verhindern. Die Reaktion Fe^{2+}/Fe^{3+} verläuft nur in Abwesenheit von Halogenionen so einfach. Schon geringste Mengen dieser Ionen katalysieren die Reaktion und verändern die innere Sphäre.

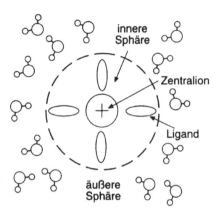

Abbildung 6.1 Definition der inneren und äußeren Sphäre

6.2 Die Butler-Volmer-Gleichung

In diesem Kapitel sollen makroskopische Aspekte der Elektrontransferprozesse mit Hilfe der chemischen Kinetik beleuchtet werden. Die Geschwindigkeit v einer elektrochemischen Reaktion ist die Differenz der Geschwindigkeiten der Oxidation (*anodische Reaktion*) und der Reduktion (*kathodische Reaktion*), wobei es üblich ist, die anodische Reaktion und den dazugehörigen Strom mit einem positiven Vorzeichen zu versehen; daher gilt:

$$v = k_{ox} c_{red}^s - k_{red} c_{ox}^s \tag{6.2}$$

c_{red}^s und c_{ox}^s sind die Konzentrationen der reduzierten und der oxidierten Spezies, während k_{ox} und k_{red} die zugehörigen Geschwindigkeitskonstanten sind. Nach der Theorie des aktivierten Komplexes lassen sich diese in folgender Form schreiben:

$$
\begin{aligned}
k_{ox} &= A \exp\left(-\frac{\Delta G_{ox}^\dagger(\phi)}{RT}\right) \\
k_{red} &= A \exp\left(-\frac{\Delta G_{red}^\dagger(\phi)}{RT}\right)
\end{aligned}
\tag{6.3}
$$

Bei einer phänomenologischen Behandlung des Prozesses wird angenommen, daß die freien Aktivierungsenthalpien G_{ox} und G_{red}, im Gegensatz zum präexponentiellen Faktor, vom Elektrodenpotential ϕ abhängen. Die Aktivierungsenergie wird auf das Standardgleichgewichtspotential ϕ_{00} der Redoxreaktion bezogen und in eine Taylorreihe entwickelt. Betrachtet man lediglich die Terme erster Ordnung, erhält man für die anodische Reaktion:

$$\Delta G_{ox}^\dagger(\phi) = \Delta G_{ox}^\dagger(\phi_{00}) - \alpha F(\phi - \phi_{00}), \tag{6.4}$$

$$\text{mit} \quad \alpha = -\frac{1}{F} \left.\frac{\partial \Delta G^\dagger_{ox}}{\partial \phi}\right|_{\phi_{00}}$$

α ist der *anodische Durchtrittsfaktor*. Der Faktor $1/F$ wurde eingeführt, weil $F\phi$ der elektrostatische Beitrag zur molaren freien Enthalpie ist, und das Vorzeichen so gewählt, daß α positiv ist – offensichtlich bewirkt ein Anheben des Elektrodenpotentials eine Beschleunigung der anodischen Reaktion und eine Verringerung der entsprechenden Aktivierungsenergie. Man beachte, daß α eine dimensionslose Größe ist. Analog dazu gilt für die kathodische Reaktion:

$$\Delta G^\dagger_{red}(\phi) = \Delta G^\dagger_{red}(\phi_{00}) + \beta F(\phi - \phi_{00}), \qquad (6.5)$$

$$\text{mit} \quad \beta = \frac{1}{F} \left.\frac{\partial \Delta G^\dagger_{red}}{\partial \phi}\right|_{\phi_{00}}$$

wobei der *kathodische Durchtrittsfaktor* β ebenfalls positiv ist. Die freien Aktivierungsenthalpien können mit den molaren freien Enthalpien G_{ox} und G_{red} der oxidierten und der reduzierten Form in Beziehung gesetzt werden:

$$\Delta G^\dagger_{ox}(\phi) - \Delta G^\dagger_{red}(\phi) = G_{ox} - G_{red} \qquad (6.6)$$

Insbesondere gilt:

$$\Delta G^\dagger_{ox}(\phi_{00}) = \Delta G^\dagger_{red}(\phi_{00}) = \Delta G^\dagger_{00} \qquad (6.7)$$

da am Standardgleichgewichtpotential die molaren freien Enthalpien gleich sind: $G_{ox}(\phi_{00}) = G_{red}(\phi_{00})$. Wird das Elektrodenpotential von ϕ_{00} nach ϕ verändert, verringert sich die freie Enthalpie der Elektrode um $-F(\phi - \phi_{00})$ und damit auch die Energie des oxidierten Zustands. Sind die Reaktanden so weit entfernt von der Metalloberfläche, daß ihre elektrostatischen Potentiale unverändert bleiben, wenn das Elektrodenpotential variiert wird, ändert sich die freie Enthalpie der Reaktion ebenfalls um $-F(\phi - \phi_{00})$. Diese Bedingung ist immer dann erfüllt, wenn ein Leitelektrolyt in hoher Konzentration anwesend ist, der das Elektrodenpotential abschirmt. Hingegen sind diese Bedingungen nicht erfüllt, wenn die Reaktanden adsorbiert sind. Für den Fall, daß die Bedingungen erfüllt werden, kann man also schreiben:

$$\Delta G^\dagger_{ox}(\phi) - \Delta G^\dagger_{red}(\phi) = -F(\phi - \phi_{00}) \qquad (6.8)$$

Nach Differenzzieren erhält man für die beiden Durchtrittsfaktoren:

$$\alpha + \beta = 1 \qquad (6.9)$$

Da beide Koeffizienten positiv sind, nehmen sie Werte zwischen Null und Eins an; man kann aber im allgemeinen davon ausgehen, daß die Werte um $1/2$ liegen, es sei denn, die Reaktion ist sehr unsymmetrisch.

Für die Durchtrittsfaktoren gibt es eine einfache geometrische Erklärung: In einem eindimensionalen Bild kann die potentielle Energie des Systems als Funktion einer verallgemeinerten Reaktionskoordinate (s. Abb. 6.2) dargestellt werden. Oxidierter und reduzierter Zustand sind durch eine Energiebarriere getrennt.

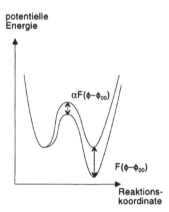

Abbildung 6.2 Potentielle Energiekurven für eine Reaktion in der äußeren Sphäre. Die obere Kurve entspricht dem Standardpotential ϕ_{00}, die untere einem Potential $\phi > \phi_{00}$.

Verändert man das Elektrodenpotential um $(\phi - \phi_{00})$, wird die freie Enthalpie des oxidierten Zustands um den Wert $-F(\phi - \phi_{00})$ herabgesetzt; die freie Enthalpie des Übergangszustandes, der sich auf der Barriere befindet, wird um $-\alpha F(\phi - \phi_{00})$ verändert, wobei $0 < \alpha < 1$ gilt. Die Gleichung $\alpha + \beta = 1$ kann man sehr leicht aus der Abbildung ablesen.

Die Stromdichte j dieser Reaktion ist einfach $j = Fv$. Verknüpft man die Gleichungen (6.2 – 6.4) mit Gl. (6.9), erhält man die *Butler-Volmer-Gleichung* [1,2] in der Form:

$$j = Fk_0 c_{red}^s \exp \frac{\alpha F(\phi - \phi_{00})}{RT}$$
$$-Fk_0 c_{ox}^s \exp \left(-\frac{(1-\alpha)F(\phi - \phi_{00})}{RT} \right) \qquad (6.10)$$

dabei ist

$$k_0 = A \exp \left(-\frac{\Delta G^\dagger(\phi_{00})}{RT} \right) \qquad (6.11)$$

Unter Einbeziehung der Nernst-Gleichung

$$\phi_0 = \phi_{00} + \frac{RT}{F} \ln \frac{c_{ox}^s}{c_{red}^s} \qquad (6.12)$$

für das Gleichgewichtspotential ϕ_0 und unter Einführung der Überspannung $\eta = \phi - \phi_0$, welche die Abweichung vom Gleichgewichtspotential beschreibt, kann die Butler-Volmer-Gleichung in folgende einfache Form überführt werden:

$$j = j_0 \left[\exp \frac{\alpha F\eta}{RT} - \exp \left(-\frac{(1-\alpha)F\eta}{RT} \right) \right] \qquad (6.13)$$

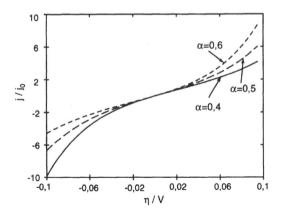

Abbildung 6.3 Strom-Spannungskurven nach der Butler-Volmer-Gleichung

wobei

$$j_0 = F k_0 (c_{red}^s)^{(1-\alpha)} (c_{ox}^s)^\alpha \tag{6.14}$$

die *Austauschstromdichte* ist. Beim Gleichgewichtspotential haben der anodische und der kathodische Strom den gleichen Wert j_0, aber ein entgegengesetztes Vorzeichen, d.h. sie heben sich gegenseitig auf. Liegen oxidierte und reduzierte Spezies in der Konzentration $c_{ox}^s = c_{red}^s = 1$ vor, ergibt sich eine *Standardaustauschstromdichte* $j_{00} = F k_0$, die ein Maß der Reaktionsgeschwindigkeit beim Standardgleichgewichtspotential ist.

Gemäß der Butler-Volmer-Gleichung gehorcht die Geschwindigkeit eines Elektronentransfers in der äußeren Sphäre einem einfachen Gesetz. Beide Stromdichten, die anodische und die kathodische, hängen exponentiell von der Überspannung η ab (s. Abb. 6.3). Bei hohen Überspannungen dominiert eine der beiden Teilstromdichten, und es bietet sich an, $\ln |j|$ – oder $\log_{10} |j|$ – gegen die Überspannung η aufzutragen; man erhält eine sogenannte *Tafelgerade* [3] (Abb. 6.4). Explizit gilt:

$$\log_{10} j = \log_{10} j_0 + \log_{10e} \frac{\alpha F \eta}{RT} \qquad \text{für} \quad \eta >> RT/F \tag{6.15}$$

$$\ln |j| = \ln j_0 - \frac{(1-\alpha)F}{RT} \qquad \text{für} \quad \eta << -RT/F$$

Aus der Steigung und dem Achsenabschnitt der Tafelgeraden kann man den Durchtrittsfaktor und die Austauschstromdichte bestimmen. Diese beiden Größen beschreiben die Strom-Spannungskurven vollständig. Bei kleinen Überspannungen, in der Größenordnung von $|F\eta| \ll RT$, kann die Butler-Volmer-Gleichung linearisiert werden, indem die Exponenten entwickelt werden; man erhält dann:

$$j = j_0 \frac{F \eta}{RT} \tag{6.16}$$

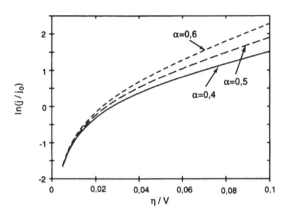

Abbildung 6.4 Tafelgeraden für die anodische Austauschstromdichte einer Reaktion in der äußeren Sphäre

Das Verhältnis $\eta/j = RT/j_0 F$ wird *Durchtrittswiderstand* genannt. Aus Messungen bei kleinen Überspannungen kann der Durchtrittsfaktor nicht bestimmt werden, sondern nur die Austauschstromdichte. Gleichwohl ist α über eine Veränderung der Oberflächenkonzentration bestimmbar, wenn man dabei die Austauschstromdichte mißt und die Gl. (6.14) heranzieht. Einige Beispiele für Elektronentransferreaktionen werden in Kapitel 9 vorgestellt.

Diese phänomenologischen Betrachtungen sollen mit einigen ergänzenden Bemerkungen abgeschlossen werden:

1. In älteren Arbeiten werden die Achsen der Tafelauftragung oft vertauscht. Man schreibt Gl. (6.16) für hohe anodische Überspannungen dann in der Form:

$$\eta = \frac{RT}{\alpha} \left(\log_{10} j - \log_{10} j_0 \right) \log_{10} e \equiv a + b \log_{10} j \qquad (6.17)$$

und nennt $b = (RT/F\alpha) \log_{10} e$ die *Tafelneigung*. Bei Zimmertemperatur ist $RT/F \approx 25$ mV, und ein Durchtrittsfaktor von $1/2$ entspricht einer Tafelneigung von 120 mV. Für die kathodische Richtung gilt eine zu Gl. (6.17) entsprechende Gleichung.

2. Der Durchtrittsfaktor α entspricht dem aus der Kinetik bekannten *Brønsted-Koeffizienten*. Beide beschreiben eine Änderung der Aktivierungsenergie mit der freien Enthalpie einer Reaktion.

3. Der Durchtrittsfaktor α erfüllt zwei Funktionen: (1) Er bestimmt die Abhängigkeit des Stroms vom Elektrodenpotential. (2) Er gibt die Änderung der Aktivierungsenergie mit dem Potential wieder und beschreibt damit die Temperaturabhängigkeit des Stroms. Wird α experimentell aus Strom-Spannungskurven bestimmt, sollte sein Wert temperaturunabhängig sein. Eine

geringe Temperaturabhängigkeit kann sich aus quantenmechanischen Effekten ergeben (worauf hier nicht weiter eingegangen werden soll), aber eine große Temperaturabhängigkeit wäre nicht kompatibel mit einem Reaktionsmechanismus in der äußeren Sphäre.

4. Bei kleinen Überspannungen ist die lineare Näherung der Gl. (6.4) und (6.5) ausreichend, bei höheren Überspannungen müssen auch Terme höherer Ordnung berücksichtigt werden (s. nächstes Kapitel).

5. Der Durchtrittsfaktor bestimmt die Symmetrie der Strom-Spannungskurven; sie sind bei $\alpha = 1/2$ symmetrisch, weshalb α auch als *Symmetriekoeffizient* bezeichnet wird.

6. Die Oberflächenkonzentrationen sind im allgemeinen nicht bekannt und verändern sich möglicherweise im Laufe der Reaktion. Deswegen wird manchmal unter Bedingungen der kontrollierten Konvektion gearbeitet, so daß die Oberflächenkonzentration aus der Konzentration im Inneren der Lösung berechnet werden kann. Andere Methoden setzen Potential- oder Strompulse ein, die eine Extrapolation zurück zu der Anfangszeit des Pulses, wenn die Oberflächenkonzentration gleich der Konzentration in der Lösung ist, erlauben. Diese Methoden werden in den Kapiteln 16 und 17 vorgestellt.

7. Elektronentransferreaktionen der inneren Sphäre gehorchen im allgemeinen nicht der Butler-Volmer-Gleichung.

6.3 Korrekturen für die Doppelschicht

Ist die Konzentration des Leitelektrolyten klein, unterscheidet sich das elektrostatische Potential an den Stellen, an denen die Reaktion abläuft, von dem im Inneren der Lösung und ändert sich mit dem angelegten Potential. Dies hat zwei Effekte zur Folge [4]:

1. Die Oberflächenkonzentrationen c_{ox}^s und c_{red}^s unterscheiden sich in der Nähe der Oberfläche von denen in der Lösung, stehen aber mit ihnen im Gleichgewicht. Macht man die gleichen Annahmen wie bei der Gouy-Chapman-Theorie, so ist die Oberflächenkonzentration c^s einer Spezies mit der Ladungszahl z gegeben durch:

$$c^s = c_0 \exp\left(-\frac{z e_0 \phi_2}{kT}\right) \tag{6.18}$$

wobei c_0 die Konzentration im Inneren der Lösung, ϕ_2 das Potential an dem Reaktionsort ist. Das Potential in der Lösung wurde gleich Null gesetzt.

2. Bei Anlegen einer Überspannung η ändert sich die freie Enthalpie des Elektronentransfers um $e_0[\eta - \Delta\phi_2(\eta)]$, wobei $\Delta\phi_2(\eta)$ die entsprechende Änderung des Potentials ϕ_2 am Reaktionsort ist. Folglich muß η in der Butler-Volmer-Gleichung (6.13) durch $[\eta - \Delta\phi_2(\eta)]$ ersetzt werden.

Diese Änderungen sind als *Frumkinsche Doppelschicht-Korrekturen* bekannt. Sie sind nützlich, wenn die Elektrolytkonzentration gering genug ist, so daß ϕ_2 aus der Gouy-Chapman-Theorie berechnet werden kann und eine genaue Kenntnis des Reaktionsortes weniger wichtig ist. Kinetische Untersuchungen sollten aber möglichst bei hohen Elektrolytkonzentrationen durchgeführt werden, so daß diese Doppelschichtkorrekturen umgangen werden können.

6.4 Reaktionen in der inneren Sphäre

Es gibt keine allgemeine Gesetzmäßigkeit für das Strom-Spannungsverhalten von Reaktionen in der inneren Sphäre. Je nachdem, welches System untersucht wird, gibt es verschiedene Reaktionsschritte, die geschwindigkeitsbestimmend sein können, z. B. die Adsorption eines Reaktanden, ein Elektronentransfer, eine chemische Reaktion oder die Koadsorption eines Katalysators. Ist der geschwindigkeitsbestimmende Schritt eine Reaktion in der äußeren Sphäre, gehorcht der Strom der Butler-Volmer-Gleichung. Eine ähnliche Gleichung gilt für Reaktionen in der inneren Sphäre, wenn der Übergang eines Elektrons von einem Adsorbat zum Metall die Geschwindigkeit der Reaktion bestimmt. In diesem Fall ändert sich nicht nur die freie Enthalpie bei Anlegen einer Überspannung um $F\eta$, sondern auch die Konzentration des Adsorbats mit η. Diese Effekte ergeben eine phänomenologische Gleichung der Form:

$$k_{\text{ox}} = k_0 \exp\frac{\alpha F\eta}{RT}, \quad k_{\text{red}} = \exp\left(-\frac{\beta F\eta}{RT}\right) \tag{6.19}$$

wobei die Durchtrittsfaktoren α und β temperaturabhängig sein können.

Ist der geschwindigkeitsbestimmende Schritt die Adsorption eines Ions, gehorcht die Reaktion den Regeln des Ionentransfers (s. Kapitel 9), und es gilt eine der Butler-Volmer Gleichung ähnliche Beziehung.

Literatur

[1]   J. A. Butler, *Trans. Faraday Soc.*, **19** (1924) 729.

[2]   T. Erdey-Gruz und M. Volmer, *Z. Physik. Chem.*, **150** (1930) 203.

[3]   J. Tafel, *Z. Physik. Chem.* , **50** (1905) 641

[4]   A. N. Frumkin, *Z. Physik. Chem.*, **164A** (1933) 121.

7 Theoretische Behandlung der Elektronentransferreaktionen

7.1 Qualitative Aspekte

Chemische und elektrochemische Reaktionen in kondensierten Phasen sind im allgemeinen komplizierte Prozesse; bisher konnten lediglich Elektronentransferreaktionen in der äußeren Sphäre mit Hilfe mikroskopischer Modelle erklärt werden. In diesem Kapitel soll eine einfache Ableitung der semiklassischen Theorie vorgestellt werden, die von Marcus [1] und Hush [2] für diese Reaktionen entwickelt wurde.

Zunächst einige qualitative Erwägungen: Während einer Elektronentransferreaktion in der äußeren Sphäre können sich die Reaktanden bis auf wenige Ångstrom der Elektrodenoberfläche nähern. Elektronen können über solch kurze Entfernungen tunneln, und die Reaktion wäre sehr schnell, wenn außer dem Elektronentransfer kein anderer Prozeß abliefe. Tatsächlich verlaufen diese Reaktionen schnell, aber mit noch durchaus meßbaren Reaktionsgeschwindigkeiten. Die Aktivierungsenergie liegt normalerweise in der Größenordnung von 0,2 – 0,4 eV, da der Elektronentransfer von einem Reorganisierungsprozeß der Atome und Moleküle begleitet wird, für den eine thermische Aktivierung erforderlich ist. Die reagierenden Komplexe haben häufig die gleiche oder eine ähnliche Struktur in der oxidierten und in der reduzierten Form, die Bindungen zwischen Metall und Liganden sind in dem Komplex mit der höheren Ladung aber kürzer; letzterer ist auch stärker solvatisiert. Durch den Elektronentransfer kommt es zu einer Reorganisierung sowohl des Komplexes selbst, also der inneren Sphäre, als auch der Solvathülle, der äußeren Sphäre (s. Abb. 7.1). Diese Prozesse benötigen eine Aktivierungsenergie und vermindern damit die Reaktionsgeschwindigkeit.

Das sogenannte *Frank-Condon-Prinzip* gibt Auskunft über die zeitliche Abfolge der Reorganisierung und des Elektronentransfers: Zunächst bilden die schweren Teilchen der inneren und der äußeren Sphäre einen Übergangszustand, danach wird ein Elektron bei gleichbleibender Energie übertragen, und anschließend nimmt das System den neuen Gleichgewichtszustand an. Dieser Ablauf wird in Abb. 7.2 vereinfacht dargestellt. Gezeigt werden die Potentialflächen des oxidierten und des reduzierten Zustands als Funktion zweier verallgemeinerter Reaktionskoordinaten, welche die Positionen der Teilchen in der inneren und äußeren Sphäre wiedergeben. Während der Oxidation bewegt sich das System entlang der Fläche des reduzierten Zustands, bis es die Schnittebene mit der Fläche des oxidierten Zustands erreicht. An dieser Stelle kann ein Elektron übertragen werden, danach bewegt sich das System zu seiner neuen Gleichgewichtslage. Im allge-

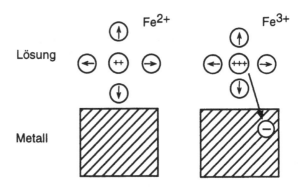

Abbildung 7.1 Reorganisierung der inneren und der äußeren Sphäre während einer Elektronentransferreaktion

meinen wird die Reaktion über den Sattelpunkt der Schnittfläche laufen, da für einen solchen Übergang am wenigsten Energie benötigt wird. Das gleiche Diagramm kann benutzt werden, um den Begriff *adiabatisch* zu veranschaulichen: Findet der Elektronenübergang jedesmal statt, wenn das System auf der Schnittfläche ist, spricht man von einer *adiabatischen*, sonst von einer *nichtadiabatischen* Reaktion. Wie schon angedeutet, handelt es sich bei Abb. 7.2 lediglich um eine vereinfachte Darstellung. Tatsächlich müßte man die potentielle Energie als Funktion der Position aller beteiligten schweren Teilchen darstellen, so daß man eine multidimensionale Potentialfläche erhielte.

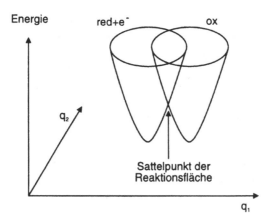

Abbildung 7.2 Schematische Darstellung der Potentialflächen des reduzierten und des oxidierten Zustands

7.2 Ein einfaches Modell

Um diese Überlegungen in eine einfache, quantitative Theorie einfließen zu lassen, benötigt man Modelle für die innere und die äußere Sphäre sowie für die Reorganisierung. Ein ähnliches Problem taucht bei der IR- und der Ramanspektroskopie auf, da auch dabei die potentielle Energie des Systems als Funktion der Position aller Atome oder Liganden eine wichtige Rolle spielt. Bei der Theorie dieser spektroskopischen Methoden wendet man üblicherweise die *harmonische Näherung* an: Die potentielle Energie des Systems wird in Potenzreihen um die Gleichgewichtswerte der verschiedenen Systemkoordinaten entwickelt, wobei Terme bis zur zweiten Ordnung beibehalten werden. Wählt man ein geeignetes Koordinatensystem, die sogenannten *Normalkoordinaten*, verschwinden die gemischten Terme zwischen den verschiedenen Koordinaten, und das System stellt sich als Ensemble unabhängiger harmonischer Oszillatoren dar.

Die gleiche Näherung wird hier benutzt, wobei aber die beiden unterschiedlichen elektronischen Zustände des Systems berücksichtigt werden müssen. So wird ein Redoxsystem an einer Metallelektrode betrachtet, welches sowohl den reduzierten Zustand *red* als auch den oxidierten Zustand *ox* annehmen kann. q_i sei ein Satz von Normalkoordinaten für alle Freiheitsgrade, die während des Elektronentransfers reorganisiert werden, d.h. für alle in Frage kommenden Vorgänge der inneren und der äußeren Sphäre. y_i^a ($a = $ ox, red) seien die Gleichgewichtswerte der Koordinaten für die beiden Zustände. Man entwickelt nun die potentiellen Energien um diese Gleichgewichtswerte und behält alle Terme bis zur zweiten Ordnung:

$$U_a(q_i)e_a + \sum_i \frac{1}{2}m_i\omega_i^2(q_i - y_i^a)^2 \tag{7.1}$$

wobei e_a die potentielle Energie im Gleichgewicht des Zustands a, m_i die effektive Masse der i-ten Koordinate und ω_i die zugehörige Frequenz ist. Tatsächlich kann ω_i in der oxidierten und in der reduzierten Form unterschiedlich sein, jedoch führt die Annahme, daß die Frequenzen sich nicht ändern, zu einer erheblichen Vereinfachung der mathematischen Ableitung.

Der Schnittpunkt der beiden Potentialflächen definiert die Reaktionsfläche (s. Abb. 7.2), welche einen Sattelpunkt besitzt. Der energetisch günstigste Reaktionsweg führt vom Minimum der einen Potentialfläche über den Sattelpunkt zum Minimum der anderen Fläche. Da diese drei Punkte auf einer Geraden liegen, läßt sich das Problem vereinfachen, indem man durch eine Drehung zu einem neuen Koordinatensystem übergeht, indem diese Gerade mit einer der Koordinatenachsen zusammenfällt (s. Abb. 7.3). Man nennt nun diese Koordinate, die mit dem günstigsten Reaktionsweg zusammenfällt, *effektive Solvenskoordinate* und bezeichnet sie mit z^*. Da sich alle anderen Koordinaten während der Reaktion nicht ändern, braucht man sie nicht weiter zu betrachten und hat damit das Problem auf eine Dimension reduziert, und anstelle der hochdimensionalen

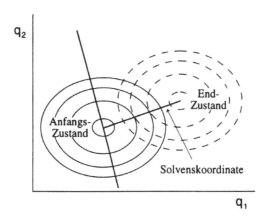

Abbildung 7.3 Zur Definition der effektiven Solvenskoordinate. Die potentielle Energie hängt in diesem Beispiel von zwei Koordinaten ab. Die beiden zugehörigen Potentialflächen für Anfangs- und Endzustand werden durch Höhenlinien dargestellt; die Minima sind im Zentrum. Die Solvenskoordinate verbindet die beiden Minima.

Potentialflächen erhält man zwei Parabeln (s. Abb. 7.4). Die Normierung der Solvenskoordinate ist beliebig; eine besonders anschauliche Bedeutung ergibt sich, wenn man sie so normiert, daß ihr Wert an den beiden Minima der Potentialkurven jeweils gleich der Ladungszahl der entsprechenden Spezies ist, also: $z^* = z_{ox}$ am Minimum der Potentialkurve für den oxidierten Zustand, und entsprechend für den reduzierten Zustand. Zwischen diesen beiden Zuständen verhält sich das Lösungsmittel so, als ob der Reaktand eine Ladungszahl z^*, mit $z_{ox} < z^* < z_{red}$ besitze.

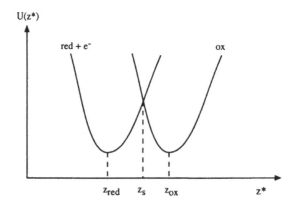

Abbildung 7.4 Potentielle Energie als Funktion der effektiven Solvenskoordinate

In dem neuen Koordinatensystem lassen sich die beiden Potentialkurven in der einfachen Form

$$U_a(z^*) = e_a + \frac{1}{2}m^*\omega^*(z^* - z_a)^2 \tag{7.2}$$

schreiben. Der Sattelpunkt ist nun einfach der Schnittpunkt der beiden Parabeln:

$$z^s = \frac{e_{\mathrm{red}} - e_{\mathrm{ox}} + \frac{1}{2}m^*\omega^{*2}(z_{\mathrm{red}} - z_{\mathrm{ox}})^2}{m^*\omega^{*2}(z_{\mathrm{red}} - z_{\mathrm{ox}})} \tag{7.3}$$

Die Aktivierungsenergie ergibt sich als Differenz zwischen der Energie des Sattelpunktes und derjenigen des Anfangszustands. Für die Oxidation ergibt eine einfache Rechnung:

$$E_a^{\mathrm{ox}} = \frac{(\lambda + e_{\mathrm{ox}} - e_{\mathrm{red}})^2}{4\lambda} \tag{7.4}$$

wobei die Reorganisierungsenergie λ gegeben ist durch:

$$\lambda = \frac{1}{2}m^*\omega^*(z_{\mathrm{red}} - z_{\mathrm{ox}}^2 = \frac{1}{2}\sum_i m_i\omega_i^2(y_i^{\mathrm{ox}} - y_i^{\mathrm{red}})^2 \tag{7.5}$$

Sie ist ein Maß für die zur Reorganisierung der inneren und der äußeren Sphäre benötigten Energie. Analog erhält man für die Reduktion:

$$E_a^{\mathrm{red}} = \frac{(\lambda + e_{\mathrm{red}} - e_{\mathrm{ox}})^2}{4\lambda} \tag{7.6}$$

Die gleichen Beziehungen erhält man, wenn man mit den ursprünglichen, hochdimensionalen Potentialflächen rechnet, doch ist der mathematische Aufwand dann größer.

Beim Standardgleichgewichtspotential ist $e_{\mathrm{ox}} = e_{\mathrm{red}}$. Ändert man das Elektrodenpotential durch eine Überspannung η, wird die Energie des oxidierten Zustands einschließlich des übertragenen Elektrons um den Betrag $-e_0\eta$ verringert, so daß man folgende Beziehung aufstellen kann: $e_{\mathrm{ox}} - e_{\mathrm{red}} = -e_0\eta$. So wird in diesem Modell die Aktivierungsenergie durch die Reorganisierungsenergie der inneren und der äußeren Sphäre bestimmt und hängt quadratisch von der angelegten Überspannung ab.

Die exakte Form des präexponentiellen Faktors A ist noch umstritten; aus den vorhergehenden Überlegungen geht hervor, daß man zwei Fälle unterscheiden muß: Ist die Reaktion adiabatisch, wird der präexponentielle Faktor allein durch die Dynamik der inneren und der äußeren Sphäre bestimmt; ist die Reaktion nichtadiabatisch, wird er von der Überlappung des Anfangs- und Endzustands abhängen. In beiden Fällen gilt für die Geschwindigkeitskonstanten der Oxidation und der Reduktion:

$$k_{\mathrm{ox}} = A\,\exp\left(-\frac{(\lambda - e_0\eta)^2}{4\lambda kT}\right), \quad k_{\mathrm{red}} = A\,\exp\left(-\frac{(\lambda + e_0\eta)^2}{4\lambda kT}\right) \tag{7.7}$$

Reorganisierungsenergien liegen typischerweise in der Größenordnung von 0,5 – 1,5 eV; angelegte Überspannungen sind meist nicht höher als 0,1 – 0,2 eV. Für kleine Überspannungen, also wenn $\lambda \gg |e_0\eta|$, kann in der Aktivierungsenergie der quadratische Term $e_0\eta$ in erster Ordnung vernachlässigt werden. Man erhält dann für die Geschwindigkeitskonstanten:

$$k_{ox} = A \, \exp\left(-\frac{\lambda - 2e_0\eta}{4kT}\right), \quad k_{red} = A \, \exp\left(\frac{\lambda + 2e_0\eta}{4kT}\right) \tag{7.8}$$

die damit die gleiche Form hat wie in der Butler-Volmer-Gleichung für Reaktionen an Metallen mit einer Aktivierungsenergie $\lambda/4$ für die Austauschstromdichte und mit einem Durchtrittsfaktoren von 1/2, der dem in den meisten Experimenten gefundenen Wert entspricht. Dieser Wert folgt aus der Symmetrie zwischen oxidiertem und reduziertem Zustand in diesem Modell. Werden unterschiedliche Frequenzen ω_i für die beiden Zustände angenommen, erhält man Durchtrittsfaktoren, deren Werte etwas von 1/2 abweichen.

Bei höheren Überspannungen werden Terme zweiter Ordnung relevant, weshalb Gl. (7.8) dann nicht mehr gilt. Bei sehr hohen Überspannungen, wenn $e_0\eta > \lambda$, sagt Gl. (7.7) sogar ein Verringern des Stroms mit steigender Überspannung voraus, d.h. einen negativen Widerstand. Für diesen Fall ist das Modell noch unzureichend. Im nächsten Abschnitt soll eine bessere Version vorgestellt werden, in der dieses Problem behoben wird.

7.3 Elektronische Struktur der Elektrode

Die soeben vorgestellte Ableitung der Geschwindigkeitskonstanten, die im wesentlichen auf den Arbeiten von Marcus [1] und Hush [2] beruht, berücksichtigt die elektronische Struktur der Elektrode nicht. In einem Metall liegt das Fermi-Niveau innerhalb eines breiten Energiebandes erlaubter Zustände, und dies muß naturgemäß den Ablauf der Reaktion beeinflussen. So kann z.B. bei der Oxidation das Elektron in jeden beliebigen freien Zustand im Metall aufgenommen werden. Gemäß Gl. (7.7), wenn $\lambda > |e_{ox} - e_{red}|$ gilt, ist die Reaktion um so schneller, je niedriger die Energie des übertragenen Elektrons ist. Also werden die übertragenen Elektronen hauptsächlich Zustände in der Nähe des Fermi-Niveaus annehmen. Dies wird jedoch nicht mehr der Fall sein, wenn die Überspannung so hoch ist, daß $\lambda < |e_{ox} - e_{red}|$. Also muß man die unterschiedlichen Zustände, die vom übertragenen Elektron angenommen werden können, berücksichtigen und eine Summe über alle Beiträge bilden.

Zur Veranschaulichung betrachte man den Elektronentransfer von einem reduzierten Zustand in der Lösung auf eine Metallelektrode. Das Elektron kann in jeden unbesetzten Zustand des Metalls übertragen werden; bezeichnet man mit ϵ die Energiedifferenz zwischen dem Endzustand des Elektrons und dem Fermi-Niveau, so ergibt sich für die Aktivierungsenergie des Elektronentransfers

$$E_a^{\mathrm{ox}}(\epsilon) = \frac{(\lambda + \epsilon - e_0\eta)^2}{4\lambda} \tag{7.9}$$

aus den Gl. (7.4) und (7.7), da für $\epsilon = 0$ der alte Ausdruck gelten muß. Gleichwohl kann ein Elektron nur transferiert werden, wenn es unbesetzte Zustände an der Metalloberfläche gibt. Bekanntlich gibt die Fermi-Dirac-Statistik an, mit welcher Wahrscheinlichkeit ein Zustand mit der Energie ϵ besetzt ist:

$$f(\epsilon) = \frac{1}{1 + \exp(\epsilon/kT)} \tag{7.10}$$

Die Wahrscheinlichkeit, ein unbesetztes Niveau der Energie ϵ vorzufinden, ist $\rho(\epsilon)[1 - f(\epsilon)]$, wobei $\rho(\epsilon)$ die Zustandsdichte der Elektronen an der Metalloberfläche ist. Demnach ergibt sich für die Geschwindigkeitskonstante des Elektronentransfers auf einen Energiezustand ϵ:

$$k_{\mathrm{ox}}(\epsilon) = A\,\rho(\epsilon)[1 - f(\epsilon)]\exp\left(-\frac{(\lambda + \epsilon - e_0\eta)^2}{4\lambda kT}\right) \tag{7.11}$$

Um die Geschwindigkeitskonstante k_{ox} des gesamten Prozesses und damit die gesamte anodische Stromdichte $j_a = Fk_{\mathrm{ox}}$ zu erhalten, integriert man über alle erlaubten Werte von ϵ:

$$j_a = c\int d\epsilon\, A\,\rho(\epsilon)[1 - f(\epsilon)]\exp\left(-\frac{(\lambda + \epsilon - e_0\eta)^2}{4\lambda kT}\right) \tag{7.12}$$

wobei c die Oberflächenkonzentration der beiden Reaktanten ist, die der Einfachheit halber für reduzierten und oxidierten Zustand als gleich groß angesehen wird. Durch eine ähnliche Überlegung erhält man die kathodische Stromdichte:

$$j_c = c\int d\epsilon\, A\,\rho(\epsilon)f(\epsilon)\exp\left(-\frac{(\lambda - \epsilon + e_0\eta)^2}{4\lambda kT}\right) \tag{7.13}$$

Diese Integrationen in Gl. (7.12) und (7.13) dürften eigentlich nur innerhalb der Grenzen des Leitungsbandes durchgeführt werden; sie können aber bis $\pm\infty$ ausgeweitet werden, da die Integranden in großer Entfernung vom Fermi-Niveau vernachlässigbar sind.

Dies sind die allgemeinen Gleichungen des Modells; sie können vereinfacht werden, wenn man annimmt, daß sich die Zustandsdichten $\rho(\epsilon)$ in der Nähe des Fermi-Niveaus nur wenig ändern, so daß man für diesen Wert $\rho = \rho(0)$ einsetzen und diesen vor das Integralzeichen ziehen kann. Selbst dann kann das Integral analytisch nicht gelöst werden, man kann aber nützliche Näherungen aufstellen. Bei kleiner Überspannung η erfolgt lediglich ein Beitrag des Bereichs in der Nähe des Fermi-Niveaus; es reicht also aus, nur Terme erster Ordnung von ϵ und η in der Aktivierungsenergie beizubehalten, woraus sich folgende Gleichung ergibt:

$$j_a = FAc\pi\rho kT\exp\left(-\frac{\lambda - 2e_0\eta}{4kT}\right),\quad \text{für } |e_0\eta| \ll \lambda \tag{7.14}$$

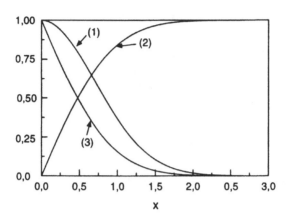

Abbildung 7.5 Die Gauß-Funktion (1), die Fehlerfunktion (2) und ihr Komplement (3)

wobei die Integrationsgrenzen bis $\pm\infty$ ausgedehnt wurden. Wieder hat diese Gleichung die Form der Butler-Volmer-Gleichung mit einem Durchtrittsfaktor von 1/2.

Eine gute Näherung für die Strom-Spannungskurve erhält man, wenn man die Fermi-Dirac-Verteilung durch eine *Heaviside-Funktion* (auch *Stufenfunktion* genannt) ersetzt:

$$f(\epsilon) \approx \begin{cases} 1, & \text{für} \quad \epsilon < 0 \\ 0, & \text{für} \quad \epsilon > 0 \end{cases} \tag{7.15}$$

und folglich:

$$j_a = FAc\rho\sqrt{\pi\lambda kT} \ \text{erfc} \frac{\lambda - e_0\eta}{(4\lambda kT)^{1/2}} \tag{7.16}$$

wobei

$$\begin{aligned} \text{erfc}(x) &= \frac{2}{\sqrt{\pi}} \int_x^\infty \exp(-y^2) \, dy = 1 - \text{erf}(x) \\ &= 1 - \frac{2}{\sqrt{\pi}} \int_0^x \exp(-y^2) \, dy \end{aligned}$$

das Komplement der Fehlerfunktion $\text{erf}(x)$ ist. Die Fehlerfunktion erhält man also durch Integration aus der Gauß-Funktion, wobei der Vorfaktor so gewählt wurde, daß sie für große Argumente gegen Eins strebt. Der Verlauf der Fehlerfunktion und ihres Komplementes sind in Abb. (7.5) dargestellt.

Gleichung (7.16) ist eine gute Näherung im Bereich $e_0\eta \gg kT$. Bei hohen Überspannungen erhält man einen Grenzstrom:

$$j_a = j_{\text{lim}} = FAc\rho(4\pi\lambda kT)^{1/2}, \quad \text{für} \quad e_0\eta \gg \lambda \tag{7.17}$$

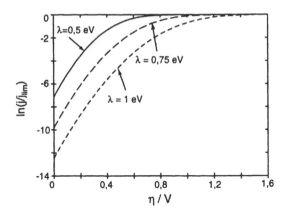

Abbildung 7.6 Der anodische Strom als Funktion der Überspannung gemäß Gl. (7.12)

der unabhängig vom angelegten Potential ist. Dies ist ein wesentlich vernünftigeres Verhalten als der Stromabfall im einfacheren Modell, welches in Gleichung (7.7) mündete. Die entsprechenden Gleichungen für die kathodischen Stromdichten lauten:

$$j_c = \quad FAc\pi\rho kT \exp\left(-\frac{\lambda+2e_0\eta}{4kT}\right), \qquad \text{für} \quad |e_0\eta| \ll \lambda \qquad (7.18)$$

$$j_c = \quad FAc\rho\sqrt{\pi\lambda kT}\, \text{erfc}\left(\frac{e_0\eta+\lambda}{(4\lambda kT)^{1/2}}\right), \qquad \text{für} \quad |e_0\eta| \gg kT \qquad (7.19)$$

$$j_c = \quad j_{\text{lim}} = FAc\rho(4\pi\lambda kT)^{1/2}, \qquad \text{für} \quad |e_0\eta| \gg \lambda \qquad (7.20)$$

Die dazugehörigen vollständigen Strom-Spannungskurven sind in Abb. 7.6 zu sehen. Bei kleinen Überspannungen beobachtet man ein Butler-Volmer-Verhalten, bei hohen Überspannungen einen Grenzstrom.

Es ist schwierig, kinetische Ströme bei hohen Überspannungen zu messen, da die Reaktionen dann sehr schnell und oft durch den Stofftransport gesteuert sind. Bei kleinen Überspannungen wird lediglich Butler-Volmer-Verhalten beobachtet, und die durch die Theorie vorhergesagten Abweichungen waren lange Zeit fraglich; vor kurzem wurden sie jedoch experimentell belegt. Einige dieser neueren Ergebnisse werden in Kapitel 9 vorgestellt.

Das hier vorgestellte Modell ist in mancherlei Hinsicht vereinfacht (harmonische Näherung, klassische Behandlung der Reorganisierung der inneren Sphäre) und macht keinerlei Aussagen über den präexponentiellen Faktor A. Aber es erklärt die wichtigen Vorgänge einer Elektronentransferreaktion, verbindet die beobachteten Aktivierungsenergien mit der Reorganisierung der inneren und der äußeren Sphäre und erlaubt eine gute Voraussage über den Verlauf der Strom-Spannungskurve. In einigen Fällen kann man die Reorganisierungsenergie schätzen (s. unten) und Theorie und Experiment quantitativ vergleichen.

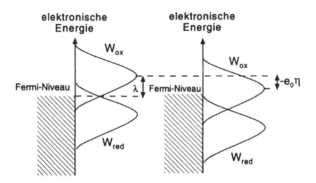

Abbildung 7.7 Die Verteilungsfunktion von W_{ox} und W_{red} beim Gleichgewicht (links) und nach Anlegen einer kathodischen Überspannung

7.4   Gerischers Darstellung

Für die oben abgeleiteten Gleichungen der beiden partiellen Stromdichten hat Gerischer [4] eine anschauliche Interpretation geliefert. In dem Ausdruck für die anodische Stromdichte ist der Term $\rho(\epsilon)[1 - f(\epsilon)]$ die Wahrscheinlichkeit, ein leeres Energieniveau ϵ auf der Elektrodenoberfläche zu finden. Interpretiert man nun:

$$W_{red}(\epsilon, \eta) = c\,[\pi 4\lambda kT]^{-1/2} \exp\left(-\frac{(\lambda + \epsilon - e_0\eta)^2}{4\lambda kT}\right) \qquad (7.21)$$

als die (normierte) Wahrscheinlichkeit, einen besetzten (reduzierten) Energiezustand ϵ in der Lösung vorzufinden, ist der anodische Strom einfach proportional der Wahrscheinlichkeit, einen besetzten Energiezustand ϵ in der Lösung zu finden, multipliziert mit der Wahrscheinlichkeit, ein leeres Energieniveau ϵ im Metall zu finden. Das Maximum von W_{red} liegt bei $\epsilon = -\lambda + e_0\eta$; das Anlegen einer Überspannung verschiebt das Maximum um den Betrag $e_0\eta$ relativ zum Fermi-Niveau des Metalls. Analog dazu gibt für die kathodische Richtung

$$W_{ox}(\epsilon, \eta) = c\,[\pi 4\lambda kT]^{-1/2} \exp\left(-\frac{(\lambda - \epsilon + e_0\eta)^2}{4\lambda kT}\right) \qquad (7.22)$$

die Wahrscheinlichkeit, einen leeren (oxidierten) Energiezustand ϵ in der Lösung zu finden. Das Maximum befindet sich bei $\epsilon = \lambda + e_0\eta$, und eine Überspannung verschiebt es um den gleichen Betrag wie bei W_{red}. Diese Verhältnisse lassen sich in einem Gerischer-Diagramm veranschaulichen (s. Abb. 7.7).

7.5 Die Reorganisierungsenergie

Die Reorganisierungsenergie spielt eine zentrale Rolle bei Elektronentransfer-reaktionen, und es kann sehr hilfreich sein, für bestimmte Systeme eine grobe Vorhersage machen zu können. Wie schon erwähnt, enthält sie zwei Beiträge: einen von der inneren und einen von der äußeren Sphäre. Ersterer kann mit Hilfe der Definition (Gl. 7.5) berechnet werden. Zur Veranschaulichung betrachte man die Reaktion des Redoxpaars $[Fe(H_2O)_6]^{2+/3+}$. Während der Reaktion ändert sich der Abstand der Liganden zum Zentralatom. Dies entspricht einer Reorganisierung der total-symmetrischen Schwingung des Komplexes, und dies scheint der einzige Freiheitsgrad zu sein, der eine merkliche Reorganisierung erfährt. Sei m die effektive Masse dieser Schwingung, Δq die Änderung des Gleichgewichtsabstands und ω die Frequenz. Die Reorganisierungsenergie der inneren Sphäre ist dann:

$$\lambda_{in} = \frac{1}{2}m\omega^2(\Delta q)^2 \qquad (7.23)$$

Eine kleine Schwierigkeit ergibt sich aus der Tatsache, daß die Frequenz ω für den oxidierten und den reduzierten Zustand unterschiedlich ist. Man muß daher einen Mittelwert der Frequenz benutzen. Marcus [1] schlug vor, dafür eine mittlere Frequenz $\omega_{av} = 2\omega_{ox}\omega_{red}/(\omega_{ox} + \omega_{red})$ zu nehmen. Werden mehrere Freiheitsgrade in der inneren Sphäre reorganisiert, summiert man einfach über die verschiedenen Beiträge. Komplizierter wird es, wenn die Symmetrie des Komplexes während der Reaktion zerstört wird und die beiden Zustände unterschiedliche Normalkoordinaten haben. Während die Theorie diesen Fall berücksichtigen kann, ist die Berechnung sehr umständlich.

Um die Reorganisierungsenergie der äußeren Sphäre zu berechnen, geht man vom Born-Modell (s. Kapitel 2) aus, bei dem die Solvatisierung eines Ions als Folge der elektrostatischen Wechselwirkungen der Ionenladung mit der Polarisation des Lösungsmittels gesehen wird. Die Polarisation enthält zwei wesentliche Beiträge: Einer rührt von der elektronischen Polarisierbarkeit der Lösungsmittelmoleküle her, ein weiterer entsteht durch das permanente Dipolmoment der Moleküle, die sich in einem äußeren Feld ausrichten. Ersterer wird auch als *schnelle Polarisation* bezeichnet, da er sehr schnell, innerhalb von $10^{-15}-10^{-16}$ s, auf eine Änderung der Feldstärke reagiert. Letzterer hingegen wird als *langsame Polarisation* bezeichnet, da er durch die Bewegung der Atome und Moleküle hervorgerufen wird und typische Zeitkonstanten von $10^{-11}-10^{-14}$ s besitzt. Um diese beiden Beiträge zu trennen, wird zunächst die Beziehung zwischen den Vektoren des elektrischen Feldes $\mathbf{E}$, der dielektrischen Verschiebung $\mathbf{D}$ und der Polarisation $\mathbf{P}$ aufgestellt:

$$\mathbf{D} = \epsilon\epsilon_0\mathbf{E} = \epsilon_0\mathbf{E} + \mathbf{P}, \quad \text{oder} \quad \mathbf{P} = \left(1 - \frac{1}{\epsilon}\right)\mathbf{D} \qquad (7.24)$$

wobei ϵ die Dielektrizitätskonstante[1] des Mediums ist. Legt man ein äußeres Feld

---

[1]Hier wird das Symbol ϵ wie üblich für die Dielektrizitätskonstante benutzt. Eine Verwechslung mit dem Symbol für die Energie in Gleichung (7.10) ff. sollte kaum vorkommen.

mit hohen Frequenzen im optischen Bereich an, kann nur die elektronische Polarisation folgen, und es gilt der optische Wert ϵ_∞ der Dielektrizitätskonstanten ($\epsilon_\infty = 1{,}88$ für Wasser). So ergibt sich für die schnelle Polarisation:

$$\mathbf{P}_f = \left(1 - \frac{1}{\epsilon_\infty}\right)\mathbf{D} \tag{7.25}$$

Im statischen Feld muß man beide Beiträge der Polarisation berücksichtigen und den statischen Wert ϵ_s der Dielektrizitätskonstanten in Gl. (7.24) einsetzen ($\epsilon_s \approx$ 80 für Wasser). Die langsame Polarisation erhält man nach Subtraktion von $\mathbf{P}_f$:

$$\mathbf{P}_s = \left(\frac{1}{\epsilon_\infty} - \frac{1}{\epsilon_s}\right)\mathbf{D} \tag{7.26}$$

Die Reorganisierung der Lösungsmittelmoleküle kann durch die Änderung der langsamen Polarisation ausgedrückt werden. ΔV sei ein kleines Volumenelement der Lösung in der Nähe des Reaktanden; es hat ein durch die langsame Polarisation hervorgerufenes Dipolmoment $\mathbf{m} = \mathbf{P}_s\,\Delta V$. Seine Wechselwirkungsenergie mit dem äußeren Feld $\mathbf{E}_{ex}$, das durch reagierende Ionen erzeugt wird, ist: $-\mathbf{P}_s \cdot \mathbf{E}_{ex}\,\Delta V = -\mathbf{P}_s \cdot \mathbf{D}\,\Delta V/\epsilon_0$, da $\mathbf{E}_{ex} = \mathbf{D}/\epsilon_0$. Die Polarisation $\mathbf{P}_s$ wird als die grundlegende Koordinate der äußeren Sphäre angenommen. Nun muß ein Ausdruck für den Beitrag ΔU des Volumenelements zu der potentiellen Energie des Systems aufgestellt werden. In der harmonischen Näherung muß dies ein Polynom zweiten Grades in $\mathbf{P}_s$ sein, und der lineare Term ist die Wechselwirkung mit dem äußeren Feld, so daß im Gleichgewicht die Werte von $\mathbf{P}_s$ in Abwesenheit eines äußeren Feldes verschwinden:

$$\Delta U/\Delta V = \alpha\mathbf{P}_s^2 - \mathbf{P}_s \cdot \mathbf{D}/\epsilon_0 + C \tag{7.27}$$

wobei C unabhängig von $\mathbf{P}_s$ ist und die Konstante α noch bestimmt werden muß. Dazu muß man den Gleichgewichtswert der schnellen Polarisation durch Minimieren von ΔU berechnen und das erhaltene Ergebnis mit den Werten aus Gl. (7.26) vergleichen:

$$\mathbf{P}_s^{eq} = \frac{\mathbf{D}}{2\alpha\epsilon_0}, \quad \text{also} \quad \frac{1}{2\alpha} = \left(\frac{1}{\epsilon_\infty} - \frac{1}{\epsilon_s}\right) \tag{7.28}$$

Während der Reaktion ändert sich die dielektrische Verschiebung von $\mathbf{D}_{ox}$ zu $\mathbf{D}_{red}$ (bzw. umgekehrt) und der Gleichgewichtswert von $\mathbf{D}_{ox}/2\alpha\epsilon_0$ zu $\mathbf{D}_{red}/2\alpha\epsilon_0$. Aus Gl. (7.5) ergibt sich für den Beitrag des Volumenelements ΔV zu der Reorganisierungsenergie der äußeren Sphäre:

$$\Delta\lambda_{out} = \frac{1}{2\epsilon_0}\left(\frac{1}{\epsilon_\infty} - \frac{1}{\epsilon_s}\right)(\mathbf{D}_{ox} - \mathbf{D}_{red})^2\,\Delta V \tag{7.29}$$

Die gesamte Reorganisierungsenergie der äußeren Sphäre erhält man durch Integration über das Volumen der Lösung, welche die Reaktanden umgibt:

$$\lambda_{\text{out}} = \frac{1}{2\epsilon_0} \left(\frac{1}{\epsilon_\infty} - \frac{1}{\epsilon_s} \right) \int (\mathbf{D}_{\text{ox}} - \mathbf{D}_{\text{red}})^2 \, dV \qquad (7.30)$$

Die dielektrische Verschiebung wird mit Hilfe der Elektrostatik berechnet; für einen Reaktanden, der sich vor einer Metalloberfläche befindet, muß die Bildkraft berücksichtigt werden. Für den einfachen Fall eines sphärischen Ions vor einer Metallelektrode erhält man nach einfachem Rechnen:

$$\lambda_{\text{out}} = \frac{1}{2\epsilon_0} \left(\frac{1}{\epsilon_\infty} - \frac{1}{\epsilon_s} \right) \left(\frac{1}{a} - \frac{1}{2d} \right) \qquad (7.31)$$

wobei a der Radius des Ions ist und d der Abstand zwischen Metall und Oberfläche. Da in Gl. (7.31) makroskopische Überlegungen der Elektrostatik einbezogen wurden, liefert sie lediglich eine grobe Näherung für λ_{out}.

Literatur

[1]   R. A. Marcus, *J. Chem. Phys.* **24** (1965) 966.

[2]   N. S. Hush, *J. Chem. Phys.* **28** (1958) 962.

[3]   Einen guten Überblick über Normalkoordinaten bietet: I. N. Levine, *Molecular Spectroscopy*, John Wiley & Sons, New York, 1975.

[4]   H. Gerischer, *Z. Phys. Chem. NF* **6** (1960) 223; **27** (1961) 40, 48.

8 Die Phasengrenze Halbleiter/Elektrolyt

8.1 Elektronische Struktur der Halbleiter

Viele natürlich vorkommende Substanzen, wie z.B. Oxidfilme, die sich spontan auf der Oberfläche einiger Metalle bilden, sind Halbleiter. Zur Herstellung von Halbleiterchips und seit kurzem auch zur Herstellung elektrochemischer Photozellen werden gezielt elektrochemische Reaktionen eingesetzt. Es gibt aber nicht nur technologische Gründe, die Phasengrenze Halbleiter/Elektrolyt zu untersuchen, vielmehr schickt sich die Elektrochemie an, eine Reihe grundlegender Fragen zu klären: z.B. wie die elektronische Struktur der Elektrode die Eigenschaften der Phasengrenze bestimmt, wie sie elektrochemische Reaktionen beeinflußt, oder ob es Prozesse an Halbleitern gibt, die an Metallen nicht beobachtet werden.

Zunächst sollen an dieser Stelle einige wichtige Begriffe über Halbleiter wiederholt werden. In einem perfekten Halbleiter sind elektronische Zustände delokalisiert, und es gibt Bänder erlaubter Zustände. Ein wohlbekanntes Theorem [1] besagt, daß Bänder, die entweder vollständig aufgefüllt[1] oder völlig leer sind, keinen Beitrag zur Leitfähigkeit leisten. In Halbleitern überlappen die Leitungsbänder nicht, wie es bei den Metallen der Fall ist. Sie sind durch einen verbotenen Bereich voneinander getrennt, in dem auch das Fermi-Niveau liegt (s. Abb. 8.1). Das Band unterhalb des Fermi-Niveaus, das bei $T = 0$ vollständig gefüllt ist, bezeichnet man als *Valenzband*, während das Band oberhalb des Fermi-Niveaus, welches bei $T = 0$ leer ist, als *Leitungsband* bezeichnet wird. In einem reinen oder *intrinsischen Halbleiter* ist das Fermi-Niveau beinahe in der Mitte der verbotenen Zone. Bei Raumtemperatur werden einige Elektronen aus dem Valenzband in das Leitungsband angehoben und hinterlassen im Valenzband Löcher (die im folgenden mit h^+ bezeichnet werden). Der elektrische Strom wird nun durch die Elektronen im Leitungsband und die Löcher im Valenzband transportiert. Die Konzentration n_c der leitenden Elektronen und p_v der Löcher wird durch die Fermi-Statistik festgelegt. Ist E_c die untere Kante des Leitungsbandes und N_c die effektive Zustandsdichte in E_c, ergibt sich für die Konzentration der Elektronen:

$$n_c = N_c f(E_c - E_F) \approx N_c \exp\left(-\frac{E_c - E_F}{kT}\right) \qquad (8.1)$$

Die zuletzt gemachte Näherung gilt, wenn $E_c - E_F \gg kT$, d. h., wenn die Bandkante mindestens einige kT über dem Fermi-Niveau liegt, und die Fermi-Dirac-

---

[1]Elektronen bewegen sich in einem äußeren Feld nur, wenn sie dabei Energie gewinnen. Dies ist bei vollständig gefüllten Bändern nicht möglich.

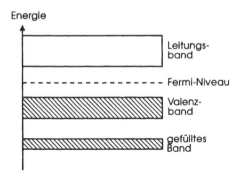

Abbildung 8.1 Bandstruktur eines intrinsischen Halbleiters. Bei $T = 0$ ist das Valenz-band vollständig gefüllt und das Leitungsband leer. Bei höheren Temperaturen enthält das Leitungsband Elektronen in geringer Konzentration und das Valenzband Löcher in gleicher Konzentration. Bänder mit niedrigerer Energie als die hier gezeigten sind immer vollständig gefüllt.

Verteilung $f(\epsilon)$ durch die Boltzmann-Statistik ersetzt werden kann. Analog dazu ist die Konzentration der Löcher im Valenzband

$$p_v = N_v \left[1 - f(E_v - E_F) \right] \approx N_v \exp \left(-\frac{E_F - E_v}{kT} \right) \qquad (8.2)$$

wobei E_v die Oberkante des Valenzbandes und N_v die effektive Zustandsdichte bei E_v sind. Die letzte Näherung gilt, wenn $E_F - E_v \gg kT$. Liegt das Fermi-Niveau innerhalb eines Bandes oder nahe (innerhalb einiger kT) an einer Bandkante, spricht man von einem *degenerierten Halbleiter*.

Der Abstand E_g zwischen Valenz- und Leitungsband liegt bei einem Halblei-ter normalerweise zwischen 0,5 und 2 eV (z.B. 1,12 eV für Silizium und 0,67 eV für Germanium bei Raumtemperatur), so daß die Leitfähigkeit eines intrinsischen

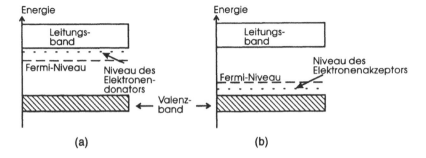

Abbildung 8.2 Bandstrukturen eines (a) n-Halbleiters und (b) p-Halbleiters

Halbleiters gering ist. Sie kann jedoch durch sogenanntes *Dotieren*, dem gesteuer-
ten Einführen von geeigneten Verunreinigungen (Fremdatomen), deutlich erhöht
werden. Es gibt zwei Möglichkeiten der Dotierung: *Donatoren* haben lokalisierte elektronische Zustände mit Energien wenig unterhalb des Leitungsbandes und
können ihre Elektronen ins Leitungsband abgeben; dies führt in Übereinstimmung
mit Gl. (8.1) zu einem Anheben des Fermi-Niveaus hin zur Unterkante des Leitungsbandes (s. Abb. 8.2a). Halbleiter mit einem Überschuß an Donatoren nennt
man n-Halbleiter. Hingegen haben *Akzeptoren* freie Zustände knapp oberhalb des
Valenzbandes, in die Elektronen aufgenommen werden können, wodurch im Valenzband Löcher entstehen. Das Fermi-Niveau wird folglich zum Valenzband hin
abgesenkt (s. Abb. 8.2b), und man spricht von p-Halbleitern.

8.2 Potentialverlauf und Bandverbiegung

Wird eine Halbleiterelektrode in Kontakt mit einer Elektrolytlösung gebracht,
bildet sich an der Phasengrenze eine Potentialdifferenz aus. Die Leitfähigkeit von
Halbleitern, selbst wenn sie dotiert sind, liegt aber normalerweise unter der eines
Elektrolyten, so daß der Potentialabfall hauptsächlich innerhalb der Grenzschicht
der Elektrode erfolgt und nur wenig auf der Seite des Elektrolyten (s. Abb. 8.3).
Während der Potentialverlauf bei Metallelektroden gerade umgekehrt ist, kann
man Parallelen zum Potentialverlauf an der Phasengrenze Metall/Halbleiter ziehen.

Eine Änderung des elektrostatischen Potentials $\phi(x)$ im Bereich der Oberfläche
führt zu einer Bandverbiegung, da das Potential die Energie der Elektronen um
den Wert $-e_0\phi(x)$ verändert. Es ist üblich, im Inneren des Halbleiters $\phi = 0$ zu
setzen. Im Falle eines n-Halbleiters verschiebt sich das Band nach unten, wenn der

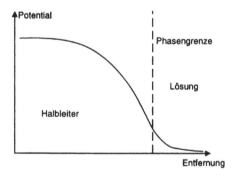

Abbildung 8.3 Verlauf des Potentials an der Phasengrenze Halbleiter/Elektrolyt (schematisch)

Wert ϕ_s des Potentials positiv ist; die Konzentration der Elektronen im Leitungsband ist dann erhöht (s. Abb. 8.4), und man spricht von einer *Anreicherungsschicht*. Ist $\phi_s < 0$, wird das Band nach oben verschoben und die Konzentration
der Elektronen an der Oberfläche ist herabgesetzt, man spricht von einer *Verarmungsschicht*. Andererseits ist dann die Konzentration der Löcher an der Oberfläche erhöht; übersteigt sie die Konzentration der Elektronen, nennt man dieses
Inversionsschicht. Das spezielle Potential, bei dem das elektrostatische Potential
konstant ist, d.h. $\phi(x) = 0$ innerhalb des ganzen Halbleiters, nennt man *Flachbandpotential*, es entspricht dem Potential des Ladungsnullpunkts bei Metallen.
In Kapitel 3 wurde gezeigt, daß wegen des Auftretens von Dipolpotentialen die
Differenz der äußeren Potentiale am pzc nicht verschwindet; das gleiche gilt für
das Flachbandpotential eines Halbleiters in Kontakt mit einer Elektrolytlösung.
    Die oben eingeführte Terminologie wird analog auf p-Halbleiter angewandt.
Verbiegt sich das Band nach oben, spricht man von einer *Anreicherungsschicht*,
verbiegt es sich nach unten von einer *Verarmungsschicht*.
    Wie bei der Gouy-Chapman-Theorie kann die Änderung des Potentials über die
Poisson-Gleichung und die Boltzmann-Statistik (im nicht-degenerierten Fall) berechnet werden. Als Beispiel betrachte man einen n-Halbleiter, bei dem die Donatoren vollständig ionisiert sind und die Konzentration der Löcher vernachläßigbar
ist (eine ausführliche Behandlung findet man in [2] und [3]). Die Ladungsdichte
im Bereich der Raumladung ist die Summe der statischen positiven Ladungen
der ionisierten Donatoren und der mobilen negativen Ladung der Elektronen im
Leitungsband. Die Dichte der Donatoren wird durch n_b, die Elektronendichte im
Inneren des Halbleiters, ausgeglichen, da dieses neutral ist. Demnach lautet die
Poisson-Gleichung:

$$\frac{d^2\phi}{dx^2} = -\frac{n_b}{\epsilon\epsilon_0}\left(1 - \exp\frac{e_0\phi}{kT}\right) \tag{8.3}$$

was an die Poisson-Boltzmann-Gleichung für die diffuse Doppelschicht erinnert.
Eine analytische Näherungslösung kann für eine Verarmungsschicht erhalten werden. Der Exponentialterm kann dann vernachlässigt werden, das Band hat eine
parabolische Form, und die dazugehörige Kapazität der Phasengrenze C_{sc} ist
durch die *Mott-Schottky-Gleichung* gegeben, die üblicherweise in folgender Form
zu finden ist:

$$\left(\frac{1}{C_{sc}}\right)^2 = \frac{2}{\epsilon\epsilon_0 e_0 n_b}\left(|\phi_s| - \frac{kT}{e_0}\right) \tag{8.4}$$

Die Gesamtkapazität C erhält man als Reihenschaltung aus der Raumladungs-
Kapazität C_{sc} des Halbleiters und der Kapazität C_{sol} des Lösungsmittels an der
Phasengrenze. Da normalerweise $C_{sol} \gg C_{sc}$, kann der Beitrag des Lösungsmittels
vernachlässigt werden. Ein Auftragen von $1/C^2$ gegen das Potential ϕ (welches
sich von ϕ_s durch eine Konstante unterscheidet) ergibt eine Gerade (s. Abb. 8.5).
Aus dem Abszissenabschnitt auf der ϕ-Achse kann man das Flachbandpotential ablesen; ist die Dielektrizitätskonstante ϵ bekannt, kann zudem die Dichte

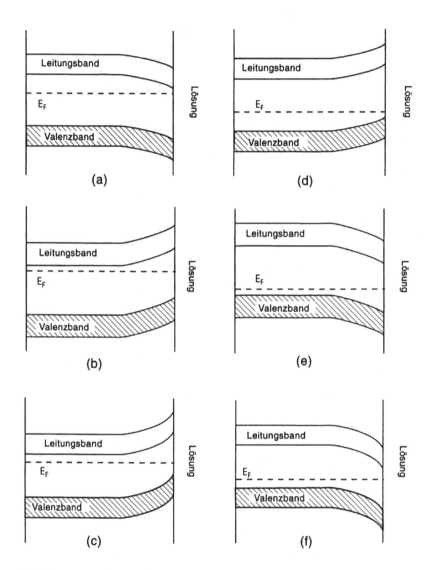

Abbildung 8.4 Bandverbiegung an der Phasengrenze zwischen einem Halbleiter und einer Elektrolytlösung; (a)-(c) n-Halbleiter: (a) Anreicherungsschicht, (b) Verarmungsschicht, (c) Inversionsschicht; (d)-(f) p-Halbleiter: (d) Anreicherungsschicht, (e) Verarmungsschicht, (f) Inversionsschicht

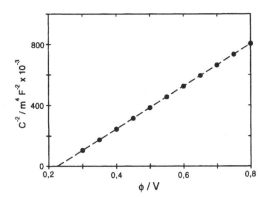

Abbildung 8.5 Mott-Schottky Gerade für die Verarmungsschicht eines n-Halbleiters; das Flachbandpotential E_{fb} liegt bei 0,2 V. Der Achsenabschnitt auf der Abszisse liegt bei $E_{fb} + kT/e_0$.

der Donatoren berechnet werden. Die gleichen Beziehungen gelten für die Verarmungsschicht eines p-Halbleiters.

Halbleiter, die in elektrochemischen Systemen eingesetzt werden, zeigen häufig nicht das ideale Verhalten, das der Mott-Schottky-Gleichung zu Grunde liegt. Dies ist vor allem dann nicht der Fall, wenn sich auf Metallen wie Fe und Tl in situ Oxidfilme bilden. Diese Halbleiterfilme sind häufig amorph und enthalten lokalisierte, über den gesamten Energiebereich der verbotenen Zone verteilte Zustände. Dies führt oft zu einer Frequenzabhängigkeit der Raumladungskapazität, da lokalisierte Zustände niedriger Energie eine längere Zeitkonstante für Ladung und Entladung haben. Daher ist es sehr wichtig, sich zu vergewissern, daß die Kapazität der Phasengrenze frequenzunabhängig ist, wenn man die Dichte der Donatoren aus Gl. (8.4) bestimmen will.

8.3 Elektronentransferreaktionen

Es gibt einen grundsätzlichen Unterschied zwischen Elektronentransferreaktionen an einem Metall und an einem Halbleiter. Beim Metall führt die Änderung des Elektrodenpotentials zu einer entsprechenden Änderung der molaren freien Reaktionsenthalpie. Wegen der vergleichsweise niedrigen Leitfähigkeit des Halbleiters ändert sich die Position der Bandkanten an der Halbleiteroberfläche gegenüber der Lösung nicht, wenn das Potential verändert wird. Jedoch wird die relative Lage des Fermi-Niveaus im Halbleiter verändert, und damit verändert sich sowohl die Elektronendichte als auch die Dichte der Löcher an der Oberfläche des Halbleiters. Deshalb haben die Strom-Spannungskurven eine andere Form als an Metallen.

8.3.1 Vorbetrachtungen

Elektronentransfer an Halbleitern läßt sich im Rahmen der im letzten Kapitel vorgestellten Theorie verstehen. Die Form der Strom-Spannungskurven kann man aber aus einfacheren Überlegungen ableiten, und dies soll zunächst geschehen.

Ein Redoxsystem kann mit dem Leitungsband und mit dem Valenzband Elektronen austauschen; beide Fälle müssen getrennt betrachtet werden. Damit ein anodischer Strom in das Leitungsband fließen kann, müssen reduzierte Zustände im Elektrolyten und Löcher im Leitungsband (Index c für „conduction") vorhanden sein, welche die Elektronen aufnehmen können. Die zugehörige Stromdichte hat deswegen die Form:

$$j_a^c = k c_{\text{red}} c_h^c \tag{8.5}$$

wobei c_h^c die Konzentration der Löcher im Leitungsband und k eine Konstante ist, die nicht vom Elektrodenpotential ϕ abhängt, da sich die Reaktionenthalpie nicht ändert. Die Konzentration der Löcher im Leitungsband ist sehr hoch und ändert sich kaum mit dem Potential, solange das Fermi-Niveau unterhalb der Bandkante bleibt. Zwar ändert sich die Konzentration der Elektronen mit ϕ, doch bleibt diese stets klein gegenüber derjenigen der Löcher. Deswegen ist die anodische Stromdichte unabhängig vom Elektrodenpotential und damit auch von der angelegten Überspannung:

$$j_a^c(\eta) = j_0^c = konstant \tag{8.6}$$

Der kathodische Strom aus dem Leitungsband ist proportional der Konzentration c_e^c der Elektronen an der Oberfläche des Halbleiters und der oxidierten Spezies in der Lösung:

$$j_c^c = k c_{\text{ox}} c_e^c \tag{8.7}$$

Die Konzentration der Elektronen im Leitungsband hängt exponentiell vom Elektrodenpotential ab, da eine Änderung um $\Delta\phi$ eine Senkung der Unterkante um $-e_0\Delta\phi$ bewirkt. Wählt man das Gleichgewichtspotential der Reaktion als Bezugspunkt, so gilt:

$$j_c^c = j_0^c \exp\left(-\frac{e_0\eta}{kT}\right) \tag{8.8}$$

Insgesamt erhält man also folgende Beziehung für den Strom, der durch das Leitungsband fließt:

$$j^c = j_0^c \left[1 - \exp\left(-\frac{e_0\eta}{kT}\right)\right] \tag{8.9}$$

Diese Gleichung hat dieselbe Form wie die Butler-Volmer-Gleichung, aber mit einem anodischen Durchtrittsfaktor von Null und einem kathodischen von Eins. Offensichtlich hat die Strom-Spannungskurve die Charakteristik eines Gleichrichters, der in anodischer Richtung nur wenig Strom durchläßt, also sperrt.

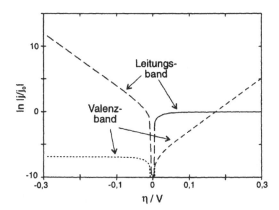

Abbildung 8.6 Strom-Spannungskurve einer Redoxreaktion über das Leitungsband bzw. das Valenzband. Der Strom wurde normalisiert, indem $j_0^c = 1$ gesetzt wurde. In diesem Beispiel überlappt das Redoxsystem stärker mit dem Leitungsband.

Der Elektronenaustausch mit dem Valenzband (Index v) verhält sich gerade entgegengesetzt: Hier ist die Konzentration der Elektronen praktisch konstant, während diejenige der Löcher exponentiell von der Überspannung abhängt. Als Strom-Spannungskurve erhält man:

$$j^v(\eta) = j_0^v \left[\exp \frac{e_0 \eta}{kT} - 1 \right] \tag{8.10}$$

Insbesondere beträgt jetzt der anodische Durchtrittsfaktor Eins und der kathodische Null.

Die Strom-Spannungskurven sind in Abb. 8.6 dargestellt. Normalerweise beobachtet man nur den Elektronenaustausch mit einem der Bänder. Die phänomenologischen Betrachtungen dieses Abschnitts erklären zwar die Form der Kurven, können aber keinen Aufschluß darüber geben, welches Band den dominanten Beitrag zum Strom liefert. Dazu benötigt man die Theorie.

8.3.2 Theorie des Elektronentransfers

Bei einer systematischen Behandlung geht man von Gl. (7.11) aus, welche die Geschwindigkeit eines Elektronentransfers von einem reduzierten Zustand in der Lösung auf ein Energieniveau ϵ der Elektrode beschreibt, und erhält mit Gerischers Terminologie:

$$k_{ox}(\epsilon) = A' \rho(\epsilon) \left[1 - f(\epsilon) \right] W_{red}(\epsilon, \eta) \tag{8.11}$$

Abbildung 8.7 zeigt das dazugehörige Schema. Statt A taucht hier A' auf, um dem zusätzlichen präexponentiellen Faktor in der Definition von W_{red} Rechnung

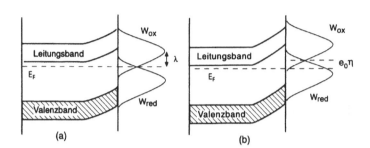

Abbildung 8.7 Gerischer-Diagramm für eine Redoxreaktion an einem n-Halbleiter: (a) im Gleichgewicht: die Fermi-Niveaus der Redoxpartner sind gleich hoch; (b) nach Anlegen einer anodischen Überspannung

zu tragen; auf diese Notation wird aber im weiteren Verlauf verzichtet. Wie oben erwähnt, gibt es zwei Beiträge zur anodischen Stromdichte, einen vom Valenzband j_a^v und einen vom Leitungsband j_a^c. Sind E_v und E_c die entsprechenden Bandkanten, erhält man:

$$j_a^v = FA \int_{-\infty}^{E_v - E_F} d\epsilon \, \rho(\epsilon) \, [1 - f(\epsilon)] \, W_{\text{red}}(\epsilon, \eta) \tag{8.12}$$

$$j_a^c = FA \int_{E_c - E_F}^{\infty} d\epsilon \, \rho(\epsilon) \, [1 - f(\epsilon)] \, W_{\text{red}}(\epsilon, \eta) \tag{8.13}$$

Genau genommen müßten die Integrale auf die beiden Bänder begrenzt sein; da aber die Integranden in weiterer Entfernung von den Bandkanten klein sind, können die Integrationsgrenzen ins Unendliche verschoben werden. Die Bandkanten E_v und E_c werden auf das Fermi-Niveau der Elektrode bezogen und verschieben sich nach Anlegen einer Überspannung. Mit $\Delta E_v = E_F - E_v(\eta = 0)$ und $\Delta E_c = E_c(\eta = 0) - E_F$ erhält man: $E_v - E_F = -\Delta E_v + e_0\eta$, $E_c - E_F = \Delta E_c + e_0\eta$. Im Valenzband ist $(1 - f(\epsilon)) \approx \exp(\epsilon/kT)$, wobei beachtet werden muß, daß diese Beziehung nur für nicht-degenerierte Halbleiter gilt. Damit ergibt sich:

$$j_a^v = FA\rho_v \int_{-\infty}^{-\Delta E_v + e_0\eta} d\epsilon \, \exp \frac{\epsilon}{kT} \, W_{\text{red}}(\epsilon, \eta) \tag{8.14}$$

$$j_a^c = FA\rho_c \int_{\Delta E_c + e_0\eta}^{\infty} d\epsilon \, W_{\text{red}}(\epsilon, \eta) \tag{8.15}$$

wobei ρ_v und ρ_c die Zustandsdichten bei E_v und E_c sind; sie wurden vor die Integralzeichen gezogen, da sie nur wenig von der Energie der Elektronen ϵ abhängen. Ersetzt man $\xi = \epsilon - e_0\eta$ und beachtet, daß $W_{\text{red}}(\epsilon, \eta) = W_{\text{red}}(\epsilon - e_0\eta, 0)$ gilt, erhält man:

$$j_a^v(\eta) = FA\rho_v \int_{-\infty}^{-\Delta E_v} d\xi \, \exp \frac{\xi + e_0\eta}{kT} W_{\text{red}}(\xi, 0)$$

$$= j_a^v(\eta = 0) \exp \frac{e_0\eta}{kT} \tag{8.16}$$

$$j_a^c(\eta) = FA\rho_c \int_{\Delta E_c}^\infty d\xi \; W_{red}(\xi, 0) = j_a^c(\eta = 0) \tag{8.17}$$

So nimmt der Beitrag des Valenzbandes zum anodischen Strom exponentiell mit dem angelegten Potential zu, da die Anzahl an Löchern, die Elektronen aufnehmen können, zunimmt. Hingegen ändert sich der anodische Strom ins Leitungsband nicht, da dieses so gut wie leer bleibt. Diese Beziehungen gelten unabhängig von der speziellen Form der Funktion W_{red}. Analog dazu sind die Beiträge des Valenz- und des Leitungsbandes zur kathodischen Stromdichte:

$$j_c^v(\eta) = FA\rho_v \int_{-\infty}^{-\Delta E_v} d\xi \; W_{ox}(\xi, 0)$$

$$= j_c^v(\eta = 0) \tag{8.18}$$

$$j_c^c(\eta) = FA\rho_c \int_{\Delta E_c}^\infty d\xi \exp\left(-\frac{\xi + e_0\eta}{kT}\right) W_{ox}(\xi, 0)$$

$$= j_c^c(\eta = 0) \exp\left(-\frac{e_0\eta}{kT}\right) \tag{8.19}$$

Der Beitrag des Valenzbandes ändert sich nicht, wenn die Überspannung variiert wird, da es praktisch vollständig aufgefüllt ist. Hingegen fällt der Beitrag des Leitungsbandes wegen der entsprechenden Änderung der Elektronendichte exponentiell mit η ab (bzw. steigt exponentiell mit $-\eta$). Insgesamt ergibt sich für die Stromdichte durch das Leitungsband:

$$j^c = j_0^c \left[1 - \exp\left(-\frac{e_0\eta}{kT}\right)\right] \tag{8.20}$$

und für das Valenzband:

$$j^v = j_0^v \left(\exp \frac{e_0\eta}{kT} - 1\right) \tag{8.21}$$

Diese Gleichungen wurden oben schon phänomenologisch abgeleitet. Sie gelten nur für den Fall, daß die Oberfläche nicht degeneriert ist, d.h. das Fermi-Niveau nicht in die Nähe eines der Bänder kommt.

Die Beiträge der beiden Bänder zum Strom sind im allgemeinen unterschiedlich groß, und einer der beiden dominiert. Wenn die elektronischen Zustandsdichten der beiden Bänder nicht sehr unterschiedlich sind, wird das dem Fermi-Niveau des Redoxsystems am nächsten liegende Band den größten Beitrag zum Strom liefern (s. Abb. 8.7). Die relative Größe der Stromdichten am Gleichgewichtspotential kann aus den Verteilungsfunktionen W_{red} und W_{ox} berechnet werden:

$$j_0^v = FA\rho_v \int_{-\infty}^{-\Delta E_v} d\xi \; W_{ox}(\xi, 0)$$

$$= 2FA\rho_v \; \mathrm{erfc} \frac{\lambda + \Delta E_v}{(4\lambda kT)^{1/2}} \tag{8.22}$$

$$j_0^c = FA\rho_c \int_{\Delta E_c}^{\infty} d\xi \ W_{\text{red}}(\xi, 0)$$

$$= 2FA\rho_c \ \text{erfc} \frac{\lambda + \Delta E_c}{(4\lambda kT)^{1/2}} \qquad (8.23)$$

Sind die elektronischen Eigenschaften des Halbleiters und seines Redoxpartners – Fermi-Niveau, Position des Valenz- und des Leitungsbandes, Flachbandpotential und Reorganisierungsenergie – bekannt, kann das sogenannte Gerischer-Diagramm konstruiert und die Überlappung der beiden Verteilungsfunktionen W_{ox} and W_{red} mit den Bändern berechnet werden.

Beide Beiträge zum Strom gehorchen der Butler-Volmer-Gleichung. Der durch das Leitungsband fließende Strom hat einen anodischen Durchtrittsfaktor $\alpha_c = 0$ und einen kathodischen Durchtrittsfaktor $\beta_c = 1$. Umgekehrt hat das Valenzband einen anodischen Durchtrittsfaktor $\alpha_v = 1$ und einen kathodischen $\beta_v = 0$. Reale Systeme zeigen häufig Abweichungen von diesem idealen Verhalten, wofür es verschiedene Gründe gibt. Einige der wichtigsten werden hier aufgelistet:

1. An der Phasengrenze können innerhalb der Bandlücke elektronische Zustände auftreten; dies führt zu einer zusätzlichen Kapazität, so daß die Bandkanten an der Oberfläche ihre Energie gegenüber der Lösung verändern.

2. Bei einem stark dotierten Halbleiter ist der Bereich der Raumladung dünn und Elektronen können durch die Barriere, die sich an der Verarmungsschicht bildet, tunneln.

3. Bei hohen Stromdichten kann der Transport von Elektronen und Löchern zu langsam sein, um ein elektronisches Gleichgewicht an der Oberfläche des Halbleiters bilden zu können.

4. Der Halbleiter kann amorph sein, d.h. es bilden sich keine scharfen Bandkanten aus.

Ein Beispiel einer Elektrontransferreaktion an einer Halbleiterelektrode soll im nächsten Kapitel vorgestellt werden.

8.4 Photoinduzierter Elektronentransfer

Die Geschwindigkeit eines Elektronentransfers an Halbleiterelektroden läßt sich durch Anregung mit Licht beträchtlich erhöhen. Dabei sind zwei verschiedene Mechanismen möglich: Es können entweder Ladungsträger in der Elektrode oder im Redoxpaar angeregt werden.

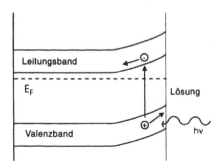

Abbildung 8.8 Durch Licht erzeugte Löcher und Elektronen in der Verarmungsschicht eines n-Halbleiters

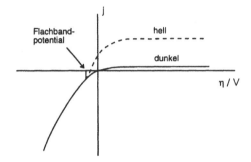

Abbildung 8.9 Strom-Spannungsdiagramm eines n-Halbleiters im Dunkeln und nach Lichtanregung. Die Differenz der beiden Kurven ergibt den Photostrom.

8.4.1 Anregung der Elektrode

Trifft Licht einer bestimmten Frequenz ν, mit $h\nu \geq E_g$, auf eine Halbleiterelektrode, kann ein Photon bei der Absorption ein Elektron aus dem Valenzband in das Leitungsband anheben, so daß ein Elektron-Loch-Paar entsteht. Im Bereich der Raumladung kann das Paar durch das elektrische Feld getrennt werden, womit eine Rekombination verhindert wird. Je nach Richtung des elektrischen Feldes wird sich einer der Ladungsträger ins Innere des Halbleiters bewegen, während der andere an die Oberfläche wandert, wo er mit einem geeigneten Redoxpartner reagieren kann. Abbildung 8.8 zeigt die Verarmungsschicht eines n-Halbleiters. Die Löcher, die im Raumladungsbereich erzeugt werden, wandern zur Elektrodenoberfläche, wo sie Elektronen einer reduzierten Spezies mit geeigneter Energie aufnehmen können.

Die Potentialabhängigkeit dieses Photostroms wird in Abb. 8.9 gezeigt. Er setzt am Flachbandpotential ein und beginnt zu steigen, bis die Bandverbiegung

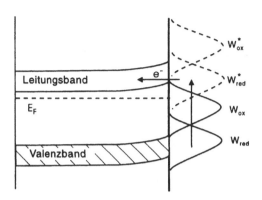

Abbildung 8.10 Photoanregung eines Redoxpaars

so groß ist, daß alle durch Photoeffekte erzeugten Löcher an die Oberfläche wandern und mit einem geeigneten Partner reagieren. Wenn die Reaktion mit dem Redoxsystem schnell genug ist, bestimmt die Erzeugung der Ladungsträger die Geschwindigkeit der Reaktion, und der Strom ist in diesem Bereich konstant.

8.4.2 Anregung eines Redoxpaars

Ein anderer Photoeffekt ist zu beobachten, wenn ein Redoxsystem in seinem Grundzustand nur schwach mit den Bändern der Halbleiterelektrode überlappt, sein angeregter Zustand jedoch eine gute Überlappung hat. Als Beispiel betrachte man eine n-Halbleiterelektrode mit einer Verarmungsrandschicht an der Oberfläche und eine reduzierte Spezies red, deren Verteilungsfunktion $W_{red}(\epsilon, \eta)$ weit unterhalb des Leitungsbandes liegt (Abb. 8.10), so daß die Geschwindigkeit des Elektronentransfers in das Leitungsband gering ist. Nach Anregung mit Licht entsteht der reduzierte Zustand red*, dessen Verteilungsfunktion $W_{red}^*(\epsilon, \eta)$ gut mit dem Leitungsband überlappt, so daß Elektronen in das Leitungsband übertragen werden können. Das elektrische Feld im Bereich der Raumladung zieht die Elektronen in das Innere der Elektrode, dadurch wird eine Rekombination mit dem oxidierten Zustand verhindert, und ein Photostrom wird beobachtet.

8.5 Zersetzung eines Halbleiters

Aus chemischer Sicht bedeutet ein Loch an der Oberfläche eines Halbleiters ein fehlendes Elektron und demnach eine zum Teil zerstörte Bindung. Folglich neigen Halbleiter dazu, sich aufzulösen, wenn an der Oberfläche Löcher angesammelt werden. Dies gilt vor allem für die Anreicherungsschicht eines p-Halbleiters.

Diese Auflösungsprozesse sind recht kompliziert und laufen über mehrere Schritte ab. Ein wichtiges Beispiel ist Silizium. In wässriger Lösung ist Silizium im allgemeinen von einer Oxidschicht bedeckt, die Stromfluß und damit Korrosion verhindert. In HF hingegen bildet sich keine Oxidschicht aus, und das p-leitende Silizium löst sich auf, wenn Löcher an der Oberfläche angereichert wurden. Diese Reaktion erfordert mindestens zwei Löcher und zwei Protonen, das Endprodukt ist Si(IV), die einzelnen Schritte sind jedoch noch nicht vollständig verstanden.

Ein einfacheres Beispiel ist die Lichtzersetzung eines n-Halbleiters, wie CdS, die nach folgendem Reaktionsschema in der Verarmungsrandschicht abläuft:

$$CdS + 2h^+ \rightarrow Cd^{2+} + S \qquad (8.24)$$

Bei polaren Halbleitern kann die Zersetzung Elektronen des Leitungsbandes einschließen, was zur Bildung von löslichen Anionen führt. So läuft z.B. bei Anreicherung von Elektronen die Zersetzung von CdS nach folgender Gleichung ab:

$$CdS + 2e^- \rightarrow Cd + S^{2-} \qquad (8.25)$$

Die Zersetzung des Halbleiters ist meist ein unerwünschter Prozeß, da sie die Stabilität der Elektrode herabsetzt und deren Einsatzmöglichkeiten, z.B. bei elektrochemischen Photozellen, einschränkt. Andererseits ist beispielsweise das Ätzen von Silizium in HF-Lösung ein technisch sehr wichtiger Prozeß.

Literatur

[1]   C. Kittel, *Einführung in die Festkörperphysik*, Oldenbourg, München, 1989.

[2]   A. Many, Y. Goldstein, N. B. Grover, *Semiconductor Surfaces*, North Holland, Amsterdam, 1965.

[3]   V. A. Myalin und Yu. V. Pleskov, *Electrochemistry of Semiconductors*, Plenum Press, New York, 1967.

9 Experimente zu Elektrontransferreaktionen

Zur Untersuchung der Elektrontransferprozesse in der inneren und äußeren Sphäre wurden zahlreiche Experimente durchgeführt. An dieser Stelle sollen nur einige Ergebnisse diskutiert werden, die einen direkten Bezug zu den Theorien der vorangegangenen Kapiteln haben.

9.1 Die Gültigkeit der Butler-Volmer-Gleichung

Die Butler-Volmer Gleichung (6.10) besagt, daß für $|\eta| > kT/e_0$ ein logarithmisches Auftragen des Stroms gegen das angelegte Potential eine Gerade (Tafelgerade) ergibt, deren Steigung vom Durchtrittsfaktor α bestimmt wird. Da der Durchtrittsfaktor aber auch die Temperaturabhängigkeit bestimmt, ist es wichtig, sich zu vergewissern, daß der so bestimmte Durchtrittsfaktor nicht von der Temperatur abhängt. Dazu untersuchten Curtiss et al. [1] die Kinetik der Reaktion von Fe^{2+}/Fe^{3+} an Gold in einer wässrigen Perchlorsäurelösung über einen Temperaturbereich von 25° - 75°C. In Abwesenheit von Verunreinigungen läuft die Reaktion in der äußeren Sphäre mit einer geringen Geschwindigkeitskonstanten ($k_0 \approx 10^{-5}$ cm s^{-1} bei Raumtemperatur) ab. Die Abbildung 9.1 zeigt die erhaltene Tafelsteigung, $d(\ln i)/d\eta$, als eine Funktion der inversen Temperatur $1/T$. Die Butler-Volmer-Gleichung sagt eine Tafelgerade mit der Steigung $\alpha e_0/k$ voraus, so wie sie auch tatsächlich beobachtet wurde. Der Durchtrittsfaktor und die Aktivierungsenergie am Gleichgewichtspotential sind über den gesamten Temperaturbereich hinweg konstant: $\alpha = 0,425 \pm 0,01$ und $E_{\text{act}} = 0,59 \pm 0,01$ eV. Dieses Experiment, welches bei niedrigen Überspannungen durchgeführt wurde, bestätigt demnach die Butler-Volmer-Gleichung.

9.2 Abweichungen von der Butler-Volmer-Gleichung

Die phänomenologische Ableitung der Butler-Volmer-Gleichung beruht auf der linearen Entwicklung der freien Aktivierungsenergie nach der Überspannung.

Bei hohen Überspannungen erwartet man, daß Terme höherer Ordnung einen Beitrag liefern, und daß eine Tafelauftragung keine Gerade mehr ergibt. Die in Kapitel 7 vorgestellte Theorie macht detailliertere Voraussagen: Der Strom sollte bei hohen Überspannungen konstant sein. Nun ist es aber nicht einfach, dieses experimentell zu untersuchen, da bei hohen Überspannungen die Reaktion sehr

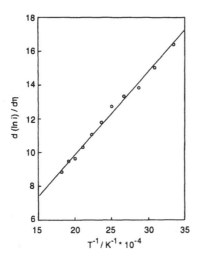

Abbildung 9.1 Tafelgerade als Funktion der inversen Temperatur [1]; mit freundlicher Genehmigung der Electrochemical Society

schnell ist, so daß sich Transportvorgänge und kinetische Effekte nur schwer voneinander trennen lassen. Das Experiment kann einfacher durchgeführt werden, wenn die Elektrode mit einem nichtleitenden Film überzogen ist. Das Elektron, das übertragen werden soll, muß dann durch diesen Film tunneln, wodurch die Reaktionsgeschwindigkeit stark herabgesetzt wird. In einem einfachen Modell kann die nichtleitende Schicht durch eine rechteckige Barriere einer gewissen Höhe V_b über dem Fermi-Niveau und einer Dicke L (s. Abb. 9.2) dargestellt werden. Nach der Gamov-Formel[1] ist die Wahrscheinlichkeit $W(L)$, daß ein Elektron mit einer Energie nahe dem Fermi-Niveau durch die Barriere tunnelt:

$$W(L) = \exp\left(-\frac{2}{\hbar}\sqrt{2mV_b}L\right) = e^{-\gamma L} \qquad (9.1)$$

wobei m die elektronische Masse ist. Obgleich die effektive Barrierenhöhe nicht sonderlich gut definiert ist, findet man in der Praxis ein Verhalten, wie es in der Gl. (9.1) beschrieben ist, wobei die Konstante γ in der Größenordnung von 1 Å^{-1} liegt. Das Herabsetzen der Reaktionsgeschwindigkeit erlaubt eine Strommessung bei hohen Überspannungen, ohne daß dabei die Diffusion der Reaktanden geschwindigkeitsbestimmend wird.

Miller und Grätzel [2] untersuchten mehrere Elektronentransferreaktionen, die in der äußeren Sphäre ablaufen, an Goldelektroden, die mit einem ca. 20 Å dicken

---

[1]Eine Ableitung dieser Formel kann man in Lehrbüchern der Quantenmechanik finden. z.B. L. D. Landau and E. M. Lifschitz, *Lehrbuch der Theoretischen Physik, III: Quantenmechanik*, Akademie Verlag, Berlin, 1979.

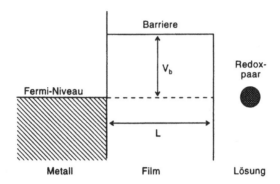

Abbildung 9.2 Effektive Tunnelbarriere für einen Elektronentransferschritt in Anwesenheit eines isolierenden Films (schematisch). Die Höhe der Barriere wird durch die elektronischen Eigenschaften des Films bestimmt.

ω-Hydroxythiol-Film bedeckt waren. Sie nahmen Strom-Spannungskurven in einem Bereich von 0,5 bis 1 V auf und fanden in allen untersuchten Fällen die erwartete Krümmung. Als Beispiele seien hier in Abb. 9.3 die Daten der Reduktion von $[Mo(CN)_6]^{3-}$ und $[W(CN)_8]^{-3}$ gezeigt. Die Kurven folgen ganz gut den theoretischen Gleichungen (7.13) und (7.14). Indem man die gemessene Kurve an die theoretische anpaßt, erhält man die Zustandsdichte der oxidierten Spezies. Im

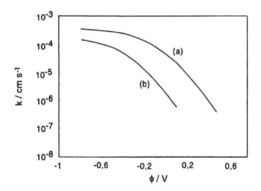

Abbildung 9.3 Geschwindigkeitskonstanten der Reduktion von $[Mo(CN)_8]^{3-}$ (a) und $[W(CN)_8]^{3-}$ (b) an mit einem $HO(CH_2)_{16}SH$-Film überzogenen Goldelektroden. Das Elektrodenpotential ist auf eine Ag/AgCl-Elektrode in einer gesättigten KCl-Lösung bezogen. Die Daten wurden der Lit. 2. entnommen.

Falle von $[Mo(CN)_6]^{3-}$ erhält man eine Reorganisierungsenergie von 0,4 eV. Zwar ist dies ein vernünftiger Wert, doch ist bei solchen Daten Vorsicht geboten: Die effektive Barrierenhöhe ändert sich mit dem angelegten Potential auf nur schwer abschätzbare Weise.

9.3 Adiabatische Elektronentransferreaktionen

Bei einer adiabatischen Reaktion (s. Abschnitt 7.1) wird ein Elektron jedesmal übertragen, wenn das System die Reaktionsfläche durchquert. In diesem Fall wird der präexponentielle Faktor allein von der Dynamik der Reorganisierung der inneren und der äußeren Sphäre bestimmt. Die Reaktionsgeschwindigkeit hängt dann nicht von der Größe der elektronischen Wechselwirkungen zwischen Reaktand und Metall ab. Sie sollte vor allem nicht von der Art des Metalls abhängen, welches lediglich als Elektronendonator oder -akzeptor wirkt. Die Reaktionsgeschwindigkeit ist aber, wie es die Definition des adiabatischen Elektronentransfers vermuten läßt, sehr hoch.

Um die Abhängigkeit solch schneller Reaktionen vom Elektrodenmaterial zu untersuchen, haben Iwasita et al. [3] die Kinetik des Redoxpaars $[Ru(NH_3)_6]^{2+/3+}$ an sechs verschiedenen Materialien gemessen. Da die Reaktion mit Geschwindigkeitskonstanten um 1 cm s^{-1} sehr schnell ist, wurde die Methode der turbulenten Rohrströmung (s. Kapitel 17) gewählt, um einen schnellen Stofftransport zu gewährleisten. Die Ergebnisse sind in Tabelle 9.1 aufgeführt; innerhalb der Meßgenauigkeit sind sowohl die Reaktionsgeschwindigkeit als auch der Durchtrittsfaktor unabhängig vom Elektrodenmaterial. Dies gilt auch, wenn die Elektrodenoberflächen durch Unterpotentialabscheidung eines Fremdmetalls modifiziert werden [4]. Es sollte aber auch festgehalten werden, daß die untersuchten Metalle ganz

Tabelle 9.1: Geschwindigkeitskonstanten und Durchtrittsfaktoren des Redoxpaars $[Ru(NH_3)_6]^{2+/3+}$ an verschiedenen Metallen [3,4]

Metall	$k/$cm s^{-1}	α	β
Pt	1,2	0,39	0,47
Pd	1,0	0,46	0,44
Au	1,0	0,42	0,57
Cu	1,2	-	0,51
Ag	1,2	0,36	0,55
Hg	$0,7 \pm 0,2$	0,44	0,52
Pt/Tl$_{ad}$	1,3	0,44	0,49
Pt/Pb$_{ad}$	1,1	0,36	0,48
Au/Tl$_{ad}$	1,0	0,49	0,42

unterschiedliche chemische Eigenschaften haben: Pt und Pd sind Übergangsmetalle; Au, Ag und Cu sind *sd*-Metalle; Hg und die Adsorbate Tl und Pb sind
sp-Metalle. Der anodische und der kathodische Durchtrittsfaktor addieren sich
nicht zu Eins; dies wurde auf eine schwache Krümmung der Tafelgeraden zurückgeführt, einen Effekt, der soeben vorgestellt wurde.

9.4   Elektrochemische Eigenschaften von SnO$_2$

Zinnoxid ist ein Halbleiter mit einer Bandlücke von $E_g \approx 3,7$ eV, der mit
Sauerstoffehlstellen und Chlor als Elektronendonatoren dotiert werden kann. In
wässrigen Lösungen ist es stabil und eignet sich daher gut als Material für *n*-
Halbleiterelektroden.

Die Kapazität der Phasengrenze folgt über einen großen Potentialbereich der
Mott-Schottky-Gleichung (9.4). Abbildung 9.4 zeigt Beispiele verschiedener Elektroden mit unterschiedlichen Dotierungen [5]. Die Dielektrizitätskonstante von
SnO$_2$ ist bekannt, $\epsilon \approx 10$, so daß die Konzentration der Donatoren aus den Stei-
gungen der Geraden erhalten werden kann.

Durch Extrapolation der Mott-Schottky-Geraden auf die Abszisse kann das
Flachbandpotential bestimmt werden (s. Abb. 9.4). Dieser Wert hängt von der
Konzentration des Donators ab, was im folgenden gezeigt werden soll. Dazu betrachte man zwei *n*-Halbleiterelektroden mit unterschiedlicher Dotierung der Verarmungsschicht (s. Abb. 9.5). Bei einem bestimmten Elektrodenpotential haben
beide Elektroden das gleiche Fermi-Niveau (vgl. Kapitel 3). Die Lage der Bandkanten an der Phasengrenze wird durch die Elektrolytlösung festgelegt und ist

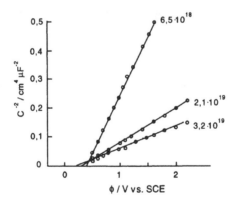

Abbildung 9.4 Mott-Schottky-Diagramm für den *n*-Halbleiter SnO$_2$ bei unterschiedlichen Donatorenkonzentrationen (die Daten sind der Lit. 5 entnommen)

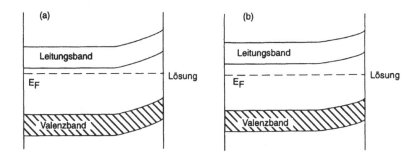

Abbildung 9.5 Bandverbiegung bei unterschiedlicher Konzentration der Donatoren. Der Halbleiter in (a) besitzt die höhere Donatorenkonzentration; also ist das Fermi-Niveau dem Leitungsband näher, die Bandverbiegung ist größer.

damit für beide Elektroden gleich. Die Lage des Leitungsbandes hingegen hängt von der Konzentration der Donatoren ab. Das Leitungsband der Elektrode mit der höheren Donatorenkonzentration liegt näher am Fermi-Niveau, dies bedingt eine stärkere Bandverbiegung und ein niedrigeres Flachbandpotential.

Metalloxidelektroden, die in Kontakt mit einer wässrigen Elektrolytlösung stehen, sind häufig mit Hydroxylgruppen bedeckt. Dies führt zu einer Dissoziation nach folgender Gleichung:

$$SnOH \rightleftharpoons SnO^- + H^+ \tag{9.2}$$

$$SnOH \rightleftharpoons Sn^+ + OH^- \tag{9.3}$$

Das Gleichgewicht dieser Reaktion hängt vom pH-Wert der Lösung ab. Ändert man den pH-Wert um eins, verschiebt sich das elektrochemische Potential bei Zimmertemperatur um 60 meV. Da die Konzentration von Zinn an der Oberfläche festgelegt ist, wird das Gleichgewicht so verschoben, daß sich das innere Potential um 60 mV verändert. Dies führt zu einer Anhebung der Bandverbiegung und des Flachbandpotentials.

Memming und Möllers [5] untersuchten verschiedene Redoxreaktionen an dotierten Zinnoxidelektroden. Die meisten Reaktionen laufen über das Leitungsband, wie man es für n-Halbleiter erwarten würde – die Sauerstoffentwicklung, die bei hohen Potentialen und bei starker Verarmung stattfindet, ist da eher eine Ausnahme. Abbildung 9.6 zeigt zwei Strom-Spannungskurven für die Reaktion von Fe^{2+}/Fe^{3+} bei unterschiedlicher Dotierung. Bei niedriger Konzentration der Donatoren folgt der Strom der theoretischen Gleichung für einen Leitungsband-mechanismus recht gut. Dabei ist der anodische Teilstrom annähernd konstant für $\eta > kT/e_0$, während der kathodische Teilstrom einen Durchtrittsfaktor von $\beta \approx 1$ aufweist. Dagegen sind die Strom-Spannungskurven für hoch dotierte Elektroden denen an Metallen gemessenen sehr ähnlich. In diesem Fall ist die Raumladung an der Oberfläche so dünn, daß die übergehenden Elektronen tunneln können.

Demnach ist die Lage des Leitungsbandes im Inneren der Elektrode wichtig. Abbildung 9.7 zeigt die Bedingungen für die anodische Reaktion: Ein Anheben der Überspannung bewirkt eine stärkere Überlappung der reduzierten Zustände und des Leitungsbandes und demnach ein Anheben des anodischen Teilstroms.

9.5   Photoströme an einer WO_3-Elektrode

In Abschnitt 9.4 wurden Photoeffekte erwähnt, bei denen Elektron-Loch-Paare durch Photonen mit einer größeren Energie als der Bandlücke erzeugt wurden. Dieser Sachverhalt soll nun durch ein Beispiel erweitert und illustriert werden. In einem realen System hängt der Photostrom von verschiedenen Effekten ab:

1. die Erzeugung von Ladungsträgern im Halbleiter,

2. die Bewegung der Ladungsträger in der Raumladungsschicht,

3. die Diffusion der Ladungsträger, die außerhalb der Raumladungsschicht entstanden sind.

4. Verlust der Ladungsträger durch Elektron-Loch-Rekombination oder durch Einfangen an lokalisierten Zuständen in der Bandlücke oder an der Oberfläche;

5. der Geschwindigkeit der elektrochemischen Reaktion, welche die Ladungsträger verbraucht.

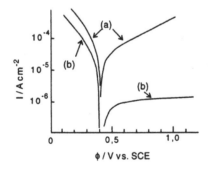

Abbildung 9.6 Strom-Spannungskurven für 0,05 M Fe^{2+}/Fe^{3+} in 0,5 M H_2SO_4 an SnO_2-Elektroden mit zwei verschiedenen Donatorkonzentrationen; (a) 5×10^{19} cm^{-3}, (b) 5×10^{17} cm^{-3} (die Daten wurden der Lit. 5 entnommen)

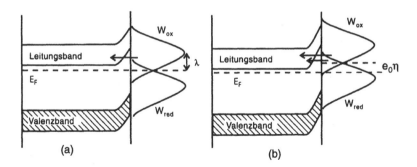

Abbildung 9.7 Tunneln durch eine Raumladungsschicht im Gleichgewicht (a) und bei anodischer Überspannung (b). Man beachte, daß die Bandverbiegung nach Anlegen der Überspannung stärker ist. Die Pfeile deuten die Elektronen an, die durch die Raumladungsbarriere tunneln.

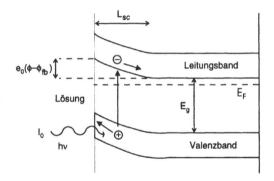

Abbildung 9.8 Erzeugung von Löchern durch Lichtanregung in einem n-Halbleiter.

Tragen all diese Effekte zum Photostrom bei, wird die Situation hoffnungslos kompliziert. Im einfachsten realistischen Fall werden die Ladungsträger im Bereich der Raumladung erzeugt und bewegen sich zur Oberfläche hin, wo sie sofort durch eine elektrochemische Reaktion verbraucht werden. Dieser Fall soll näher untersucht werden. Man geht davon aus, daß Licht einer bestimmten Frequenz ν, mit $h\nu > E_g$, auf die Einheitsoberfläche einer Halbleiterelektrode mit einer Verarmungsschicht trifft (s. Abb. 9.8). I_0 sei der Fluß des einfallenden Lichts, und α der Adsorptionskoeffizient des Halbleiters bei der Frequenz ν. In einer Entfernung x von der Oberfläche ist der Photonenstrom auf $I_0 \exp(-\alpha x)$ abgefallen, wovon ein Teil α adsorbiert wird. Die Erzeugungsrate der Ladungsträger ist:

$$g(x) = I_0\alpha \ \exp -\alpha x \qquad (9.4)$$

Diese Gleichung setzt aber voraus, daß jedes adsorbierte Photon ein Elektronen-Loch-Paar erzeugt; gibt es noch weitere Absorptionsmechanismen, muß die rechte Seite mit der Quantenausbeute multipliziert werden. Die Geschwindigkeit der Entstehung aller Minoritätsträger (in einem n-Halbleiter sind dies die Löcher, in einem p-Halbleiter die Elektronen) erhält man, indem man über den Bereich der Raumladung integriert:

$$\int_0^{L_{sc}} I_0 \alpha \exp\left(-\alpha x \; dx\right) = I_0 \left[1 - \exp\left(-\alpha L_{sc}\right)\right] \qquad (9.5)$$

wobei L_{sc} die Dicke der Raumladungsschicht ist, welche durch folgende Gleichung gegeben ist:

$$L_{sc} = L_0(\phi - \phi_{fb})^{1/2}, \quad \text{mit} \quad L_0 = \left(\frac{\epsilon\epsilon_0}{e_0 n_b}\right)^{1/2} \qquad (9.6)$$

so daß sich für den Photonenstrom im Bereich der Raumladung ergibt:

$$j_p = e_0 I_0 \left(1 - \exp\left[-\alpha L_0(\phi - \phi_{fb})^{1/2}\right]\right) \qquad (9.7)$$

Für $\alpha L_{sc} \ll 1$ kann der Exponent entwickelt werden, und das Flachbandpotential kann durch Auftragen des Quadrats des Photostroms gegen die Spannung erhalten werden:

$$j_p^2 = (e_0 I_0 \alpha L_0)^2 (\phi - \phi_{fb}) \qquad (9.8)$$

Ein Beispiel wird in Abb. 9.9 gezeigt, wobei der Photostrom im n-Halbleiter WO$_3$ für drei verschiedene Wellenlängen des einfallenden Lichts aufgetragen ist. Dabei fällt auf, daß Gl. (9.8) bei langen Wellenlängen, wo der Adsorptionskoeffizient α kleiner ist und die Beziehung $\alpha L_{sc} \ll 1$ gilt, besser erfüllt wird. In allen betrachteten Fällen gilt Gl. (9.8) in einem mittleren Potentialbereich, und die entsprechenden Geraden können zum Flachbandpotential extrapoliert werden.

Wenn das einfallende Licht auch in Bereiche tief im Inneren der Halbleiterelektrode vordringt, können die erzeugten Ladungsträger in den Bereich der Raumladung diffundieren und so ebenfalls einen Beitrag zum Photostrom liefern. In diesem Fall muß Gl. (9.7) durch die Gärtner-Gleichung ersetzt werden [7]:

$$j_p = e_0 I_0 \left(1 - \frac{\exp\left(-\alpha L_0(\phi - \phi_{fb})^{1/2}\right)}{1 + \alpha L_p}\right) \qquad (9.9)$$

wobei L_p die Diffusionslänge der Löcher ist, d.h. die durchschnittliche Entfernung, die ein Loch zurücklegen kann, bevor es durch Rekombination oder Auffangen in einen lokalisierten elektronischen Zustand verschwindet. Für $\alpha L_p \ll 1$ ist der Beitrag aus dem Inneren der Elektrode zu vernachlässigen, und die Gärtner-Gleichung reduziert sich zu Gl. (9.7).

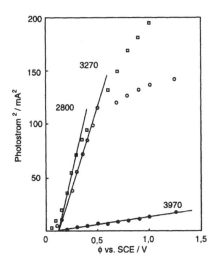

Abbildung 9.9 Bestimmung des Flachbandpotentials aus dem Photostrom (die Daten wurden der Lit. 6 entnommen)

Literatur

[1]   L. A. Curtiss, J. W. Halley, J. Hautman, N. C. Hung, Z. Nagy, Y. J. Ree und R. M. Yonco, *J. Electrochem. Soc.* **138** (1991) 2033.

[2]   C. Miller und M. Grätzel, *J. Phys. Chem.* **95** (1991) 5225.

[3]   T. Iwasita, W. Schmickler und J. W. Schultze, *Ber. Bunsenges. Phys. Chem.* **89** (1985) 138.

[4]   T. Iwasita, W. Schmickler und J. W. Schultze, *J. Electroanal. Chem.* **194** (1985) 355.

[5]   R. Memming und F. Möllers, *Ber. Bunsenges. Phys. Chem.* **76** (1972) 475.

[6]   M. A. Butler, *J. Appl. Physics*, **48** (1977) 1914.

[7]   W. W. Gärtner, *Phys. Rev.* **116** (1959) 84.

10 Protonen- und Ionentransferreaktionen

10.1 Abhängigkeit vom Elektrodenpotential

Der Transfer eines Ions oder eines Protons aus einer Lösung an die Oberfläche einer Metallelektrode wird häufig von einer gleichzeitigen Entladung dieser Teilchen begleitet. Dabei kann das Teilchen an der Oberfläche adsorbiert werden, wie bei der Reaktion:

$$Cl^- \rightleftharpoons Cl_{ad} + e^- \, (\text{Metall}) \qquad (10.1)$$

Manchmal ist die Entladung nur partiell; d.h. das Adsorbat trägt eine Partialladung, was in Kapitel 5 bereits diskutiert wurde. Das Teilchen kann aber auch in die Elektrode eingebaut werden wie bei der Abscheidung eines Ions an einer Elektrode der gleichen Zusammensetzung oder bei der Bildung einer Legierung. Ein Beispiel für letzteres wäre die Bildung eines Amalgams, wie:

$$Zn^{2+} + 2e^- \rightleftharpoons Zn(Hg) \qquad (10.2)$$

Der umgekehrte Prozeß ist der Übergang eines Teilchens von der Elektrodenoberfläche in die Lösung. Dabei sind die Teilchen an der Oberfläche häufig nicht oder nur partiell geladen und werden während des Transfers ionisiert.

Eine Ionen- oder Protonentransferreaktion wird meist von einer anderen Reaktion begleitet, oder sie folgt auf einen anderen Reaktionsschritt. Hier soll jedoch nur der eigentliche Ladungstransfer untersucht werden.

Ionen und Protonen sind viel schwerer als Elektronen. Während Elektronen sehr leicht durch Lösungsmittelschichten einer Dicke von 5 - 10 Å tunneln können, vermögen Protonen nur über geringe Entfernungen, etwa bis zu 0,5 Å, zu tunneln. Ionen hingegen tunneln nicht bei Raumtemperatur. Deshalb muß beim Ionentransfer die Solvathülle zum Teil abgestreift werden, wie in Abb. 10.1 gezeigt wird.

Im einfachsten Fall gehorcht die Übertragung eines Ions aus der Lösung auf eine Elektrodenoberfläche einer modifizierten Butler-Volmer-Gleichung. Nähert sich das Ion der Elektrodenoberfläche, wird ein Teil der Solvathülle zerstört, und Lösungsmittelmoleküle werden von der Oberfläche verdrängt. Folglich steigt die freie Enthalpie (s. Abb. 10.2). In unmittelbarer Nähe der Elektrode nehmen chemische Wechselwirkungen und Bildladungskräfte zu, so daß die freie Enthalpie sinkt und an der Adsorptionsstelle ein lokales Minimum erreicht. Zusätzlich wird das Ion durch das elektrostatische Potential der Doppelschicht beeinflußt. Die

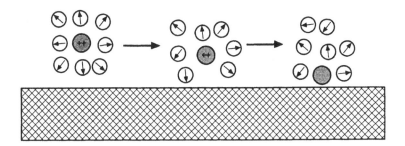

Abbildung 10.1 Transfer eines Ions aus der Lösung auf eine Elektrodenoberfläche (schematisch)

Kurve der freien Enthalpie zeigt ein Maximum bei einer Entfernung von der Elektrode, die etwa dem Durchmesser der Lösungsmittelmoleküle entspricht, also in dem Bereich, wo die Solvathülle aufgebrochen wird.

Durch das Anlegen einer Überspannung η ändert sich die freie Enthalpie des Ionentransfers um $ze_0\eta$, wobei z die Ladungszahl des Ions ist. Gleichzeitig verändert sich das Potential in der Doppelschicht und möglicherweise die Struktur der Lösung. Dies führt zu einer Änderung der Aktivierungsenergie um den Betrag $\alpha ze_0\eta$, wobei α der Durchtrittsfaktor ist, der schon bei den Elektronentransferreaktionen vorgestellt wurde.

Die oben angeführten Argumente sind jenen, die beim Elektronentransfer zur Ableitung der Butler-Volmer-Gleichung (Kapitel 6) führten, sehr ähnlich. Jedoch entspricht hier die Reaktionskoordinate der Bewegung eines Ions, während sie beim Elektronentransfer die Reorganisierung des Lösungsmittels beschreibt. Beim Ionentransfer ist die Kurve der freien Enthalpie weniger symmetrisch, und der

Abbildung 10.2 Freie Enthalpie für die Übertragung eines Ions aus der Lösung auf die Elektrodenoberfläche

Durchtrittsfaktor muß nicht ungefähr 1/2 betragen; er kann sogar leicht temperaturabhängig sein.

Die entsprechende Potentialabhängigkeit für die Übertragung eines Ions in
einen adsorbierten Zustand ist dann:

$$v = k_0 c_{\text{ion}}^s \exp \frac{\alpha z F(\phi - \phi_{00})}{RT} - k_0' \theta \exp \left(-\frac{(1 - \alpha) z F(\phi - \phi_{00})}{RT} \right) \qquad (10.3)$$

hierbei ist c_{ion}^s die Konzentration der Ionen am Reaktionsort in der Lösung und
θ der Bedeckungsgrad des Adsorbats. Da jedes Ion eine Ladung $z e_0$ besitzt, ist
die entsprechende Stromdichte $j = z F v$. Ist die Konzentration der Ionen gleich
eins, d.h. $c_{\text{ion}}^s = c^\ddagger$, befindet sich die Elektrode am Standardgleichgewichtspotential ϕ_{00}. Die Gesamtgeschwindigkeit ist dann definitionsgemäß gleich Null, und
folglich ergibt sich für die Austauschstromdichte:

$$j_{00} = z F k_0 c^\ddagger = z F k_0' \theta_{00} \qquad (10.4)$$

wobei θ_{00} der Bedeckungsgrad beim Standardgleichgewichtspotential ist. Diese
Gleichung gilt auch, wenn ein Teilchen auf eine Elektrode gleicher chemischer
Zusammensetzung abgeschieden wird. In diesem Fall ist formal $\theta = 1$.

Wenn adsorbierte Teilchen die Plätze für einen Ionentransfer blockieren, steht
nur ein Teil der Oberfläche $(1 - \theta)$ für den Transfer zur Verfügung, und Gl. (10.3)
muß ersetzt werden durch:

$$\begin{aligned} j \quad = \quad & z F k_0 c_{\text{ion}}^s (1 - \theta) \; \exp \frac{\alpha z F(\phi - \phi_{00})}{RT} \\ & - z F k_0' \theta \; \exp \left(-\frac{(1 - \alpha) z F(\phi - \phi_{00})}{RT} \right) \end{aligned} \qquad (10.5)$$

Die Vorgänge beim Protonentransfer sind noch komplizierter. Die Reaktionsschemata in alkalischer bzw. in saurer Lösung sind

$$H_2O + e^- \rightleftharpoons H_{ad} + OH^- \qquad (10.6)$$

bzw.

$$H_3O^+ + e^- \rightleftharpoons H_{ad} + H_2O \qquad (10.7)$$

Im Gegensatz zu Ionen können Protonen durch dünne Potentialbarrieren tunneln.
Die phänomenologisch hergeleitete Butler-Volmer-Gleichung braucht daher nicht
zu stimmen. Dennoch gilt häufig eine empirische Formel (vgl. Kapitel 6):

$$|\eta| = a + b \log_{10} \left(|j|/j^\ddagger \right) \qquad (10.8)$$

für hohe anodische und kathodische Überspannungen. a und b sind Konstanten,
während $j^\ddagger$ die Einheitsstromdichte ist, die eingeführt wurde, damit der loga-
rithmische Ausdruck dimensionslos wird. Diese Gleichung ist als *Tafel-Gesetz* bekannt und der Koeffizient b als *Tafel-Neigung*. Die Gleichung kann für die beiden
Richtungen jeweils so formuliert werden:

$$j_a = j_0 \exp \frac{\alpha F \eta}{RT} \quad , \quad j_c = j_0 \exp \left(-\frac{\beta F \eta}{RT} \right) \qquad (10.9)$$

wobei die beiden scheinbaren Durchtrittsfaktoren α und β durchaus von der Temperatur abhängen können [1]. Allerdings muß weiterhin $\alpha + \beta = 1$ gelten, damit die Beziehung $j_a/j_c = \exp(F\eta/RT)$ erhalten bleibt. Elektronen-, Ionen- und Protonentransferreaktionen unterscheiden sich in wesentlichen Merkmalen; und das Tafel-Gesetz stellt eine rein phänomenologische Gesetzmäßigkeit dar. Es mag viele Mechanismen geben, die einen exponentiellen Anstieg der Geschwindigkeitskonstanten bei Änderung der freien Enthalpie vorhersagen; eine detaillierte Theorie für Protonentransferreaktionen jedoch fehlt.

10.2 Geschwindigkeitsbestimmender Schritt

Die meisten Ionentransferreaktionen laufen in mehreren Schritten ab. Häufig ist einer dieser Schritte langsamer als die anderen, und wenn die Reaktion unter stationären Bedingungen stattfindet, ist dies der geschwindigkeitsbestimmende Schritt. Zur Erläuterung dieses Begriffs betrachte man zunächst eine Reaktion, die nach folgendem allgemeinen Schema abläuft:

$$\nu_1 A_1 + X_1 \quad \rightleftharpoons \quad \mu_2 B_2 + X_2$$
$$\nu_2 A_2 + X_2 \quad \rightleftharpoons \quad \mu_3 B_3 + X_3$$
$$\text{bis zu}$$
$$\nu_{n-1} A_{n-1} + X_{n-1} \quad \rightleftharpoons \quad \mu_n B_n + X_n \qquad (10.10)$$

Es handelt sich dabei um eine ganze Serie von Reaktionen, wobei die Substanzen X_i $(i = 2, \ldots, n-1)$ Zwischenprodukte sind, die in einem Schritt erzeugt werden und in dem nächsten weiterreagieren. Die einzelnen Schritte können sowohl elektrochemische als auch chemische Reaktionen sein oder sogar Stofftransporte, wie im Falle der Diffusion einer Spezies aus dem Inneren der Lösung an die Phasengrenze. Die Gesamtreaktion ist:

$$X_1 + \sum_{i=1}^{n-1} \nu_i A_i \rightleftharpoons X_n + \sum_{i=2}^{n} \mu_i B_i \qquad (10.11)$$

Läuft die Reaktion unter stationären Bedingungen, haben alle Reaktionen, auch die Gesamtreaktion, die gleiche Geschwindigkeit v. Bezeichnet man mit v_i und v_{-i} die Geschwindigkeit der Hin- bzw. der Rückreaktion, erhält man:

$$v = v_i - v_{-i} \qquad (10.12)$$

Ist j der Index des geschwindigkeitsbestimmenden Schritts, so sind die Geschwindigkeiten der dazugehörigen Hin- und Rückreaktion wesentlich geringer als die der anderen Reaktionsschritte:

$$v_j, v_{-j} \ll v_i, v_{-i}, \quad \text{für } i \neq j \tag{10.13}$$

Da $v = v_j - v_{-j}$, ist auch die Geschwindigkeit der Gesamtreaktion geringer als die der anderen Schritte:

$$v \ll v_i, \ v_{-i}, \quad \text{für } i \neq j \tag{10.14}$$

so daß alle Reaktionsschritte mit Ausnahme des geschwindigkeitsbestimmenden im Gleichgewicht stehen:

$$v_i \approx v_{-i}, \quad \text{für } i \neq j \tag{10.15}$$

Seien k_i, k_{-i} $(i = 1, \ldots, n-1)$ die Geschwindigkeitskonstanten der einzelnen Schritte. Für die Gesamtreaktion ergibt sich dann

$$v = k_j[X_j][A_j]^{\nu_j} - k_{-j}[X_{j+1}][B_{j+1}]^{\mu_{j+1}} \tag{10.16}$$

wobei in den eckigen Klammern die Konzentrationen der einzelnen Reaktanden stehen. Da alle anderen Reaktionen im Gleichgewicht sind, können die Konzentrationen $[X_j]$ und $[X_{j+1}]$ aus den Gleichgewichtskonstanten $K_i = k_i/k_{-i}$ bestimmt werden. Die Reaktionsgeschwindigkeit der Gesamtreaktion hängt demnach nur von der Geschwindigkeitskonstanten des geschwindigkeitsbestimmenden Schritts und den Gleichgewichtskonstanten der anderen Reaktionsschritte ab. Die Geschwindigkeitskonstanten k_i, k_{-i} $(i \neq j)$ beeinflussen die Reaktionsgeschwindigkeit nicht. Dies gilt auch, wenn das Reaktionsschema parallel laufende Reaktionsschritte umfaßt, wobei aber der geschwindigkeitsbestimmende Schritt nicht von einer schneller ablaufenden Parallelreaktion begleitet sein darf.

Beinhaltet einer der Reaktionsschritte einen Ladungstransfer durch die Phasengrenze, so hängt dessen Reaktionsgeschwindigkeit stark vom angelegten Potential ab. Wird es verändert, können andere Reaktionsschritte geschwindigkeitsbestimmend werden. Einige Beispiele dazu sollen später in diesem Kapitel diskutiert werden.

10.3   Die Wasserstoffentwicklung

Die Wasserstoffentwicklung ist eine der meist untersuchten Elektrodenvorgänge. Doch trotz aller Bemühungen sind entscheidende Aspekte immer noch unverstanden. Tatsächlich wird manchmal unterstellt, daß das verstärkte Interesse an der Aufklärung der Wasserstoffentwicklung die Entwicklung der modernen Elektrochemie um Jahre, wenn nicht Jahrzehnte, zurückgeworfen hat. In saurem Medium läuft die Reaktion nach folgendem Schema ab:

$$2H_3O^+ + 2e^- \rightleftharpoons H_2 + 2H_2O \tag{10.17}$$

und in alkalischem Medium:

$$2H_2O + 2e^- \;\rightleftharpoons\; H_2 + 2OH^- \tag{10.18}$$

In neutraler Lösung können beide Reaktionen nebeneinander auftreten.

Von diesen beiden Reaktionswegen soll der in saurer Lösung ablaufende näher betrachtet werden. Es wurden zwei verschiedene Mechanismen gefunden. Der erste ist der *Volmer-Tafel-Mechanismus*, der zwei Schritte umfaßt: einen Protonentransfer, auf den eine chemische Rekombination folgt:

$$H_3O^+ + e^- \;\rightleftharpoons\; H_{ad} + H_2O \quad \text{(Volmer-Reaktion)} \tag{10.19}$$

$$2H_{ad} \;\rightleftharpoons\; H_2 \quad \text{(Tafel-Reaktion)} \tag{10.20}$$

Bei dem zweiten möglichen Mechanismus, dem *Volmer-Heyrovsky-Mechanismus*, ist der zweite Reaktionsschritt ebenfalls ein Ladungstransfer. Dieser wird manchmal als *elektrochemische Desorption* bezeichnet:

$$H_3O^+ + e^- \;\rightleftharpoons\; H_{ad} + H_2O \quad \text{(Volmer-Reaktion)} \tag{10.21}$$

$$H_{ad} + H_3O^+ + e^- \;\rightleftharpoons\; H_2 + H_2O \quad \text{(Heyrovsky-Reaktion)} \tag{10.22}$$

Beide Reaktionsschemata wurden an verschiedenen Systemen beobachtet. Als Beispiel soll hier die Wasserstoffentwicklung an Platin aus wässriger Lösung genauer untersucht werden. Für dieses System gilt der Volmer-Tafel-Mechanismus, wobei die Volmer-Reaktion schnell und die langsamere Tafel-Reaktion geschwindigkeitsbestimmend ist. Die Geschwindigkeitskonstante der Volmer-Reaktion sei $k_1(\eta)$ und jene der Rückreaktion $k_{-1}(\eta)$. Da die Volmer-Reaktion vergleichsweise schnell und somit fast im Gleichgewicht ist, erhält man

$$k_1(\eta)[H_3O^+](1 - \theta) = k_{-1}(\eta)\theta \tag{10.23}$$

wobei $[H_3O^+]$ die Konzentration der Hydroniumionen an der Oberfläche ist. Am Gleichgewichtspotential kann der Bedeckungsgrad durch

$$\frac{\theta_0}{(1 - \theta)} = \frac{k_1(0)[H^3O^+]}{k_{-1}(0)} = K_0 \tag{10.24}$$

bestimmt werden. Bei einem beliebigen Potential ist die Gleichgewichtskonstante

$$K = K_0 \, \exp\left(-F\eta/RT\right)$$

da sich die molare freie Enthalpie der Reaktion um $-F\eta$ verändert. Man erhält dann für den Bedeckungsgrad:

$$\frac{\theta}{1 - \theta} = K_0 \, \exp\left(-\frac{F\eta}{RT}\right) \quad \text{oder} \quad \theta = \frac{K_0 \, \exp(-F\eta/RT)}{1 + K_0 \, \exp(-F\eta/RT)} \tag{10.25}$$

Bezeichnet man die Geschwindigkeitskonstante der Tafel-Reaktion mit k_2 und diejenige der Rückreaktion mit k_{-2}, kann die Stromdichte in folgender Form geschrieben werden:

$$j = Fk_2\theta^2 - Fk_{-2}[\text{H}_2](1 - \theta)^2 \tag{10.26}$$

wobei $[\text{H}_2]$ die Konzentration der Wasserstoffmoleküle an der Oberfläche ist. Der Strom verschwindet im Gleichgewicht, so daß $k_{-2} = k_2 K_0^2$. Daraus erhält man folgenden Ausdruck für die Stromdichte:

$$j = Fk_2 K_0^2 \left(\frac{\exp(-2F\eta/RT)}{[1 + K_0 \exp(-F\eta/RT)]^2} - \frac{[\text{H}_2]}{[1 + K_0 \exp(-F\eta/RT)]^2} \right) \tag{10.27}$$

Experimentell gefundene Strom-Spannungskurven folgen dem Tafel-Gesetz mit einem scheinbaren kathodischen Durchtrittsfaktor von 2, vorausgesetzt die Überspannung ist hinreichend negativ, so daß die Rückreaktion vernachlässigt werden kann [2]. Dies setzt voraus, daß der Bedeckungsgrad θ des adsorbierten Wasserstoffs für alle experimentell zugänglichen Spannungen klein ist, so daß $K_0 \exp(-F\eta/RT) \ll 1$. Dies mag zunächst verwundern, da andererseits bekannt ist, daß sich auf Platin eine Monoschicht adsorbierten Wasserstoffs bildet, sogar bei Potentialen oberhalb des Gleichgewichtspotentials der Wasserstoffentwicklung. Tatsächlich gibt es mehrere adsorbierte Zustände: stark adsorbierte Zustände, die im zyklischen Voltammogramm zu sehen sind (s. Kapitel 15) und schwächer adsorbierte Teilchen, die während der Wasserstoffentwicklung entstehen, und nur letztere nehmen direkt am Reaktionsablauf teil.

An Quecksilber und Gold ist die Volmer-Reaktion geschwindigkeitsbestimmend. Die entsprechenden Strom-Spannungskurven folgen auch dem Tafel-Gesetz, wobei aber die scheinbaren Durchtrittsfaktoren temperaturabhängig sind [1].

10.4   Die Sauerstoffreduktion

Die Elektrochemie des Sauerstoffs ist von großer technischer Bedeutung. Die Sauerstoffreduktion wird zur Energiegewinnung in Batterien und Brennstoffzellen genutzt und spielt eine wichtige Rolle bei der Korrosion. Sauerstoffreduktion tritt zudem bei der Elektrolyse von Wasser und bei vielen anderen industriellen Prozessen auf. Unglücklicherweise ist dieser Prozeß noch komplizierter als die Wasserstoffentwicklung, und seine Untersuchung ist ein hochaktuelles Forschungsthema. Die folgenden Ausführungen können demnach nur bruchstückhaft bleiben, stellen aber im wesentlichen die Grundlagen dieses Prozesses dar.

Bei der Sauerstoffreduktion sind vier Elektronen beteiligt. In saurer Lösung ist die Bruttogleichung

$$\text{O}_2 + 4\text{H}^+ + 4\text{e}^- \rightleftharpoons 2\text{H}_2\text{O} \tag{10.28}$$

und in alkalischer Lösung

$$\text{O}_2 + 2\text{H}_2\text{O} + 4\text{e}^- \rightleftharpoons 4\text{OH}^- \tag{10.29}$$

Die gleichzeitige Übertragung von vier Elektronen ist sehr unwahrscheinlich. Deshalb muß die Gesamtreaktion in mehreren Schritten ablaufen. Ein wichtiges Zwischenprodukt ist dabei H_2O_2, dessen Entstehung aber die experimentelle Bestimmung des Gleichgewichtspotentials erschwert. Die Reaktion wird zudem dadurch kompliziert, daß in wässriger Lösung fast alle Metalle im Potentialbereich, in dem die Reduktion abläuft, mit einem Oxidfilm bedeckt sind. Einer der besten und teuersten Katalysatoren für die Sauerstoffreduktion ist Platin. Dabei verläuft die Reaktion nach folgendem Schema:

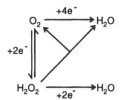

Der direkte Reaktionsweg, bei dem vier Elektronen übergehen, konkurriert mit einem indirekten Weg, der über das Zwischenprodukt H_2O_2 läuft, wobei pro Reaktionsschritt zwei Elektronen beteiligt sind. Dabei kann H_2O_2 in die Lösung übergehen oder katalytisch an der Platinoberfläche zu H_2O und O_2 reagieren, so daß die Geschwindigkeit der Gesamtreaktion erheblich herabgesetzt wird.

Für praktische Anwendungen ist es wichtig, die Entstehung des Zwischenprodukts H_2O_2 möglichst zu verhindern und sicherzustellen, daß bei der Reaktion hauptsächlich Wasser entsteht. Manchmal kann dies durch Einsatz eines geeigneten Katalysators erreicht werden. Ein Beispiel dafür ist die Sauerstoffreduktion an polykristallinem Gold aus alkalischer Lösung. Bei niedrigen und mittleren Überspannungen entsteht bei der Reaktion nur H_2O_2 über einen Zweielektronenprozeß; bei hohen Überspannungen hingegen wird H_2O_2 weiter zu Wasser reduziert. Die Zugabe einer geringen Menge an Tl^+-Ionen in die Lösung katalysiert die Reaktion bei niedrigen Überspannungen, so daß ausschließlich Wasser entsteht. Bei den gegebenen Potentialen bildet sich eine Schicht von Thallium; die Oberfläche ist dann nur teilweise mit Thallium bedeckt, was anscheinend gute katalytische Eigenschaften zur Folge hat. Die Einzelheiten dieses Prozesses sind jedoch noch nicht verstanden [3].

10.5 Die Chlorentwicklung

In vielerlei Hinsicht ist die Chlorentwicklung das anodische Pendant der Wasserstoffentwicklung. Die Bruttoreaktion lautet:

$$2Cl^- \rightleftharpoons Cl_2 + 2e^-$$ (10.30)

Ihr Standardgleichgewichtspotential liegt bei 1,358 V gegen SHE und damit leicht oberhalb der Sauerstoffentwicklung (1,28 V gegen SHE), so daß die beiden Reaktionen in wässriger Lösung im allgemeinen parallel ablaufen. Die Chlorentwicklung ist ebenfalls von großer technischer Bedeutung, wobei es besonders wichtig ist, die Sauerstoffentwicklung zu unterbinden. In der Praxis werden bis zu 98%ige Ausbeuten erhalten, da die konkurrierende Sauerstoffentwicklung ein langsamer Prozeß mit niedrigen Austauschstromdichten ist. Zudem verhindert die Anwesenheit von Chlor die Bildung der Oxidfilme an der Elektrode, die aber Voraussetzung für die Sauerstoffentwicklung sind.

Analog zur Wasserstoffentwicklung gibt es zwei mögliche Reaktionsmechanismen. Der dem Volmer-Tafel-Mechanismus entsprechende ist:

$$Cl^-(sol) \quad \rightleftharpoons \quad Cl_{ad} + e^- \qquad (10.31)$$

$$2\,Cl_{ad} \quad \rightleftharpoons \quad Cl_2(sol) \qquad (10.32)$$

während dem Volmer-Heyrovsky-Mechanismus folgende Reaktionen entsprechen:

$$Cl^-(sol) \quad \rightleftharpoons \quad Cl_{ad} + e^- \qquad (10.33)$$

$$Cl_{ad} + Cl^- \quad \rightleftharpoons \quad Cl_2 + e^- \qquad (10.34)$$

Welcher dieser beiden Mechanismen tatsächlich abläuft, hängt vom Elektrodenmaterial ab. Am besten untersucht und verstanden ist die Reaktion an Platin [4]. Bei Potentialen um 0,8 V gegen SHE ist die Platinelektrode mit OH-Radikalen bedeckt, während sich bei höheren Potentialen ein Oxidfilm bildet. Obwohl die Bildung des Oxidfilms in Anwesenheit von Chlor etwas gehemmt ist, bildet sich im Potentialbereich der Chlorentwicklung ein dünner Film aus. Gerade dieser Film scheint die Reaktion zu katalysieren, da er eine starke Adsorption von Chloratomen an Pt verhindert, die sonst die Chlorentwicklung verlangsamen würde. Bei

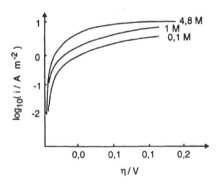

Abbildung 10.3 Strom-Spannungskurven für die Chlorentwicklung an Platin aus wässriger Lösung. Die Daten sind der Lit. 4 entnommen.

hohen Überspannungen stellt sich ein konstanter Strom ein (s. Abb. 10.3), was darauf hindeutet, daß die Reaktion nach dem Schema in (10.31) und (10.32) (dem Volmer-Tafel-Mechanismus) abläuft, wobei bei hohen Potentialen die chemische Desorption der geschwindigkeitsbestimmende Schritt ist.

In der Technik verwendete Elektroden bestehen meist aus RuO_2 und TiO_2 sowie anderen Zusätzen. Man bezeichnet sie als *dimensionsstabile Anoden*, da sie während der Reaktion nicht korrodieren, was früher mit anderen Materialien ein großes Problem darstellte. Diese beiden Substanzen kristallisieren im Rutil-Gitter und haben die gleiche Gitterkonstante, jedoch zeigt RuO_2 metallische Leitfähigkeit, während TiO_2 ein Isolator ist. Ein Reaktionsmechanismus an diesen Elektroden konnte bisher nicht formuliert werden, da die experimentellen Ergebnisse keinem der beiden vorgestellten Mechanismen gehorchen [4].

10.6 Reaktionsgeschwindigkeit und Adsorptionsenergie

Für die technische Anwendung ist es wichtig, einen guten Katalysator zu finden, damit die Reaktion möglichst schnell abläuft. Die folgenden Überlegungen zeigen die Abhängigkeit der Reaktionsgeschwindigkeit vom Elektrodenmaterial und gelten für den Fall, daß die Reaktion eine Adsorption umfaßt. Auf Metallen mit einer niedrigen freien Adsorptionsenthalpie ΔG_{ad} ist die Geschwindigkeit der Adsorption gering und geschwindigkeitsbestimmend. Erreicht die Adsorptionsenthalpie einen mittleren Wert, ist die Adsorption im allgemeinen schneller, die Ladungsübertragung wird geschwindigkeitsbestimmend, und die Geschwindigkeit der Bruttoreaktion ist ebenfalls schneller. Ein weiterer Anstieg von ΔG_{ad} führt dazu, daß die *Desorption* zum geschwindigkeitsbestimmenden Schritt wird und die Reaktionsgeschwindigkeit insgesamt sinkt. So weist das Auftragen der Austauschstromdichte j_{00} gegen ΔG_{ad} ein Maximum für mittlere Werte von ΔG_{ad} auf.

Ein Beispiel dazu ist die Wasserstoffentwicklung in saurer Lösung. Ist die Adsorptionsenthalpie ΔG_{ad} niedrig, so ist die Volmer-Reaktion (Adsorption) langsam und die Austauschstromdichte j_{00} niedrig. Zudem überwiegt die Heyrovsky-Reaktion (Desorption), da der Bedeckungsgrad mit adsorbiertem Wasserstoff gering und die Rekombination zweier adsorbierter Atome unwahrscheinlich ist. Bei mittleren Werten von ΔG_{ad} erreicht die Austauschstromdichte ein Maximum. Ein weiteres Ansteigen von ΔG_{ad} verlangsamt die Desorption und damit die Gesamtreaktion. Zudem überwiegt die Heyrovsky-Reaktion, da bei der Rekombination gleichzeitig zwei starke Adsorptionsbindungen aufgebrochen werden müßten.

Es ist schwierig, die freie Adsorptionsenthalpie auf bestimmten Metallen zu messen, jedoch sollte sie mit der Stärke E_{M-H} der entsprechenden Metall-Hydrid-Bindung korrelieren. Abbildung 10.4 zeigt die Austauschstromdichte j_{00} der Wasserstoffentwicklung als Funktion von E_{M-H}. Wie erwartet, beobachtet man ein

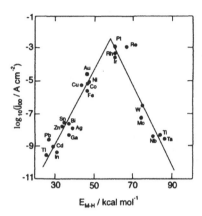

Abbildung 10.4 Austauschstromdichte für die Wasserstoffentwicklung an verschiedenen Metallen. Die Daten sind entnommen aus Trasatti [5].

Maximum bei mittleren Werten. Wegen ihrer charakteristischen Form sind diese Diagramme als *Vulkan-Kurven* bekannt.

Sicher bedeutet ein Wechsel des Elektrodenmaterials mehr als die bloße Änderung der Adsorptionsenthalpien, so daß man diesem Modell nur grobe Korrelationen entnehmen kann. Trotzdem werden Vulkan-Kurven für verschiedene Reaktionen beobachtet, selbst wenn adsorbierte Zwischenprodukte auftreten [6].

10.7 Ionen- und Elektronentransferreaktionen – ein Vergleich

Auf den ersten Blick scheinen Ionen- und Elektronentransferreaktionen wenig gemeinsam zu haben. Bei einer Ionentransferreaktion wird ein Teilchen durch die elektrolytische Doppelschicht hindurch auf die Elektrodenoberfläche gebracht. Dort kann es adsorbiert oder in die Elektrode eingebaut werden oder durch Rekombination weiterreagieren. Bei einer Elektronentransferreaktion in der äußeren Sphäre nähert sich der Reaktand bis auf einige Ångstrom der Elektrode. Anschließend wird ein Elektron übertragen, ohne daß der Reaktand in die Doppelschicht eindringen muß. Trotz dieser Unterschiede folgen beide Reaktionen dem gleichen phänomenologischen Butler-Volmer-Gesetz, zumindest bei kleinen Überspannungen (d.h. bis zu einigen hundert Millivolt).

Bei einer näheren Betrachtung der experimentellen Daten werden jedoch Unterschiede offenkundig. Der Durchtrittsfaktor α einer Ionentransferreaktion ist oft temperaturabhängig und kann jeden beliebigen Wert zwischen Null und Eins annehmen, während jener von Elektronentransferreaktionen nicht von der Temperatur abhängt und stets nahe einem Wert von 1/2 liegt. Elektronentransferre-

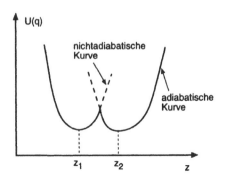

Abbildung 10.5 Konstruktion der adiabatischen Potentialkurve

aktionen können mit Hilfe der in Kapitel 7 vorgestellten Theorie erklärt werden. Diese gilt jedoch nicht – zumindest nicht in der dargebotenen Form – für Ionentransferreaktionen. Es ist tatsächlich möglich, die Theorie so zu erweitern, daß sie auf beide Reaktionstypen anwendbar ist [7] – allerdings nicht auf den Protonentransfer, der wegen der starken Wechselwirkungen zwischen den Protonen und Wasser eine Besonderheit darstellt.

Ein näheres Eingehen auf dieses vereinheitlichte Modell für Elektronen- und Ionentransferreaktionen würde den Rahmen dieses Buches sprengen, hingegen sollen einige Beispiele näher betrachtet werden, um elektrochemische Reaktionen besser zu verstehen. Mit Hilfe dieses Modells ist es möglich, Potentialflächen der Reaktionen zu berechnen. Um die Bedeutung solcher Flächen zu verstehen, betrachte man ein Teilchen in einer Entfernung x von einer Metalloberfläche. Die Wechselwirkungen zwischen diesem Teilchen und dem Metall sind eine Funktion von x. Man erwartet eine Abhängigkeit der Form $\exp(-\kappa x)$, wobei die inverse Länge κ in der Größenordnung von 1 Å^{-1} liegt. Die Wechselwirkung des Teilchens mit dem Lösungsmittel, die bei Elektronentransferreaktionen eine wichtige Rolle spielt, ist auch eine Funktion seiner Position: Sie ist am größten, wenn sich das Teilchen im Inneren der Lösung befindet, und nimmt ab, wenn das Teilchen an der Oberfläche adsorbiert wird, wo es nur teilweise solvatisiert ist.

In Kapitel 7 wurde die Reorganisierung der Solvathülle bei der Ladungsänderung eines Teilchens behandelt und die zugehörige effektive Solvenskoordinate z^* eingeführt. Entlang dieser Koordinate sind zwei Potentialkurven definiert, eine für jeden Ladungszustand (man betrachte Abb. 7.3). Wenn das System reagiert, bewegt es sich auf der unteren, der *adiabatischen* Kurve, deren Konstruktion in Abb. 10.5 gezeigt wird. Zieht man nun noch die Abhängigkeit von der Position x hinzu, so erhält man zweidimensionale Potentialflächen.

Mit diesem Vorwissen können Potentialflächen, die für einfache Elektronen- und Ionentransferreaktionen berechnet wurden, leicht verstanden werden. Abbil-

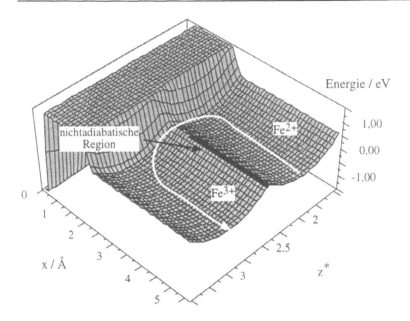

Abbildung 10.6 Adiabatische Potentialfläche für die Reaktion Fe^{2+}/Fe^{3+}. Der Reaktionspfad ist mit einer weißen Linie eingezeichnet. Der Übersichtlichkeit halber wurde der Potentialberg vor der Elektrode bei einer Energie von 1,5 eV abgeschnitten.

dung 10.6 zeigt die Potentialfläche $U(x, z^*)$ für die Reaktion Fe^{2+}/Fe^{3+} sowohl als Funktion der Entfernung x von der Oberfläche als auch als Funktion der generalisierten Solvenskoordinate z^*. Die Rechnungen wurden für das Gleichgewichtspotential der Reaktion durchgeführt. Ist das Teilchen weit von der Elektrode entfernt, beobachtet man zwei Täler: bei $z^* = 2$, was Fe^{2+} entspricht, und bei $z^* = 3$ entsprechend Fe^{3+}. Zwischen diesen beiden Tälern liegt eine Energiebarriere von ca. 0,6 eV. Die Reorganisierungsenergie dieses Redoxpaars liegt bei $\lambda \approx 2,4$ eV, so daß die Barrierenhöhe gerade $\lambda/4$ entspricht, was mit den Vorhersagen des Modells in Kapitel 7 übereinstimmt. Schneidet man die Potentialfläche parallel zur z^*-Achse, erhält man eine Potentialkurve, wie sie in Abb. 10.5 aufgetragen ist. Nähert sich das Teilchen der Elektrodenoberfläche, ändert sich die Potentialfläche zunächst nur geringfügig, bis es so dicht an die Elektrode gelangt, daß ein Teil der Solvathülle abgestreift wird. Da die Lösungsenthalpien der Ionen groß sind (ca. 19,8 eV für Fe^{2+} und 50 eV für Fe^{3+}), ist eine hohe Energie erforderlich, um das Teilchen noch näher an die Elektrode zu bringen. In der Praxis wird das Teilchen diesen Energieberg nie überwinden und deshalb nicht in das Energieminimum vor der Elektrodenoberfläche gelangen können.

Eine Adsorption eines Fe^{2+}- bzw. Fe^{3+}-Ions ist also höchst unwahrscheinlich. Für diese Ionen ist es viel einfacher, die niedrigere Energiebarriere zwischen oxi-

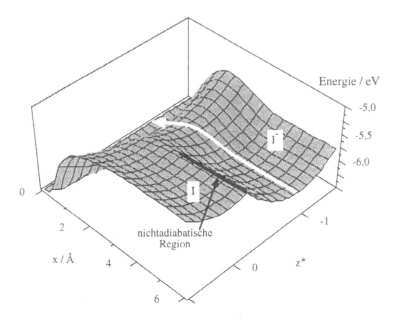

Abbildung 10.7 Adiabatische Potentialfläche für die Adsorption von Jodid auf Pt(100) am Ladungsnullpunkt. Die gestrichelte weiße Linie zeigt den möglichen Reaktionsweg an.

diertem und reduziertem Zustand (bei ca. 0,6 eV) zu überschreiten und dabei ein Elektron mit der Elektrode auszutauschen. Dabei muß man jedoch berücksichtigen, daß die gezeigte Potentialfläche einem adiabatischen Reaktionsablauf entspricht. Tatsächlich ist die Reaktion aber nur in einer geringen Entfernung x von der Metalloberfläche adiabatisch, in einem Bereich also, in dem die elektronischen Wechselwirkungen mit dem Metall groß sind. In größerer Entfernung ist die Reaktion nichtadiabatisch: Erreicht das Teilchen den Sattelpunkt zwischen den Tälern, geht es nur mit geringer Wahrscheinlichkeit, die exponentiell mit x abfällt, in das andere Tal. Der nichtadiabatische Bereich wurde in der Abbildung mit einer breiten Linie auf dem Sattel angedeutet.

Der Elektronentransfer von Fe^{2+} zu Fe^{3+} läuft also über den in der Abb. 10.6 angedeuteten Weg. Festzuhalten ist, daß der Elektronenübergang bei konstanter Entfernung von der Metalloberfläche stattfindet. Die Reaktionskoordinate wird durch die Solvenskoordinate bestimmt. Aus diesem Grunde bleibt auch das in Kapitel 7 vorgestellte einfache Modell gültig.

Ein Beispiel für den Ionentransfer ist die Adsorptionsreaktion von Jodid auf Pt(100). Abbildung 10.7 zeigt die Potentialfläche am Ladungsnullpunkt. In großer Entfernung von der Elektrode sieht man zwei Täler, eins für das Ion und eins für das Atom. Diese beiden Täler sind durch eine Energiebarriere voneinander ge-

Tabelle 10.1 Vergleich zwischen Elektronen- und Ionentransferreaktionen.

	Elektronentransfer	Ionentransfer
Reaktionskoordinate	Solvenskoordinate	Entfernung von der Oberfläche
Durchtrittsfaktor	$\alpha \approx 1/2$	$0 < \alpha < 1$
	unabhängig von T	kann von T abhängen
Aktivierungsenergie	Reorganisierung der Lösung	Verdrängen der Lösung und
		Abstreifen der Solvathülle

trennt. Wie erwartet, ist die Energie des Ions wesentlich niedriger (um ca. 0,65 eV) als die des Atoms. Der atomare Zustand spielt daher beim Ionentransfer keine Rolle. Nähert sich das Ion der Elektrodenoberfläche, muß beim Verlust der Solvathülle eine Energiebarriere überschritten werden. Wegen der kleinen Lösungsenthalpie des Jodids (2,5 eV) ist diese Energiebarriere verhältnismäßig niedrig. Unmittelbar an der Elektrodenoberfläche sieht man ein weiteres Minimum, welches dem adsorbierten Zustand entspricht. Der Reaktionsweg des Ionentransfers ist mit einem Pfeil gekennzeichnet. Dieser verläuft im wesentlichen direkt in Richtung zur Elektrodenoberfläche, so daß die Reaktionskoordinate der Entfernung des Ions von der Elektrodenoberfläche entspricht.

Mit dem Elektrodenpotential ändert sich das elektroische Feld vor der Elektrode, und damit auch die Potentialfläche und die Aktivierungsenergie. Diese Änderungen hängen von der Struktur der Doppelschicht ab. Man kann also keine Vorhersage über die Größe des Durchtrittsfaktors α machen, solange man kein genaues Modell für die Potentialverteilung in der Doppelschicht hat. Eigentlich gibt es keinen Grund, warum der Durchtrittsfaktors α Werte um 1/2 annehmen sollte. Auch ist eine Temperaturabhängigkeit des Durchtrittsfaktors nicht überraschend, da sich die Struktur der Doppelschicht mit der Temperatur ändert.

Der Reaktionsverlauf des Ionentransfers von Jodid ist typisch für einwertige Ionen. Bei mehrwertigen Ionen sind die Verhältnisse komplizierter: Der Ionentransfer kann in einem Schritt erfolgen oder in mehreren, wobei das Ion zunächst durch einen Elektronentransfer reduziert wird. In Tabelle 10.1 sind Elektronen- und Ionentransferreaktionen einander gegenübergestellt.

Literatur

[1]   B. E. Conway, in: *Modern Aspects of Electrochemistry*, Bd. 16, Hrsg. B. E. Conway, R. E. White und J. O'M. Bockris, Plenum Press, New York, 1985.

[2]   F. Ludwig, R. K. Sen und E. Yeager, *Elektrokhimiya* **13** (1977) 847.

[3]   J. D. M. McIntyre und W. F. Peck, Jr., *J. Electrochem. Soc.* **123** (1976) 1800;

R. Adzic, A. Tripkovic und R. Atanasoki, *J. Electroanal. Chem.* **94** (1978) 231.

[4]   D. M. Novak, B. V. Tilak und B. E. Conway, in: *Modern Aspects of Electroche-mistry*, Bd. 14, Hrsg. J. O'M. Bockris, B. E. Conway und R. E. White, Plenum Press, New York, 1982.

[5]   S. Trasatti, *J. Electroanal. Chem.* **39** (1972) 163.

[6]   R. Parsons, *Trans. Farad. Soc.* **54** (1958) 1053.

[7]   W. Schmickler, *Chem. Phys. Lett.* **237** (1995) 152.

[8]   N.S. Hush, *J. Chem. Phys.* **28** (1958) 962.

11 Metallabscheidung und -auflösung

11.1 Morphologische Aspekte

Bei einer flüssigen Metallelektrode sind alle Stellen auf der Oberfläche gleichwertig, und die Abscheidung eines Metallions aus der Lösung ist ein verhältnismäßig einfacher Vorgang: Das Ion verliert einen Teil seiner Solvathülle, nähert sich der Metalloberfläche und wird gleichzeitig entladen. Die Oberflächenatome werden neu angeordnet, und das Atom kann in die Elektrode eingebaut werden. Die Einzelheiten dieses Prozesses sind nicht vollständig geklärt, jedoch scheint es sicher zu sein, daß die Entladung der geschwindigkeitsbestimmende Schritt ist und die Butler-Volmer-Gleichung gilt, wenn die Konzentration des Leitelektrolyten hoch ist. So gehorcht die Bildung von Lithium- oder Natriumamalgamen in nichtwässriger Lösung gemäß

$$Li^+ + e^- \;\rightleftharpoons\; Li(Hg)$$
$$Na^+ + e^- \;\rightleftharpoons\; Cd(Hg) \qquad (11.1)$$

der Butler-Volmer-Gleichung mit einem Durchtrittsfaktor, der vom Lösungsmittel abhängt. Die Abscheidung mehrwertiger Ionen umfaßt oft mehrere Reaktionsschritte. Ein Beispiel dafür ist die Bildung von Zinkamalgam, die in zwei Schritten nach der Gesamtreaktion abläuft:

$$Zn^{2+} + 2e^- \rightleftharpoons Zn(Hg) \qquad (11.2)$$

Dabei entsteht zunächst durch Reduktion von Zn^{2+} das Zwischenprodukt Zn^+. Im nächsten Schritt wird das einwertige Zinkion auf dem Metall abgelagert [2].

Bei der Abscheidung auf der Oberfläche einer festen Metallelektrode muß die kristallographische Struktur der Elektrode berücksichtigt werden. Abbildung 11.1 zeigt eine schematische Darstellung einer Kristalloberfläche mit quadratischer Gitterstruktur. Ein einzelnes Atom auf der Oberfläche wird als *Adatom* bezeichnet. Mehrere Adatome können *Adatomcluster* bilden. Die Kristalloberfläche kann zudem *Fehlstellen* enthalten, wenn Atome auf der Oberfläche fehlen. Mehrere dieser Fehlstellen können sich zu *Fehlstellenclustern* zusammenlagern. Durch Fehlstellen können auch *Stufen* mit *Ecken* (drei direkte Nachbarn), auch *Halbkristallagen* genannt, entstehen. Diese Fehlstellen spielen bei der Metallabscheidung eine sehr wichtige Rolle. Wird ein Metall auf einer Oberfläche mit Fehlstellen adsorbiert, werden diese aufgefüllt. Dabei entsteht nach Anlagern eines Atoms in einer Ecke eine neue Ecke, so daß sich bei einer unendlichen Ebene die Anzahl der Ecken nicht ändert; der Strom wird dann durch Einbau an den Ecken aufrecht

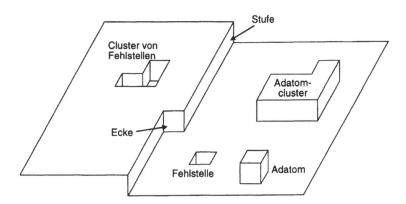

Abbildung 11.1 Metalloberfläche mit Fehlstellen

erhalten. Analog dazu findet die Metallauflösung vornehmlich in Halbkristallagen statt, da das Entfernen eines Atoms aus einer Eckposition eine neue Ecke schafft. Es stellt sich so ein Nernstsches Gleichgewicht zwischen den Ionen in der Lösung und den Atomen in Halbkristallage ein.

Die Metallabscheidung kann über zwei verschiedene Reaktionswege erfolgen: die direkte Abscheidung an eine Fehlstelle oder die Bildung eines Adatoms, welches anschließend durch Oberflächendiffusion an einer Fehlstelle eingebaut wird. Dominiert die direkte Abscheidung, gilt auch die Butler-Volmer-Gleichung, vorausgesetzt die Konzentration des Leitelektrolyten ist so hoch, daß Doppelschichteffekte vernachlässigt werden können. Es wird deutlich, daß Metallabscheidung und Kristallwachstum kontinuierliche Prozesse sind. An einer perfekten, aber endlichen Metallebene muß dieser Prozeß zu irgendeinem Zeitpunkt die Kante erreichen, womit die Fehlstellen verschwinden. In diesem Fall müssen neue Wachstumskeime gebildet werden. Die Bildung solcher Wachstumskeime wird in Abschnitt 11.3 erläutert. Reale Kristalle haben *Schraubenversetzungen*, an denen sich beim Wachstum spiralförmige Strukturen bilden (s. Abb. 11.2).

11.2 Oberflächendiffusion

Erfolgt die Metallabscheidung nach Bildung eines Adatoms und anschließender Oberflächendiffusion an eine Stufe, wird die Beziehung zwischen Strom und Elektrodenpotential erheblich komplizierter. Die wesentlichen Abläufe kann man jedoch an einem einfachen Modell verstehen, bei dem man annimmt, daß zwei Stufen an der Oberfläche in einer Entfernung L parallel laufen (s. Abb. 11.3). Die Oberflächendiffusion ist nunmehr ein eindimensionales Problem. Dabei soll $c_{ad}(x)$ die Konzentration der Adatome auf der Oberfläche und D_{ad} ihr Diffusionskoeffi-

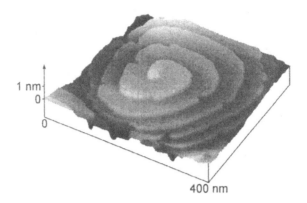

Abbildung 11.2 Schraubenversetzung an einer Silberoberfläche (Aufnahme mit einem Rastertunnelmikroskop; mit freundlicher Genehmigung von D. Kolb, Ulm)

zient sein. Im Gleichgewicht ist $c_{ad}(x) = c_{ad}^0$; die Abscheidung und Auflösung von Adatomen ist ebenfalls im Gleichgewicht und kann durch die Austauschstromdichte $j_{0,ad}$ beschrieben werden. Für die Massenerhaltung gilt folgende Gleichung:

$$\frac{\partial c_{ad}}{\partial t} = D_{ad}\,\frac{\partial^2 c_{ad}}{\partial x^2} + s(x) \tag{11.3}$$

wobei der Quellenterm $s(x)$ für die Anzahl der Adatome steht, die an der Stelle x pro Zeit und Fläche abgeschieden werden. Folgt die Metallabscheidung und -auflösung der Butler-Volmer-Gleichung, erhält man:

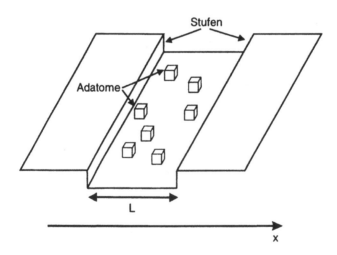

Abbildung 11.3 Oberflächendiffusion zwischen zwei Stufen (schematisch)

$$s(x) = \frac{j_{0,\mathrm{ad}}}{zF} \exp\left(-\frac{(1-\alpha)ze_0\eta}{kT}\right) - \frac{j_{0,ad}c_{\mathrm{ad}}}{zFc_{\mathrm{ad}}^0} \exp \frac{\alpha ze_0\eta}{kT} \qquad (11.4)$$

Die Anlagerung der Adatome an den Stufen sollte schnell erfolgen, da keine Ladungsübertragung stattfindet. Die Konzentration der Adatome erreicht ein Gleichgewicht:

$$c_{\mathrm{ad}}(0) = c_{\mathrm{ad}}(L) = c_{\mathrm{ad}}^0 \qquad (11.5)$$

Unter stationären Bedingungen gilt $\partial c_{\mathrm{ad}}/\partial t = 0$, und mit Gl. (11.5) ergibt sich eine Differentialgleichung, die mit herkömmlichen Methoden explizit gelöst werden kann. Man erhält für die Austauschstromdichte:

$$j = j_{0,\mathrm{ad}}\left[\exp\frac{\alpha ze_0\eta}{kT} - \exp\left(-\frac{(1-\alpha)ze_0\eta}{kT}\right)\right]\frac{2\lambda_0}{L}\,\tanh\frac{L}{2\lambda_0} \qquad (11.6)$$

wobei

$$\lambda_0 = \left(\frac{zFD_{\mathrm{ad}}c_{\mathrm{ad}}}{j_{0,\mathrm{ad}}}\right)^{1/2} \exp\left(-\frac{\alpha ze_0\eta}{2kT}\right) \qquad (11.7)$$

λ_0 ist die Eindringtiefe der Oberflächendiffusion. Zwei Grenzfälle lassen sich unterscheiden:

1. $\lambda_0 \gg L$: Die beiden Terme, die L/λ_0 enthalten, entfallen, die Oberflächendiffusion ist schnell, die Abscheidung von Adatomen ist der geschwindigkeitsbestimmende Schritt, und Gl. (11.6) wird auf die Butler-Volmer-Gleichung reduziert.

2. $\lambda_0 \ll L$: die Oberflächendiffusion dominiert, und die Austauschstromdichte ist:

$$j = j_{0,\mathrm{ad}}\left[\exp\frac{\alpha ze_0\eta}{kT} - \exp\left(-\frac{(1-\alpha)ze_0\eta}{kT}\right)\right]\frac{2\lambda_0}{L} \qquad (11.8)$$

Ersetzt man λ_0 aus Gl. (11.7) erhält man:

$$j = \frac{2}{L}\left(\frac{zFD_{\mathrm{ad}}c_{\mathrm{ad}}^0}{j_{0,\mathrm{ad}}}\right)^{1/2}\left[\exp\frac{\alpha ze_0\eta}{2kT} - \exp\left(-\frac{(1-\alpha)ze_0\eta}{2kT}\right)\right] \qquad (11.9)$$

welche die gleiche Form hat wie die Butler-Volmer-Gleichung, jedoch sind die scheinbaren Durchtrittsfaktoren α nur halb so groß wie jene der Abscheidung und Auflösung der Adatome. Natürlich bestehen reale Metalloberflächen nicht aus parallel laufenden, gleichweit entfernten Stufen. Doch erwartet man im allgemeinen Abweichungen vom einfachen Butler-Volmer-Verhalten derart, wie sie von Gl. (11.9) vorhergesagt werden.

11.3   Keimbildung

Eine einheitlich glatte Metalloberfläche besitzt keine Plätze, an denen Kristallwachstum erfolgen kann. In diesem Fall muß erst ein Keim oder ein Wachstums-
zentrum gebildet werden. Da kleine Metallatomcluster hauptsächlich aus Ober-
flächenatomen bestehen, haben sie einen hohen Energiegehalt, und ihre Bildung
erfordert zusätzliche Energie.

Die Grundlagen der Keimbildung können mit Hilfe eines einfachen Modells
verstanden werden. Dazu betrachte man einen kleinen dreidimensionalen Cluster
aus Metallatomen auf einer artgleichen Oberfläche und nehme an, der Cluster
behalte seine geometrische Form während des Wachstums bei. Ein Cluster von
N Atomen hat eine Fläche von

$$S = aN^{2/3} \tag{11.10}$$

wobei a eine von der Form des Clusters und der Teilchendichte n abhängige
Konstante ist. Für einen halbkugelförmigen Cluster mit dem Radius r ist die
Teilchenzahl

$$N = \frac{2}{3}\pi r^3 n \tag{11.11}$$

so daß:

$$a = (2\pi)^{1/3} \left(\frac{3}{n}\right)^{2/3} \tag{11.12}$$

Die Oberflächenenergie eines Clusters ist γS, wobei γ die Oberflächenenergie der
Einheitsfläche ist. Bei flüssigen Metallen ist γ identisch mit der Oberflächenspan-
nung. Das elektrochemische Potential eines Teilchens im Cluster enthält einen
Beitrag der Oberfläche. Diesen erhält man, wenn man die Oberflächenenergie als
Funktion von N auffaßt und differenziert. Dies ergibt:

$$\tilde{\mu} = \tilde{\mu}_\infty + \frac{2}{3}\gamma a N^{-1/3} \tag{11.13}$$

$\tilde{\mu}_\infty$ ist das elektrochemische Potential eines Atoms in einem unendlichen Kristall.
Zur Bildung eines Clusters durch Abscheidung aus der Lösung benötigt man die
freie Enthalpie

$$\Delta G(N) = N(\tilde{\mu}_\infty - \tilde{\mu}_s) + \gamma a N^{2/3} \tag{11.14}$$

wobei $\tilde{\mu}_s$ das elektrochemische Potential eines Metallions in der Lösung ist. Im
Gleichgewicht sind die beiden elektrochemischen Potentiale gleich, $\tilde{\mu}_\infty = \tilde{\mu}_s$. Bei
Anlegen einer Überspannung η ist die Differenz $(\tilde{\mu}_\infty - \tilde{\mu}_s)$ also gegeben durch
das Produkt der Ladung ze_0 auf dem Metallion und der Überspannung:

$$\Delta G(N) = Nze_0\eta + \gamma a N^{2/3} \tag{11.15}$$

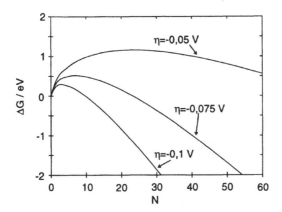

Abbildung 11.4 Freie Enthalpie der Keimbildung als Funktion der Teilchenzahl bei unterschiedlichen Überspannungen

Eine Metallabscheidung findet nur statt, wenn η negativ ist. Demnach steigt die freie Enthalpie eines Clusters als Funktion der Teilchenzahl N erst an, erreicht ein Maximum und fällt schließlich wieder ab. Dies ist in Abb. 11.4 bei drei verschiedenen Überspannungen dargestellt. Bemerkenswert ist die starke Abhängigkeit der Kurven von der Überspannung. ΔG erreicht ihr Maximum bei einer kritischen Teilchenzahl von:

$$N_c = -\left(\frac{2\gamma a}{3ze_0\eta}\right)^3 \tag{11.16}$$

wobei sie folgenden Wert annimmt:

$$\Delta G_c = \frac{4(\gamma a)^3}{27(ze_0\eta)^2} \tag{11.17}$$

Cluster mit niedrigerer Teilchenzahl neigen dazu, sich aufzulösen, während größere Cluster weiter wachsen. Clusterbildung und -wachstum sind stochastische Prozesse, und mit einer gewissen Wahrscheinlichkeit können subkritische Cluster wachsen und superkritische verschwinden. Die freie Enthalpie ΔG_c eines kritischen Clusters ist gleichzeitig die Aktivierungsenergie für die Bildung eines neuen Keims. Je größer der absolute Wert der angelegten (negativen) Überspannung ist, desto höher ist die Geschwindigkeit der Keimbildung. Hat sich erst einmal ein Keim gebildet, wird er selbst bei niedrigerer Überspannung weiter wachsen.

Obgleich dieses Modell auf verschiedenen Vereinfachungen beruht, ist es qualitativ richtig, und die Gleichungen (11.16) und (11.17) sind für Abschätzungen recht brauchbar.

11.4   Wachstum eines zweidimensionalen Films

Das Phänomen des Keimwachstums findet sich nicht nur bei der Metallabscheidung. Die gleichen Prinzipien sind auch auf die Bildung bestimmter organischer Adsorbate, Oxidfilme und ähnlicher Filme anwendbar. Nun soll die Kinetik des Wachstums eines zweidimensionalen Films genauer betrachtet werden. Der dreidimensionale Fall ist natürlich genauso wichtig, doch ist seine mathematische Behandlung ungleich komplizierter (Details dazu findet man in Ref. 3).

Die Oberfläche eines realen Metalls ist inhomogen, und die Keimbildung für das Wachstum von Clustern erfolgt bevorzugt an bestimmten *aktiven Plätzen*. Um die Berechnungen zu vereinfachen, betrachtet man eine Elektrode mit einer Einheitsfläche. Sind an der Oberfläche M_0 aktive Plätze vorhanden, ist die Anzahl $M(t)$ der Keime durch die Kinetik erster Ordnung gegeben:

$$M(t) = M_0 \left[1 - \exp\left(-k_N t\right) \right] \qquad (11.18)$$

wobei k_N die Geschwindigkeitskonstante der Keimbildung ist. Von besonderer Bedeutung sind zwei Grenzfälle:

1. $k_N t \gg 1$: spontane Keimbildung

$$M(t) = M_0 \qquad (11.19)$$

d.h., daß die Keimbildung in der betrachteten Zeitspanne unendlich schnell ist.

2. $k_N t \ll 1$: fortschreitende Keimbildung

$$M(t) = k_N M_0 t \qquad (11.20)$$

wobei zu jedem betrachteten Zeitpunkt die Anzahl der Keime im Verhältnis zur Anzahl der aktiven Plätze klein ist.

Für die Ableitung verschiedener Gesetzmäßigkeiten für das Wachstum eines zweidimensionalen Films betrachte man ein einfaches Modell, bei dem alle Cluster kreisförmig und isoliert sind, sich also nicht gegenseitig berühren. Zunächst betrachte man einen einzelnen Cluster mit dem Radius $r(t)$. Neue Teilchen können lediglich an den Rändern des Clusters abgeschieden werden. Setzt man nun voraus, daß diese Abscheidung der geschwindigkeitsbestimmende Schritt ist, ergibt sich für die Anzahl der Teilchen, die zu dem Cluster gehören:

$$\frac{dN(t)}{dt} = 2\pi k r(t) \qquad (11.21)$$

wobei k die Geschwindigkeitskonstante der Abscheidung an der Randschicht ist. Diese Gleichung gilt nur, wenn der Radius $r(t)$ sehr viel größer ist als der kritische Radius des Clusters, der im vorhergehenden Abschnitt vorgestellt wurde. Um die Wachstumsgesetzmäßigkeit für den Radius bestimmen zu können, wird die Anzahl der Teilchen aus der mit Clustern bedeckten Fläche $S(t)$ berechnet. Ist ρ die Anzahl der Teilchen pro Einheitsfläche, erhält man:

Abbildung 11.5 Überlappende kreisförmige Keime; die erweiterte Fläche ist die Summe aller Flächen der Kreise im linken Teil der Abbildung.

$$\frac{dS(t)}{dt} = \frac{k}{\rho} 2\pi r(t) \tag{11.22}$$

Setzt man für $S(t) = \pi r^2(t)$, ergibt eine einfache Umformung:

$$r(t) = \frac{k}{\rho} t \tag{11.23}$$

Die Gleichungen (11.21) – (11.23) gelten, solange die Cluster den Rand der Elektrode nicht berühren.

In einem realen System wird es mehrere Cluster geben, die gleichzeitig wachsen. Dabei sind die Cluster zunächst voneinander getrennt, nähern sich aber während des Wachstums und koagulieren schließlich (s. Abb. 11.5), wodurch das Wachstumsgesetz komplizierter wird. Für den Fall eines kreisförmigen Wachstums stellt das *Avrami-Theorem* [4] eine Beziehung zwischen der Fläche S, die mit koagulierenden Zentren bedeckt ist, und der erweiterten Fläche S_{ex}, die bedeckt wäre, wenn die Cluster nicht überlappen, her:

$$S = 1 - \exp(-S_{ex}) \tag{11.24}$$

Man beachte, daß sich alle Überlegungen auf eine Einheitsfläche beziehen; im allgemeinen Fall bezeichnen S und S_{ex} die relative Bedeckung. In kurzen Zeiträumen $S_{ex} \ll 1$ berühren sich die Cluster nicht und $S \approx S_{ex}$. Bei langen Zeiten gilt: $S_{ex} \to \infty$ und $S \to 1$, und die gesamte Oberfläche ist von einer Monoschicht bedeckt. [1]

Die spontane und die fortlaufende Keimbildung sollen nun getrennt voneinander betrachtet werden. Ist die Keimbildung spontan, gibt es M_0 Keime. Die erweiterte Fläche S_{ex} wäre einfach M_0 multipliziert mit der Fläche, die ein einzelner Cluster bedeckte, wenn er keinem anderen Cluster begegnete:

---

[1]Der Beweis für das Avrami-Theorem ist in der Veröffentlichung [4] nachzulesen.

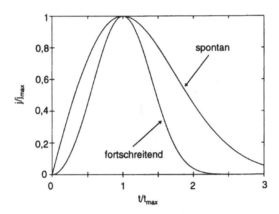

Abbildung 11.6 Normierte Spannungstransienten für spontanes und fortlaufendes Keimwachstum

$$S_{ex}(t) = M_0 \pi r^2(t) = \frac{\pi M_0 k^2}{\rho^2} t^2 \tag{11.25}$$

Die bedeckte Fläche ist somit:

$$S(t) = 1 - \exp\left(-\frac{\pi M_0 k^2}{\rho^2} t^2\right) \tag{11.26}$$

Die dazugehörige Stromdichte erhält man, wenn man $N(t) = S(t)\rho$ und

$$j(t) = ze_0 \frac{dN}{dt} \tag{11.27}$$

einsetzt. Daraus ergibt sich folgender Ausdruck für die spontane Keimbildung:

$$j = \frac{2\pi z e_0 M_0 k^2}{\rho} \, t \exp\left(-\frac{\pi M_0 k^2}{\rho^2} t^2\right) \tag{11.28}$$

Im Falle des fortlaufenden Wachstums entstehen mit konstanter Geschwindigkeit neue Cluster. Nach Gl. (11.23) ist die von einem Cluster bedeckte Fläche zum Zeitpunkt t':

$$A(t) = \pi \frac{k^2}{\rho^2} (t - t')^2, \quad \text{für } t > t' \tag{11.29}$$

Integriert man über t' und multipliziert mit $k_N M_0$, ergibt sich für die erweiterte Fläche

$$S_{ex} = k_N M_0 \pi \frac{k^2 t^3}{3\rho^2} \tag{11.30}$$

was zu folgendem Ausdruck für die Stromdichte führt:

$$j = ze_0 k_N M_0 \pi \frac{k^2}{\rho} t^2 \, \exp\left(-\frac{k_N M_0 \pi k^2}{3\rho^2} t^3\right) \tag{11.31}$$

Beide Gleichungen (11.28) und (11.31) sagen zunächst einen Anstieg der Stromdichte mit wachsenden Clustergrenzen voraus, sodann ein schnelles Absinken, wenn die Cluster überlappen. Sie können in eine brauchbare dimensionslose Form gebracht werden, wenn man die maximale Stromdichte j_{max} und die Zeit t_{max}, bei der diese erreicht wird, einführt. Eine etwas langwierige Berechnung ergibt dann für die spontane bzw. für die fortlaufende Keimbildung:

$$\frac{j}{j_{max}} = \frac{t}{t_{max}} \exp\left(-\frac{t^2 - t_{max}^2}{2t_{max}^2}\right) \tag{11.32}$$

$$\frac{j}{j_{max}} = \frac{t^2}{t_{max}^2} \exp\left(-\frac{2(t^3 - t_{max}^3)}{3t_{max}^3}\right) \tag{11.33}$$

Die beiden Spannungstransienten sind in Abb. 11.6 dargestellt. Die Kurve für die spontane Keimbildung steigt am Anfang schneller an, weil die Grenzen der Cluster und auch ihre Anzahl wachsen. Nach Erreichen des Maximums fällt die Kurve auch schneller ab. Diese dimensionslosen Darstellungen liefern damit ein Kriterium dafür, welcher Wachstumsmechanismus vorliegt. Kurven realistischer Systeme werden oft von diesen idealisierten Kurven abweichen, wofür es vielerlei Gründe gibt, z.B. wenn das Wachstum an einer Stufe einsetzt anstatt an einem kreisförmigen Cluster.

11.5 Abscheidung auf gleichmäßig glatten Flächen

Reale Oberflächen sind meist rauh und haben viele Stellen, an denen Keimwachstum möglich ist. Sogar an Einkristalloberflächen findet man Fehlstellen, wie z.B. Stufen- und Schraubenversetzungen, die eine Untersuchung der Abscheidung und des Keimwachstums erschweren. Gleichwohl haben Budewski, Kaischev und Mitarbeiter [6] eine elegante Technik entwickelt, glatte Silbereinkristallflächen zu erzeugen, die frei von Fehlstellen sind. Dabei wird ein ausgerichteter Einkristall in eine Glasröhre, die in einer Kapillare endet, eingebracht. Das Kristallwachstum erfolgt durch langsame elektrochemische Abscheidung in dieser Röhre und in die Kapillare hinein. Jede anfangs vorhandene Schraubenversetzung hat eine Achse, die von der Achse der Kapillare abweicht, und erreicht daher beim Wachsen die Kapillarwand und verschwindet somit von der Oberfläche. Kristalle, die auf diese Weise erhalten wurden, eignen sich sehr gut zur Untersuchung von Keimbildung und Kristallwachstum. Einige der wichtigen Ergebnisse an so präparierten Ag(100)-Oberflächen, die frei von Fehlstellen sind, sollen im weiteren Verlauf diskutiert werden. Als Elektrolyt wurde bei den hier referierten Experimenten eine 6 M AgNO$_3$-Lösung verwendet.

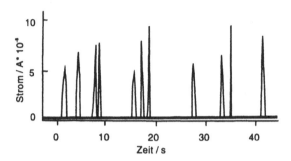

Abbildung 11.7 Strompulse auf einer fehlstellenfreien Ag(100)-Oberfläche bei einer Überspannung von −8.5 mV. Die Daten sind der Lit. 6 entnommen.

Wählt man das Elektrodenpotential so, daß es bei kleinen negativen Überspannungen liegt (in der Größenordnung von 10 mV), ist die Keimbildungsgeschwindigkeit so niedrig, daß ein entstandener Keim so lange wächst, bis sich eine vollständige Monoschicht gebildet hat. Erst danach entsteht der nächste Keim. Bei konstanter Überspannung beobachtet man Strompulse (s. Abb. 11.7), wobei jeder einzelne Puls der Bildung und dem anschließenden Wachstum eines Keims entspricht. Das Integral unter den Stromspitzen gibt die Ladung wieder, die erforderlich ist, um eine vollständige Monoschicht Silber zu bilden. Die Tatsache, daß die Stromspitzen nicht in regelmäßigen Abständen auftreten, ist ein Hinweis darauf, daß die Keimbildung zufällig erfolgt. Die unterschiedliche Form der Stromspitzen weist darauf hin, daß die Keimbildung an verschiedenen Stellen ansetzen kann. So benötigen Keime, die an den Rändern der kreisförmigen Elektrode entstehen, mehr Zeit zur Ausbildung einer Monoschicht als jene, die nahe der Elektrodenmitte gebildet werden; die entsprechenden Stromspitzen sind kürzer und breiter.

Die Wachstumsgeschwindigkeit k_N ist der Kehrwert der durchschnittlichen Zeit zwischen zwei Strompulsen. Ändert man die Überspannung, erhält man die Abhängigkeit der Wachstumsgeschwindigkeit von der Überspannung. In Abschnitt 11.3 wurde gezeigt, daß die freie Enthalpie beim dreidimensionalen Keimwachstum proportional zu η^{-2} ist. Analog dazu erhält man für den zweidimensionalen Fall eine Proportionalität zu η^{-1}. Ein Auftragen von $\ln k_N$ gegen η^{-1} sollte also eine Gerade ergeben, was tatsächlich der Fall ist (Abb. 11.8).

Die oben angeführten Erwägungen gelten für fortschreitendes Keimwachstum. Will man jedoch spontanes Keimwachstum untersuchen, muß man folgende Methode anwenden: Es wird ein hinreichend kurzer Strompuls angelegt, so daß auf der Oberfläche einige Keime entstehen. Anschließend wird die Überspannung so weit verringert, daß die bestehenden Keime wachsen, aber keine neuen gebildet werden können. Der entsprechende Spannungstransient gibt das Wachsen einer

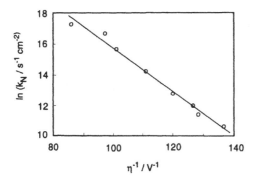

Abbildung 11.8 Abhängigkeit der Keimbildungsgeschwindigkeit von der Überspannung. Die Daten sind der Lit. 6 entnommen.

Monoschicht bei spontaner Keimbildung wieder (s. Abb. 11.9). Eine mathematische Analyse zeigt, daß Gl. (11.28) recht gut erfüllt wird.

Wird eine hohe (negative) Überspannung angelegt, kann eine zweite Monoschicht gebildet werden, noch bevor die erste Schicht vollständig ist. Dies führt zum gleichzeitigen Wachsen von mehreren Schichten, einem Prozeß, der komplex und kaum verstanden ist; von einer eingehenderen Untersuchung dieses Phänomens wird hier Abstand genommen.

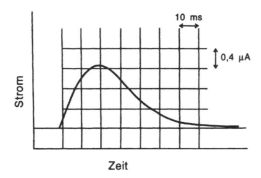

Abbildung 11.9 Stromtransient bei $\eta = -4$ mV, nachdem zuvor ein Puls von $\eta = -17$ mV und 120 μs Dauer zur Keimbildung angelegt wurde. Daten entnommen der Lit. 6.

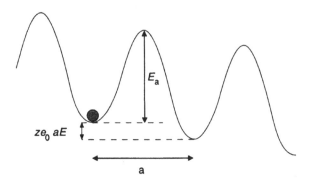

Abbildung 11.10 Energiebarriere für die Bewegung eines Ions in Anwesenheit eines externen Feldes

11.6 Metallauflösung und Passivierung

Die Metallauflösung ist eigentlich nichts anderes als die Umkehrung der Metallabscheidung. Die Grundlagen dieses Vorgangs können daher den vorangegangenen Überlegungen entnommen werden. Es sollte jedoch darauf hingewiesen werden, daß die bevorzugten Stellen für eine Abscheidung nicht zwangsläufig bevorzugte Stellen für die Metallauflösung sein müssen. Dies gilt vor allem dann, wenn die Reaktionen nicht im Gleichgewicht sind. Durch eine rasche Änderung des Potentials zwischen dem Bereich der Abscheidung und der Auflösung kann die Elektrode oft erheblich aufgerauht werden.

Häufig führt die Auflösung eines Metalls zu der Bildung eines Oxidfilms an der Elektrodenoberfläche. Diese Filme leiten den Strom meistens nicht und verhindern damit eine weitere Auflösung des Metalls, ein Phänomen, das *Passivierung* genannt wird. Die Bildung solcher Passivfilme wird vor allem bei Ventilmetallen wie Aluminium und Titan beobachtet. In wässriger Lösung bildet sich auf Aluminium ein Passivfilm gemäß folgender Reaktionsgleichung:

$$2Al + 3H_2O \rightleftharpoons Al_2O_3 + 6H^+ + 6e^- \tag{11.34}$$

Die Dicke der entstandenen Passivschicht kann 1000 Å, manchmal sogar mehr, betragen.

Setzt die Bildung der Oxidschicht ein, müssen Ionen durch diese Schicht wandern, damit die Reaktion weiter fortschreiten kann. Der allgemeine Fall ist recht kompliziert, da die Filme sowohl Ionen- als auch Elektronenleiter sein können. Hier soll jedoch nur der einfache Fall eines homogenen Films ohne elektronische Leitfähigkeit untersucht werden, wobei man davon ausgeht, daß sich eine Ionenart der Ladungszahl z in Anwesenheit eines externen Feldes E bewegen kann. Ein wanderndes Ion kann bestimmte Stellen innerhalb des Films besetzen, wobei sich die Bewegung aus einer Serie von thermisch angeregten Sprüngen zwischen diesen Stellen zusammensetzt.

Um diesen Vorgang näher zu untersuchen, bezeichnet man zunächst mit a den Abstand zwischen zwei benachbarten Plätzen und mit E_a^0 die Aktivierungsenergie für einen Sprung in Abwesenheit eines elektrischen Feldes (s. Abb. 11.10). Durch Anlegen eines externen Feldes E wird das elektrostatische Potential zwischen den benachbarten Plätzen um den Wert aE angehoben, was zu einem Energiegewinn von ze_0aE pro Sprung führt (dabei wird angenommen, daß $z > 0$). Dies bedeutet aber auch, daß die Aktivierungsenergie, ähnlich wie beim Elektronentransfer (s. Kapitel 6 und Abb. 6.2), verändert wird. Ist die Energiebarriere symmetrisch, wird die Aktivierungsenergie um den Wert $ze_0aE/2$ herabgesetzt, was einem Durchtrittsfaktor von $1/2$ entspricht. Die Geschwindigkeit der Sprünge in Vorwärtsrichtung ist dann

$$k_f = \nu \, \exp \frac{E_a^0 - ze_0aE/2}{kT} \qquad (11.35)$$

wobei ν der Frequenzfaktor ist. Analog dazu steigt die Aktivierungsenergie der Rückreaktion um $ze_0aE/2$. Die Geschwindigkeit der Rückreaktion ist demnach

$$k_b = \nu \, \exp \left(-\frac{E_a^0 + ze_0aE/2}{kT} \right) \qquad (11.36)$$

Die dazugehörige Austauschstromdichte ist

$$j = ze_0n(k_f - k_b) = 2ze_0n\nu \, \exp \left(-\frac{E_a^0}{kT} \sinh \frac{ze_0aE}{2kT} \right) \qquad (11.37)$$

wobei n die Dichte der Ionen ist. Für kleine Felder kann die Gleichung linearisiert werden:

$$j = ze_0n\nu \, \exp \left(-\frac{E_a^0}{kT} \right) \frac{ze_0aE}{kT}, \quad \text{für } ze_0aE \ll kT \qquad (11.38)$$

Für große Felder kann der Strom der Rückreaktion vernachlässigt werden. Der Strom hängt dann exponentiell vom Feld ab:

$$j = ze_0n\nu \, \exp \left(-\frac{E_a^0}{kT} \right) \exp \frac{ze_0aE}{2kT}, \quad \text{für } ze_0aE \gg kT \qquad (11.39)$$

Zu beachten ist, daß dabei die wichtige Variable das Feld und nicht das Elektrodenpotential ist. Man benötigt Felder der Größenordnung um 10^6 V cm^{-1}, um ein merkliches Filmwachstum zu erhalten.

Bei Ventilmetallen wird häufig ein Wachstum nach den Gesetzmäßigkeiten der Gl. (11.37) beobachtet. Aus dem Wachstum bei hohen Feldern kann die durchschnittliche Sprungentfernung a berechnet werden. Messungen unter stationären

Bedingungen liefern erstaunlich hohe Werte um 5 Å oder sogar höher [7,8]. Hingegen erhält man mit Pulsmessungen niedrigere Werte um 2 Å, was mit dem makroskopischen Modell der Gl. (11.37) besser übereinstimmt. Ein äußeres Feld verursacht Änderungen in der Struktur des Oxidfilms, und gerade bei hohen Feldern entstehen offensichtlich Fehlstellen, die den Strom erhöhen.

Literaturhinweise

[1]   W. R. Fawcett, *Langmuir* **5** (1989) 661.

[2]   F. van der Pool, M. Sluyters-Rehbach und J. H. Sluyters, *J. Electroanal. Chem.* **58** (1975) 177; R. Andreu, M. Sluyters-Rehbach und J. H. Sluyters, *J. Electroanal. Chem.* **134** (1982) 101; ibid. **171** (1984) 139.

[3]   E. Bosco und S. K. Rangarajan, *J. Electroanal. Chem.* **134** (1981) 213.

[4]   M. Avrami, *J. Chem. Phys.* **7** (1937) 1130; **8** (1940) 212; **9** (1941) 177.

[5]   R. de Levie, in *Advances in Electrochemistry and Electrochemical Engineering*, Bd. 13, Hrsg. H. Gerischer und W. Tobias, Wiley Interscience, New York, 1985.

[6]   E. B. Budewski, *Progress in Surface and Membrane Science*, Hrsg. D. A. Cadenhead und J. F. Daniell, Bd. 11, Academic Press, 1976; E. B. Budewski, in *Treatise of Electrochemistry*, Vol. 7, Hrsg. J. O'M. Bockris, B. E. Conway und E. Yeager, Plenum Press, New York, 1983.

[7]   D. A. Vermilyea, in *Advances in Electrochemistry and Electrochemical Engineering*, Bd. 3, Hrsg. P. Delahay und W. C. Tobias, Wiley Interscience, New York, 1963.

[8]   L. Young, *Anodic Oxide Films*, Academic Press, London, 1961.

[9]   J. F. Dewald, *J. Electrochem. Soc.* **104** (1957) 244.

12 Komplexe Reaktionen

In den letzten beiden Kapiteln wurden bereits einige Beispiele von Reaktionen, die in mehreren Schritten ablaufen, erwähnt und der Begriff des geschwindigkeitsbestimmenden Schritts eingeführt. An dieser Stelle sollen weitere Beispiele für komplexe Reaktionsmechanismen betrachtet und das Konzept der *elektrochemischen Reaktionsordnung* eingeführt werden.

12.1 Aufeinanderfolgende elektrochemische Reaktionen

Komplexe elektrochemische Reaktionen bestehen im einfachsten Fall aus zwei Schritten, von denen mindestens einer ein Ladungstransfer sein muß. Als erstes Beispiel werden zwei aufeinanderfolgende Elektronentransferreaktionen betrachtet, die folgendem Reaktionsschema gehorchen:

$$\text{Red} \rightleftharpoons \text{Int} + \text{e}^- \rightleftharpoons \text{Ox} + 2\text{e}^- \tag{12.1}$$

Es tritt also ein Zwischenprodukt „Int" auf, wie z.B. bei der Reaktion:

$$\text{Tl}^+ \rightleftharpoons \text{Tl}^{2+} + \text{e}^- \rightleftharpoons \text{Tl}^{3+} + 2\text{e}^- \tag{12.2}$$

Der Einfachheit halber wird angenommen, daß das Zwischenprodukt an der Elektrodenoberfläche verweilt und nicht ins Innere der Lösung diffundiert. Mit ϕ_{00}^1 und ϕ_{00}^2 werden die Standardelektrodenpotentiale der einzelnen Schritte bezeichnet und mit c_{red}, c_{int}, c_{ox} die Oberflächenkonzentrationen der beteiligten Spezies. Gehorchen beide Reaktionsschritte der Butler-Volmer-Gleichung, ergibt sich für die Teilstromdichten j_1 und j_2 :

$$j_1 = Fk_1^0 \left[c_{\text{red}} \exp \frac{\alpha_1 F(\phi - \phi_{00}^1)}{RT} \right.$$
$$\left. - c_{\text{int}} \exp \left(-\frac{(1-\alpha_1)F(\phi - \phi_{00}^1)}{RT} \right) \right] \tag{12.3}$$

$$j_2 = Fk_2^0 \left[c_{\text{int}} \exp \frac{\alpha_2 F(\phi - \phi_{00}^2)}{RT} \right.$$
$$\left. - c_{\text{ox}} \exp \left(-\frac{(1-\alpha_2)F(\phi - \phi_{00}^2)}{RT} \right) \right] \tag{12.4}$$

Die gesamte Stromdichte j ist die Summe der beiden Teilstromdichten: $j = j_1 + j_2$. Im Gleichgewicht gilt $j_1(\phi_0) = j_2(\phi_0) = 0$, und demnach

$$\phi_0 - \phi_{00}^1 = \frac{RT}{F} \ln \frac{c_{\text{int}}(\phi_0)}{c_{\text{red}}} \tag{12.5}$$

$$\phi_0 - \phi_{00}^2 = \frac{RT}{F} \ln \frac{c_{\text{ox}}}{c_{\text{int}}(\phi_0)} \tag{12.6}$$

woraus man das Gleichgewichtspotential ϕ_0 und die entsprechende Konzentration $c_{\text{int}}(\phi_0)$ berechnen kann:

$$c_{\text{int}}(\phi_0) = (c_{\text{ox}}c_{\text{red}})^{1/2} \exp\left(-\frac{F(\phi_{00}^1 - \phi_{00}^2)}{2RT}\right) \tag{12.7}$$

$$\phi_0 = \frac{\phi_{00}^1 + \phi_{00}^2}{2} + \frac{RT}{2F} \ln \frac{c_{\text{ox}}}{c_{\text{red}}} \tag{12.8}$$

Nach Anlegen einer Überspannung η ergibt sich für stationäre Bedingungen:

$$j(\eta) = 2j_1(\eta) = 2j_2(\eta) \tag{12.9}$$

Durch Einsetzen der obigen Gleichungen erhält man

$$j_1(\eta) = j_{0,1}\left[\exp\frac{\alpha_1 F\eta}{RT}\right.$$
$$\left. - \frac{c_{\text{int}}(\eta)}{c_{\text{int}}^0}\exp\left(-\frac{(1-\alpha_1)F\eta}{RT}\right)\right] \tag{12.10}$$

$$j_2(\eta) = j_{0,2}\left[\frac{c_{\text{int}}(\eta)}{c_{\text{int}}^0}\exp\frac{\alpha_2 F\eta}{RT}\right.$$
$$\left. - \exp\left(-\frac{(1-\alpha_2)F\eta}{RT}\right)\right] \tag{12.11}$$

wobei $c_{\text{int}}^0 = c_{\text{int}}(\phi_0)$; j_0^1 und j_0^2 sind die Austauschstromdichten der beiden Reaktionen im Gleichgewicht. Aus diesen Gleichungen kann man $c_{\text{int}}(\eta)/c_{\text{int}}^0$ eliminieren, so daß man folgende Strom-Spannungsbeziehung erhält

$$j = \frac{2j_{0,1}j_{0,2}}{j_m}\left[\exp\frac{(\alpha_1 + \alpha_2)F\eta}{RT}\right.$$
$$\left. - \exp\left(-\frac{(2-\alpha_1-\alpha_2)F\eta}{RT}\right)\right] \tag{12.12}$$

wobei

$$j_m = j_{0,2}\exp\frac{\alpha_2 F\eta}{RT} + j_{0,1}\exp\left(-\frac{(1-\alpha_1)F\eta}{RT}\right)$$

Bei hohen anodischen oder kathodischen Überspannungen kann jeweils eine der Teilstromdichten vernachlässigt werden:

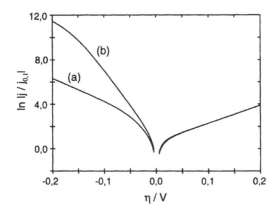

Abbildung 12.1 Tafelgerade für zwei aufeinander folgende Elektronentransferreaktionen. Parameter: $\alpha_1 = 0,4$, $\alpha_2 = 0,5$; (a) $j_{0,2} = 5j_{0,1}$; (b) $j_{0,2} = 10^3\, j_{0,1}$. Die anodischen Äste der Fälle (a) und (b) fallen zusammen.

$$j = 2j_{0,1}\ \exp\frac{\alpha_1 F\eta}{RT}, \quad \text{für } F\eta \gg RT \qquad (12.13)$$

$$j = -2j_{0,2}\ \exp\left(-\frac{(1-\alpha_2)F\eta}{RT}\right), \quad \text{für } F\eta \ll RT \qquad (12.14)$$

Bei hohen Überspannungen erhält man eine Tafelgerade (s. Abb. 12.1), wobei aber die beiden Zweige unterschiedliche scheinbare Austauschstromdichten $2j_{0,1}$ und $2j_{0,2}$ haben, wenn man die beiden Geraden auf $\eta = 0$ extrapoliert. Zudem ergibt die Summe der aus den Geraden erhaltenen Durchtrittsfaktoren nicht zwangsläufig Eins. Wenn sich die beiden Austauschstromdichten um einige Größenordnungen voneinander unterscheiden, gibt es einen Zwischenbereich mit einem unterschiedlichen Durchtrittsfaktor, und der Anstieg ändert sich bei einem hohen Absolutbetrag der Überspannung (s. Kurve (b) in Abb. 12.1).

12.2 Elektrochemische Reaktionsordnung

Zur Definition der elektrochemischen Reaktionsordnung betrachtet man eine komplexe Reaktion, die einen einzigen elektrochemischen Schritt beinhaltet:

$$A \rightleftharpoons B + ze^- \qquad (12.15)$$

Dieser Schritt soll geschwindigkeitsbestimmend sein. Es kann sich dabei um eine einfache Redoxreaktion, um einen Ionentransfer oder um eine Metallabscheidung handeln. Außerdem wird vorausgesetzt, daß die Reaktanden zusätzlich mit anderen Reaktionspartnern $S_1, S_2, \ldots, S_m$ nach folgendem Schema schnelle Reaktionen eingehen:

$$A \;\rightleftharpoons\; \sum_{i=1}^{m} x_{i,a} S_i \qquad\qquad (12.16)$$

$$B \;\rightleftharpoons\; \sum_{i=1}^{m} x_{i,b} S_i \qquad\qquad (12.17)$$

Im nächsten Abschnitt wird ein Beispiel dazu vorgestellt. Die Koeffizienten $x_{i,a}$ und $x_{i,b}$ nennt man *elektrochemische Reaktionsordnung*. Normalerweise reagieren A und B nur mit einigen der Substanzen S_i, so daß die Reaktionsordnungen für die anderen Substanzen gleich Null sind. Nimmt man ferner an, die Reaktionen (12.16) und (12.17) befänden sich im Gleichgewicht, ergibt sich folgende Bruttogleichung:

$$\sum_{i=1}^{m} x_{i,a} S_i \;\rightleftharpoons\; \sum_{i=1}^{m} x_{i,b} S_i + z e^- \qquad\qquad (12.18)$$

Da die Reaktionen (12.16) und (12.17) im Gleichgewicht sind, kann man die Konzentrationen c_a und c_b der Reaktanden A und B aus den Gleichgewichtskonstanten K_a und K_b und den Konzentrationen c_i berechnen:

$$c_a \;=\; K_a \prod_{i=1}^{m} c_i^{x_{i,a}} \qquad\qquad (12.19)$$

$$c_b \;=\; K_b \prod_{i=1}^{m} c_i^{x_{i,b}} \qquad\qquad (12.20)$$

Man beachte, daß bei dieser Definition etwas von der üblichen Konvention abgewichen wird, nach der K_a und K_b das Inverse der Gleichgewichtskonstanten sein sollten, da A und B Reaktionsprodukte sind. Die hier gewählte Form vereinfacht in diesem Fall die Schreibweise.

Gehorcht die elektrochemische Reaktion der Butler-Volmer-Gleichung, ist die Stromdichte j beim Elektrodenpotential ϕ:

$$\begin{aligned} j \;=\; & zFk^0 K_a \prod_{i=1}^{m} c_i^{x_{i,a}} \; \exp \frac{z\alpha F(\phi - \phi_{00})}{RT} \\ & - zFk^0 K_b \prod_{i=1}^{m} c_i^{x_{i,b}} \; \exp \left(-\frac{z(1-\alpha)F(\phi - \phi_{00})}{RT} \right) \end{aligned} \qquad (12.21)$$

Abbildung 12.2 zeigt Strom-Spannungskurven, bei denen die Konzentration der Spezies S_i verändert wurde. In den linearen Bereichen der Tafelkurven, weit entfernt vom Gleichgewicht, kann die Rückreaktion vernachlässigt werden, so daß sich für die anodische Stromdichte folgender Ausdruck ergibt

$$\ln j = \ln \left(zFk^0 K_a \right) + \sum_{i=1}^{m} x_{i,a} \ln c_i + \frac{z\alpha F(\phi - \phi_{00})}{RT} \qquad (12.22)$$

und für die kathodische Stromdichte:

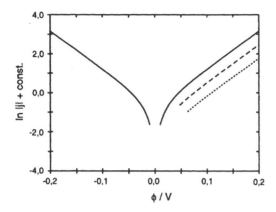

Abbildung 12.2 Tafel-Plot für verschiedene Konzentrationen des Reaktanden S im Gleichgewicht mit A und der elektrochemischen Reaktionsordnung $x_a = 1$; die gestrichelte Kurve entspricht einer um den Faktor zwei, die gepunktete Kurve einer um den Faktor vier herabgesetzten Konzentration von S gegenüber der durchgezogenen Kurve.

$$\ln |j| = \ln \left(zFk^0 K_b \right) + \sum_{i=1}^{m} x_{i,b} \ln c_i - \frac{z(1-\alpha)F(\phi - \phi_{00})}{RT} \qquad (12.23)$$

Verändert man eine der Konzentrationen c_i, werden die Tafelgeraden verschoben, und die elektrochemischen Reaktionsordnungen $x_{a,i}$ und $x_{i,b}$ können wie folgt bestimmt werden

$$x_{i,a} = \left(\frac{\partial \ln j}{\partial \ln c_i} \right)_{\phi, c_{i \neq j}}, \qquad \text{anodischer Ast} \qquad (12.24)$$

$$x_{i,b} = \left(\frac{\partial \ln |j|}{\partial \ln c_i} \right)_{\phi, c_{i \neq j}}, \qquad \text{kathodischer Ast} \qquad (12.25)$$

wobei aber alle anderen Variablen einschließlich des Potentials konstant gehalten werden müssen.

Man kann die elektrochemische Reaktionsordnung auch aus der Austauschstromdichte j_0 berechnen. Nach Gl. (12.21) gilt:

$$
\begin{aligned}
\ln j_0 &= \ln \left(zFk^0 K_a \right) + \sum_{i=1}^{m} x_{i,a} \ln c_i + \frac{z\alpha F(\phi_0 - \phi_{00})}{RT} \\
&= \ln \left(zFk^0 K_b \right) + \sum_{i=1}^{m} x_{i,b} \ln c_i \\
&\quad - \frac{z(1-\alpha)F(\phi_0 - \phi_{00})}{RT}
\end{aligned}
\qquad (12.26)
$$

Nach Differenzieren erhält man:

$$\left(\frac{\partial \ln j_0}{\partial \ln c_i}\right)_{c_{i \neq j}} = x_{i,a} + \frac{z\alpha F}{RT}\frac{\partial \phi_0}{\partial \ln c_j}$$

$$= x_{i,b} - \frac{z(1-\alpha)F}{RT}\frac{\partial \phi_0}{\partial \ln c_j} \qquad (12.27)$$

$$(12.28)$$

Um die Änderung des Gleichgewichtspotentials mit der Konzentration zu bestimmen, muß die Nernstsche Gleichung herangezogen werden. Dazu wird die Bruttoreaktion üblicherweise so formuliert, daß alle Koeffizienten ganze Zahlen sind; die Reaktanden erhalten negative stöchiometrische Faktoren. Es ergibt sich eine Gleichung der Form

$$0 = \sum_{i=1}^{m} \nu_i S_i + ne^- \qquad (12.29)$$

wobei die Koeffizienten ν_i auf folgende Weise mit der elektrochemischen Reaktionsordnung zusammenhängen:

$$\nu_i = (x_{i,b} - x_{i,a})\,\frac{n}{z} \qquad (12.30)$$

Die Nernstsche Gleichung lautet dann:

$$\phi_0 = \phi_{00} + \frac{RT}{nF}\sum_{i=1}^{m}\nu_i \ln c_i \qquad (12.31)$$

Nach Differenzieren und Substituieren in Gl. (12.27) erhält man:

$$\frac{\partial \ln j_0}{\partial \ln c_i} = x_{i,a} + \alpha\nu_i\frac{z}{n} = x_{i,b} - (1-\alpha)\nu_i\frac{z}{n} \qquad (12.32)$$

Die Größen α, z und n können gesondert bestimmt werden, so daß Gl. (12.32) eine Alternative zur Bestimmung der elektrochemischen Reaktionsordnung darstellt. Eine gute Diskussion der elektrochemischen Reaktionsordnung findet sich bei Parsons [1].

12.3   Abscheidung von Silber in Gegenwart von Cyaniden

Als ein Beispiel für die Bestimmung der elektrochemischen Reaktionsordnung soll jetzt die Abscheidung von Silber aus einer wässrigen, cyanidhaltigen Lösung näher betrachtet werden. Cyanid bildet verschiedene Komplexe mit Silber, wie AgCN, $Ag(CN)_2^-$ und $Ag(CN)_3^{2-}$. Im Inneren der Lösung stehen Reaktionen folgenden Typs im Gleichgewicht:

$$Ag^+ + k\,CN^- \rightleftharpoons Ag(CN)_k^{(k-1)-} \qquad (12.33)$$

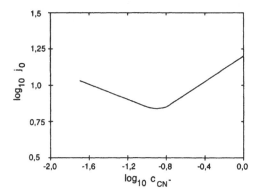

Abbildung 12.3 Abhängigkeit der Austauschstromdichte j_0 der Silberabscheidung von der Konzentration der Cyanide. Die Daten wurden der Lit. 2 entnommen.

Bei Cyanidkonzentrationen c_{CN^-} zwischen 10^{-2} und 1 M liegt hauptsächlich der Komplex $Ag(CN)_3^{2-}$ vor. Das Potential, bei dem Silber abgeschieden wird, liegt aber unterhalb des Ladungsnullpunkts, so daß negativ geladene Komplexe von der Oberfläche abgestoßen werden. Deswegen muß derjenige Komplex, der an der Oberfläche entladen wird, nicht notwendigerweise derselbe sein, der im Inneren der Lösung vorherrscht. Die Gesamtreaktion ist

$$Ag + 3CN^- \rightleftharpoons Ag(CN)_3^{2-} + e^- \tag{12.34}$$

so daß $\nu_{CN^-} = -3$, $n = z = 1$, wenn man die im vorigen Abschnitt eingeführte Terminologie verwendet. Ist $Ag(CN)_m^{(m-1)-}$ der reagierende Komplex, ergibt sich für die elektrochemische Reaktion:

$$Ag + mCN^- \rightleftharpoons Ag(CN)_m^{(m-1)-} + e^- \tag{12.35}$$

Diese geht mit folgender chemischen Reaktion einher:

$$Ag(CN)_m^{(m-1)-} + (3-m)CN^- \rightleftharpoons Ag(CN)_3^{2-} \tag{12.36}$$

Diese Reaktion ist etwas komplizierter als das oben behandelte Schema, da eine weitere Spezies, CN^-, auf der linken Seite der Elektrodenreaktion auftaucht. Diese Schwierigkeit läßt sich aber leicht umgehen. Der anodische Strom ist proportional zu $c_{CN^-}^m$; ein Vergleich mit Gl. (12.21) zeigt, daß m mit der Reaktionsordnung von CN^- gleichgesetzt werden kann. Aus Gl. (12.31) ergibt sich dann:

$$\frac{\partial \ln j_0}{\partial \ln c_{CN^-}} = m - 3\alpha \tag{12.37}$$

Abbildung 12.3 zeigt die Abhängigkeit der Stromdichte von der Cyanidkonzentration auf einer doppelt-logarithmischen Skala. Man kann zwei verschiedene Bereiche unterscheiden: Für Cyanidkonzentrationen unterhalb von 0,1 M ist die Steigung negativ (-0,26). Eine gesonderte Bestimmung der Durchtrittsfaktoren in diesem Bereich ergibt $\alpha = 0,44$, so daß $m = 1$ ist und die Reaktion hauptsächlich über den Komplex AgCN verläuft. Bei höheren Cyanidkonzentrationen ist die Steigung positiv (0,44), und der Durchtrittsfaktor beträgt $\alpha = 0,5$. Dies ergibt $m = 2$, und die reagierende Spezies ist $Ag(CN)_2^-$.

12.4 Mischpotentiale und Korrosion

Die Abwesenheit eines meßbaren Stroms ist nicht unbedingt ein Hinweis darauf, daß sich die Phasengrenze im Gleichgewicht befindet. Stattdessen können mehrere Reaktionen ablaufen, deren Gesamtstrom verschwindet. Als Beispiel betrachte man zwei Reaktionen, eine anodische und eine kathodische, deren Ströme sich aufheben. Das Reaktionsschema ist:

$$A \quad \rightarrow \quad B + z_1\, e^- \tag{12.38}$$
$$C + z_2\, e^- \quad \rightarrow \quad D \tag{12.39}$$

Es wird angenommen, daß beide Reaktionen der Butler-Volmer-Gleichung gehorchen. Die beiden Durchtrittsfaktoren sind α_1 und α_2, die Austauschstromdichten $j_{0,1}$ und $j_{0,2}$ und die Gleichgewichtspotentiale ϕ_0^1 und ϕ_0^2. Da der Gesamtstrom gleich Null ist, ergibt sich:

$$j_{0,1} \exp \frac{z_1 \alpha_1 F \left(\phi_m - \phi_0^1\right)}{RT} = \tag{12.40}$$
$$-j_{0,2} \exp \left(-\frac{z_2(1 - \alpha_2) F (\phi_m - \phi_0^2)}{RT}\right)$$

Das Potential ϕ_m, bei dem kein Strom fließt, bezeichnet man als *Mischpotential*. In Gl. (12.41) wurde angenommen, daß $|\phi_1 - \phi_2| \gg RT$, so daß die Rückreaktionen vernachlässigt werden können. Durch eine kurze Berechnung erhält man für das Mischpotential:

$$\phi_m = \frac{(RT/F) \ln (j_{0,2}/j_{0,1}) + z_1 \alpha_1 \phi_0^1 + z_2(1 - \alpha_2)\phi_0^2}{z_1 \alpha_1 + z_2(1 - \alpha_2)} \tag{12.41}$$

Dabei läuft jede Reaktion mit einer Austauschstromdichte von:

$$j_m = j_{0,1} \exp \frac{z_1 \alpha_1 F(\phi_m - \phi_0^1)}{RT} \tag{12.42}$$

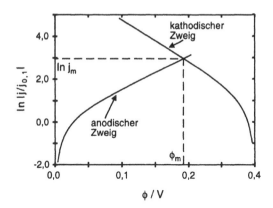

Abbildung 12.4 Mischpotential einer anodischen und einer kathodischen Reaktion.

ab. Man kann nun noch ϕ_m aus Gl. (12.41) ersetzen, man erhält aber einen recht komplizierten Ausdruck. Das Mischpotential und die beiden Teilstromdichten sind in Abb. 12.4 dargestellt.

Ein wichtiges Beispiel für die Bildung eines Mischpotentials ist die Korrosion von Metallen. Die meisten Metalle sind gegenüber der Oxidbildung thermodynamisch instabil. In Gegenwart von Wasser oder Feuchtigkeit sind sie bestrebt, stabilere Verbindungen auszubilden. Dieser Prozeß ist als *nasse Korrosion* bekannt (die *trockene Korrosion* beruht nicht auf elektrochemischen Reaktionen und wird daher nicht weiter diskutiert). Feuchtigkeit ist nie nur reines Wasser, vielmehr ist zumindest Sauerstoff, meist noch weitere Stoffe, z.B. Salze, darin gelöst. Ein korrodierendes Metall kann man sich also als eine einzelne Elektrode vorstellen, die in Kontakt mit einer wässrigen Lösung steht. Die der Korrosion zugrundeliegende Reaktion ist die Auflösung des Metalls gemäß dem allgemeinen Schema:

$$M \rightarrow M^{z+} + ze^- \qquad (12.43)$$

Diese Reaktion kann aber nur ablaufen, wenn die Elektronen von einer Gegenelektrode verbraucht werden, anderenfalls würde sich die Metalloberfläche aufladen. Im allgemeinen wird die Korrosion im sauren Medium entweder von der Wasserstoffentwicklung begleitet

$$2H^+ + 2e^- \rightarrow H_2 \qquad (12.44)$$

oder von der Sauerstoffreduktion:

$$O_2 + 4e^- + 4H^+ \rightarrow 2H_2O \qquad (12.45)$$

Die entsprechenden Gleichungen im alkalischen Milieu können in Kapitel 10 nachgeschlagen werden. An der Metalloberfläche stellt sich ein Mischpotential ϕ_{cor}

ein, das sogenannte *Korrosionspotential*, bei dem der anodische Strom der Metallauflösung gerade durch den kathodischen Strom einer oder mehrerer Reduktionen kompensiert wird. Das Korrosionspotential ist durch Gl. (12.41) gegeben und die *Korrosionsstromdichte* durch Gl. (12.42).

Bei einer inhomogenen Oberfläche können die beiden Stromdichten räumlich variieren; sie brauchen sich dann nicht lokal aufzuheben, nur der Gesamtstrom muß gleich Null sein. In diesem Fall müssen die Austauschstromdichten in den Gl. (12.41) bis (12.42) durch die entsprechenden Austauschströme ersetzt werden. Wegen der Ladungserhaltung muß eine ungleiche Ladungsverteilung auf der Elektrode durch Ströme, die an beiden Seiten der Phasengrenze parallel zur Oberfläche fließen, ausgeglichen werden.

Literatur

[1]   R. Parsons, *Trans. Faraday Soc.* **47** (1951) 1332.

[2]   W. Vielstich und H. Gerischer, *Z. Phys. Chemie* **4** (1955) 10.

13 Flüssig-flüssig Phasengrenzen

13.1 Die Phasengrenze zwischen zwei nicht mischbaren Flüssigkeiten

Als im 1. Kapitel die Elektrochemie definiert wurde, beinhaltete sie als Sonderfall die Phasengrenze zwischen zwei nicht mischbaren Flüssigkeiten, da diese viele Ähnlichkeiten mit den üblichen elektrochemischen Systemen hat. Das Interesse an dieser speziellen Phasengrenze ist zum Teil damit zu erklären, daß sie als Modell für Membranen gute Dienste leisten. Sie stellen aber auch selbst ein überaus interessantes System dar. In gewisser Hinsicht steckt dieses Forschungsgebiet noch in den Kinderschuhen: Man weiß wenig über die Struktur der Phasengrenze, und die als gesichert geltenden Tatsachen beruhen auf thermodynamischen Überlegungen. Fast allen Veröffentlichungen liegen klassische elektrochemische Meßmethoden zugrunde wie Strom- und Potentialmessungen sowie Messungen der Oberflächenspannung. Könnte man Methoden anwenden, die Informationen über die Struktur der Phasengrenze lieferten – einige optische Methoden sehen vielversprechend aus – würde dieses Gebiet in den nächsten Jahren sehr stark expandieren.

Die meisten Untersuchungen an flüssig-flüssig Phasengrenzen wurden an Wasser und einem organischen Lösungsmittel wie Nitrobenzol und 1,2-Dichlorethan (1,2-DCE) durchgeführt. Obgleich solche System eine stabile Phasengrenze bildet, ist die Löslichkeit der beiden Stoffe untereinander ziemlich hoch. So beträgt die Löslichkeit von Wasser in 1,2-DCE immerhin 0,11 M, und jene von 1,2-DCE in Wasser 0,09 M. Jede der beiden flüssigen Komponenten enthält demnach eine ziemlich hohe Konzentration der anderen Komponente. Es ist daher unwahrscheinlich, daß es auf molekularer Ebene eine scharfe Grenze zwischen den beiden Flüssigkeiten gibt. Man erwartet eher einen einige Lösungsmitteldurchmesser umfassenden Bereich, in dem sich die Konzentration der beiden Lösungsmittel sehr rasch verändert (s. Abb. 13.1). Je geringer die Löslichkeit der einen Komponenten in der anderen ist, desto dünner ist der Bereich der Phasengrenze. Unterstützt werden diese Überlegungen durch die Tatsache, daß die Dipolpotentiale an dieser Phasengrenze gering zu sein scheinen, zumindest nahe am Ladungsnullpunkt; spektroskopische Informationen darüber fehlen zur Zeit jedoch noch.

Viele Prozesse, die aus der gewöhnlichen Elektrochemie bekannt sind, finden ihre Entsprechung an der Phasengrenze zwischen zwei nicht mischbaren Flüssigkeiten, so daß sich daraus ein weites Untersuchungsgebiet ergibt. Dieses Kapitel bleibt aber auf eine Einführung in einige wenige wichtige Themen begeschränkt: die Thermodynamik, Eigenschaften der Doppelschicht und Ladungstransferreak-

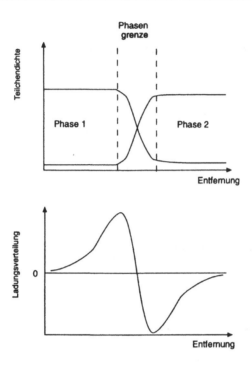

Abbildung 13.1 Ladungs- und Teilchenverteilung an der Phasengrenze zweier nicht mischbaren Lösungen

tionen. Weitere Einzelheiten zu diesem Themengebiet können in den entsprechenden Publikationen nachgelesen werden [1-3].

13.2   Verteilung der Ionen

Wird zu einer der beiden Lösungen ein Salz hinzugegeben, diffundiert es so lange in die andere Lösung, bis sich ein Gleichgewicht einstellt. Die Verteilung des Salzes zwischen den beiden Phasen wird durch die Thermodynamik bestimmt.

Sind die beiden Lösungen im Gleichgewicht, muß das elektrochemische Potential der Komponenten in beiden Phasen gleich groß sein:

$$\tilde{\mu}_1 = \tilde{\mu}_2 \quad \text{oder} \quad \mu_1^0 + kT \ln a_1 + ze_0\phi_1 = \mu_2^0 + kT \ln a_2 + ze_0\phi_2 \qquad (13.1)$$

wobei μ^0 das chemische Standardpotential, a die Aktivität und z die Ladungszahl der beteiligten Spezies ist. Die Indizes beziehen sich auf die beiden Lösungen. Für eine ungeladene Spezies erhält man folgende einfache Beziehung:

$$\frac{a_1}{a_2} = \exp\frac{\mu_1^0 - \mu_2^0}{kT} \tag{13.2}$$

Die Differenz der chemischen Standardpotentiale ist auch als die *Freie Standardtransferenthalpie* , $\Delta G_t^0 = \mu_2^0 - \mu_1^0$, bekannt. Es handelt sich dabei um die Enthalpie, die gewonnen wird, wenn ein Teilchen zwischen zwei Lösungen, die sich im Standardzustand befinden, übertragen wird. Die Enthalpie wird dabei durch die Differenz der beiden Solvatisierungsenergien bestimmt. Man beachte, daß beide Lösungen mit der jeweils anderen Komponenten gesättigt sind, so daß sich der Standardzustand auf den Fall bezieht, in dem die Lösung 1 mit Lösung 2 gesättigt ist und umgekehrt. Um diesen Fall von jenem zu unterscheiden, in dem die beiden Lösungen rein sind, spricht man besser von der *Standardenthalpie der Verteilung*.

Die Verteilung der Ionen ist nicht so einfach zu berechnen wie jene von neutralen Teilchen, da jede Lösung elektrisch neutral sein muß (mit Ausnahme einer dünnen Grenzschicht an der Phasengrenze). Als Beispiel betrachte man den Fall, in dem ein einziges Salz in den beiden Phasen verteilt ist. Der Einfachheit halber soll zudem angenommen werden, Kationen und Anionen hätten die gleiche Ladungszahl z, wobei das Kation den Index $+$ und das Anion den Index $-$ erhält. Setzt man für beide Ionen die Gleichgewichtsbedingungen der Gl. (13.1) voraus, erhält man für die Differenz der inneren Potentiale:

$$
\begin{aligned}
ze_0(\phi_2 - \phi_1) &= kT \ln\frac{a_1(+)}{a_2(+)} + \mu_1^0(+) - \mu_2^0(+) \\
&= -kT \ln\frac{a_1(-)}{a_2(-)} + \mu_2^0(-) - \mu_1^0(-)
\end{aligned} \tag{13.3}
$$

Daraus ergibt sich für die Aktivitäten:

$$\frac{a_1(+)a_1(-)}{a_2(+)a_2(-)} = \exp\frac{\mu_2^0(+) - \mu_1^0(+) + \mu_2^0(-) - \mu_1^0(-)}{kT} \tag{13.4}$$

Da beide Lösungen elektrisch neutral sein müssen, haben Anionen und Kationen im Inneren der Lösung die gleiche Konzentration:

$$a_i(+) = c_i f_i^+ \qquad a_i(-) = c_i f_i^- \qquad \text{für } i = 1, 2 \tag{13.5}$$

Die Verteilung des Salzes ergibt sich dann aus

$$\frac{c_1}{c_2} = \frac{\gamma_2^\pm}{\gamma_1^\pm} \exp\frac{\mu_2^0(+) - \mu_1^0(+) + \mu_2^0(-) - \mu_1^0(-)}{2kT} \tag{13.6}$$

wobei $\gamma^\pm = (\gamma^+\gamma^-)^{1/2}$ der *mittlere ionische Aktivitätskoeffizient* des Salzes ist.

Alle Größen in Gl. (13.6) sind meßbar. Die Konzentration kann durch Titration ermittelt werden, und die Kombination der chemischen Potentiale im Exponenten ist die Standardenthalpie des Salztransfers. Diese sind ebenso meßbar wie die mittleren ionischen Aktivitätskoeffizienten, da sie sich auf ungeladene Teilchen beziehen. Hingegen kann die Differenz der inneren Potentiale nicht gemessen werden, genauso wenig wie die einzelnen chemischen Potentiale der Ionen sowie die Aktivitätskoeffizienten, die auf der rechten Seite der Gl. (13.3) erscheinen.

13.3 Überführungsenergie eines einzelnen Ions

Wenngleich man die Differenz der inneren Potentiale zwischen zwei Phasen unterschiedlicher Zusammensetzung prinzipiell nicht messen kann, wäre es doch nützlich, gute Schätzwerte zu erhalten. Nach Gl. (13.3) kann man sie aus der Differenz der (ebenfalls nicht meßbaren) chemischen Potentiale der einzelnen Ionen erhalten. Wäre die *Freie Standardenthalpie für die Überführung der einzelnen Ionen*

$$\Delta G_t^0(+) = \mu_2^0(+) - \mu_1^0(+); \quad \Delta G_t^0(-) = \mu_2^0(-) - \mu_1^0(-) \tag{13.7}$$

bekannt, so könnte man die Differenz der inneren Potentiale zumindest für den Grenzfall unendlicher Verdünnung, in dem die Aktivitätskoeffizienten gleich Eins sind, berechnen. Für höhere Konzentrationen benötigt man eine zusätzliche Annahme über die Größe der Aktivitätskoeffizienten der Ionen [2]; man kann sie zum Beispiel aus der Debye-Hückel-Theorie oder ähnlichen Modellen abschätzen.

Die freie Enthalpie für die Überführung eines *Salzes* ist meßbar. Wenn sich diese für ein einziges Salz in die Beiträge der einzelnen Ionen aufspalten ließe, wäre das Problem auch für alle anderen Salze gelöst: Angenommen, die freie Energie für die Überführung des Salzes MA ließe sich in die Beiträge der Ionen M$^+$ und A$^-$ aufteilen. Die freie Überführungsenthalpie zweier anderer Ionen N$^+$ und B$^-$ ließe sich dann aus den freien Überführungsenthalpien der Salze MB und NA erhalten, da diese bei kleinen Konzentrationen additiv sind.

Eine häufig benutzte Skala für die Überführungsenergie einzelner Ionen beruht auf der Hypothese, daß die Solvatisierungsenergien des Tetraphenylarsonium-(TPAs$^+$) und des Tetraphenylborations (TPB$^-$) in allen Lösungsmitteln gleich groß sind. Diese Annahme läßt sich rechtfertigen, da beide Ionen symmetrisch und ziemlich groß sind und die Ladungen sich im Zentrum zwischen den Phenylgruppen befinden. Allerdings haben sie etwas unterschiedliche Ionenradien; der daraus resultierende Unterschied in der freien Überführungsenthalpie könnte aus der Bornschen Gleichung für Solvatisierungsenergien abgeschätzt werden, doch wird diese Korrektur in der Praxis meist vernachlässigt. Tabellen mit empfohlenen Werten für die freien Standard-Überführungsenthalpien finden sich zum Beispiel in [1].

Es gibt andere Möglichkeiten, die innere Potentialdifferenz abzuschätzen. Girault und Schiffrin [4] glauben, daß die Differenz der inneren Potentiale am Ladungsnullpunkt vernachlässigbar ist, da die Phasengrenze eine ausgedehnte Schicht ist, die beide Lösungen enthält, so daß alle Dipolpotentiale gering sind.

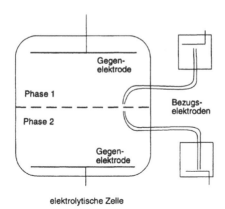

Abbildung 13.2 Vier-Elektrodenkonfiguration für flüssig-flüssig Phasengrenzen

Die sich daraus ergebende Skala der freien Überführungsenthalpie entspricht ungefähr der $TPAs^+/TPB^-$-Skala, wenn der geringe Unterschied in den Ionenradien berücksichtigt wird.

Um Messungen an diesen Systemen durchzuführen, muß man mindestens vier Elektroden einsetzen (s. Abb. 13.2), eine Gegenelektrode und eine Bezugselektrode auf jeder Seite. Man mißt dann die Differenz der Potentiale zwischen den beiden Bezugselektroden. Eigentlich kann jede Bezugselektrode auf die Vakuumskala bezogen werden, wenn man die in Kapitel 2 vorgestellte Methode anwendet, doch können die erforderlichen Daten nicht mit genügender Genauigkeit erhalten werden. Die gemessene Potentialdifferenz zwischen den beiden Bezugselektroden charakterisiert die Potentiale zwischen den beiden Phasen eindeutig. Sie kann in eine (geschätzte) Skala von inneren Potentialdifferenzen umgewandelt werden, indem man die Übertragungsenergien der beteiligten Ionen einbezieht.

13.4 Eigenschaften der Doppelschicht

Im Zusammenhang mit den Eigenschaften der Doppelschicht zwischen einer Metallelektrode und einer Elektrolytlösung wurde der Begriff der *ideal polarisierbaren Elektrode* eingeführt. Sie ist durch die Abwesenheit von Ladungstransferreaktionen in einem bestimmten *Potentialfenster* gekennzeichnet (s. Kapitel 4). Eine ähnliche Situation kann auch an einer Phasengrenze zwischen zwei Flüssigkeiten auftreten, z.B. an der Phasengrenze zwischen Wasser und einem organischen Lösungsmittel. Fügt man dem organischen Lösungsmittel ein stark hydrophobes Salz hinzu und dem Wasser ein Salz, das in der organischen Phase nahezu unlösbar ist, so gibt es einen Potentialbereich, in dem die Ionenübertragung

durch die Phasengrenze vernachlässigbar ist. Sicher hat theoretisch jedes Salz
eine endliche Lösbarkeit in jedem Lösungsmittel; in der Praxis kann diese aber
vernachlässigt werden.

Es liegt nahe, die Gouy-Chapmann-Theorie auf ideal polarisierbare flüssig-
flüssig Phasengrenzen auszuweiten. Im allgemeinen gibt es auf beiden Seiten der
Phasengrenze Überschußladungsdichten σ und $-\sigma$ (s. Abb. 13.1). Bei der mathematischen Behandlung dieses Problems geht man im wesentlichen genau so
vor wie bei den Metallelektroden, nur daß jetzt zwei Raumladungsschichten vorhanden sind, eine auf jeder Seite der Phasengrenze. Hier soll die Kapazität der
Phasengrenze untersucht werden, eine Größe, die experimentell bestimmbar ist.
Die Kapazität C der Phasengrenze pro Fläche ist durch die Änderung der Ladungsdichte σ mit der Änderung des inneren Potentials gegeben:

$$C = \frac{d\sigma}{d(\phi_2^\infty - \phi_1^\infty)} \tag{13.8}$$

wobei die hochgestellten Indizes ∞ hinzugefügt wurden, um die Grenzwerte in
unendlicher Entfernung von der Phasengrenze zu bezeichnen. Die Potentialände-
rung, die tatsächlich gemessen wird, ist die Differenz der Potentiale der beiden
Bezugselektroden, die aber von $\phi_2^\infty - \phi_1^\infty$ nur um eine Konstante abweicht, die
beim Differenzieren wegfällt. Diese Anordnung von Ladungen verhält sich wie
zwei in Serie geschaltete Kondensatoren, so daß man folgende Beziehung aufstellen kann:

$$\frac{1}{C} = \frac{1}{C_1} + \frac{1}{C_2} \tag{13.9}$$

Die Kapazitäten der beiden Phasen C_1 und C_2 können aus der Gouy-Chapman-
Theorie (s. Kapitel 4) berechnet werden. Man muß aber beachten, daß die Potentiale im Inneren der beiden Phasen nicht gleich Null sind (nur ein Potential
kann gleich Null gesetzt werden). So kann man $\phi(0)$ in Gl. (4.11) durch $\phi_i^s - \phi_i^\infty$
ersetzen, wobei $i = 1, 2$, und ϕ_i^s das Potential in der Phase i an der Phasengrenze
bezeichnet. Daraus erhält man für einen z-z-Elektrolyten:

$$C_i = \epsilon_i \epsilon_0 \kappa_i \cosh \frac{z_i e_0 (\phi_i^s - \phi_i^\infty)}{2kT} \tag{13.10}$$

Das innere Potential ϕ_i^s muß noch aus der Poisson-Boltzmann-Gleichung berechnet werden (s. Kapitel 4).

Die Potentiale ϕ_i^s an beiden Seiten der Phasengrenze können sich durch ein
Dipolpotential unterscheiden. Ändert sich dieses mit dem angelegten Potential,
ergibt dies einen zusätzlichen Beitrag zur Kapazität der Phasengrenze, und die
Gl. (13.9) muß ersetzt werden durch:

$$\frac{1}{C} = \frac{1}{C_1} + \frac{1}{C_2} + \frac{d(\phi_2^s - \phi_1^s)}{d\sigma} \tag{13.11}$$

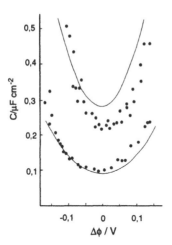

Abbildung 13.3 Kapazität der Phasengrenze zwischen einer wässrigen Lösung von Na-Br und TBAs/TPB in Nitrobenzol. Die oberen Punkte entsprechen einer 0,1 M Lösung, die unteren einer Lösung von 10^{-2} M in beiden Phasen. Die beiden Kurven wurden aus der Gouy-Chapman-Theorie berechnet. Konventionsgemäß ist die Bezeichnung des Potentials: $\Delta\phi = \phi_w - \phi_o + \text{const.}$, wobei der Index w für eine wässrige Lösung und o für die organische Phase steht. Die Daten sind der Lit. 1 entnommen.

Im allgemeinen läßt sich die Gouy-Chapman-Theorie ganz gut auf flüssig-flüssig Phasengrenzen anwenden, also muß der Beitrag des Dipolpotentials gering sein. Die Kapazität der Phasengrenze zeigt ein Minimum am Ladungsnullpunkt bei kleinen Elektrolytkonzentrationen (s. Abb. 13.3).

Systematische Abweichungen von der Gouy-Chapman-Theorie treten auf, wenn Ionen an der Phasengrenze spezifisch adsorbiert werden. Dies entsteht häufig durch Bildung von Ionenpaaren über die Phasengrenze hinweg, wobei sich ein Ion in der wässrigen, das andere in der organischen Phase befindet. Als Beispiel sei die Arbeit von Cheng et al. [5] genannt, in der die Phasengrenze zwischen einer wässrigen Lösung von Alkalihalogeniden und einer Lösung von TPAs/TPB in 1,2-Dichloroethan untersucht wurde. Die Abbildung 13.4 zeigt Kapazitätskurven für fünf verschiedene Alkaliionen. Die Kurven entsprechen sich bei kleinen, unterscheiden sich aber erheblich bei höheren Potentialen. Die Abweichungen können dadurch erklärt werden, daß die Alkalikationen mit den TPB^--Anionen wechselwirken. Diese Ionenpaarbildung führt zu einer geringeren durchschnittlichen Ladungstrennung an der Phasengrenze, und demnach zu höheren Kapazitäten. Der Effekt ist am schwächsten für Lithiumkationen und steigt innerhalb der Gruppe der Alkalimetalle an: $Li^+ < Na^+ < K^+ < Rb^+ < Cs^+$. So ist also, wie erwartet, die Tendenz zur Bildung von Ionenpaaren an der Phasengrenze umso höher, je geringer die Hydratationsenergie der Kationen ist.

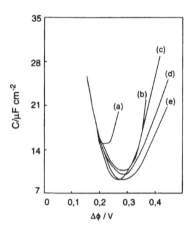

Abbildung 13.4 Kapazität der Phasengrenze zwischen einer wässrigen Lösung von Alkalihalogeniden und einer Lösung von TPAs/TPB in 1,2-Dichlorethan. Die Elektrolytkonzentration beträgt in beiden Zellen 10^{-2} M. Die benutzten Alkalihalogenide sind: (a) CsCl, (b) RbCl, (c) KCl, (d) NaCl, (e) LiCl. Die Daten sind der Lit. 5 entnommen.

13.5 Elektronentransferreaktionen

Elektronentransferreaktionen können an flüssig-flüssig Phasengrenze nur dann ablaufen, wenn auf beiden Seiten Redoxpaare vorhanden sind. Diesen Reaktionen liegt dann folgendes Grundschema zugrunde (s. Abb. 13.5):

$$Ox_1 + Red_2 \rightleftharpoons Red_1 + Ox_2 \qquad (13.12)$$

wobei Ox_1, Red_1 das Redoxpaar der Phase 1, Ox_2, Red_2 das Redoxpaar der Phase 2 ist. Gemäß den Vorstellungen des Kapitels 3 wird das Gleichgewichtspotential, das bei einer Konfiguration mit vier Elektroden gemessen wird, abgeleitet. Phase 1 wird mit einer Referenzelektrode I und Phase 2 mit einer Referenzelektrode II verbunden. Zur Vereinfachung wird angenommen, daß die beiden Referenzelektroden aus dem gleichen Metall M bestehen. Die Potentialdifferenz zwischen den beiden Bezugselektroden ist:

$$\Delta\phi = \phi_{II} - \phi_I = (\phi_{II} - \phi_2) + (\phi_2 - \phi_1) + (\phi_1 - \phi_I) \qquad (13.13)$$

Die beiden Bezugselektroden und die Phasengrenze zwischen den beiden Lösungen befinden sich im elektronischen Gleichgewicht, so daß die Differenz der inneren Potentiale durch die Differenz der chemischen Potentiale ausgedrückt werden kann. Die chemischen Potentiale der beiden Metallelektroden seien μ_M, die der beiden Bezugssysteme μ_{ref}^1 und μ_{ref}^2 und schließlich die der Redoxpaare μ_{redox}^1 and μ_{redox}^2. Man erhält dann:

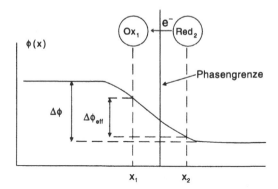

Abbildung 13.5 Elektronentransferreaktionen an flüssig-flüssig Phasengrenzen. $\Delta\phi$ ist die Differenz des inneren Potentials, $\Delta\phi_{\text{eff}}$ ist der bei der Reaktion maßgebliche Teil.

$$
\begin{aligned}
\Delta\phi &= (\mu_M - \mu_{\text{ref}}^2) + (\mu_{\text{redox}}^2 - \mu_{\text{redox}}^1) + (\mu_{\text{ref}}^1 - \mu_M) \\
&= \mu_{\text{ref}}^1 - \mu_{\text{ref}}^2 + \mu_{\text{redox}}^2 - \mu_{\text{redox}}^1
\end{aligned}
\tag{13.14}
$$

Da Systeme, die in der gleichen Phase sind, das gleiche innere Potential erfahren, kann man die Potentialdifferenz wie folgt schreiben:

$$
\Delta\phi = (\tilde{\mu}_{\text{ref}}^1 - \tilde{\mu}_{\text{redox}}^1) - (\tilde{\mu}_{\text{ref}}^2 - \tilde{\mu}_{\text{redox}}^2)
\tag{13.15}
$$

Ein Vergleich mit Gleichung (3.6) zeigt, daß das gemessene Potential nichts anderes ist als die Differenz der Gleichgewichtspotentiale der beiden Redoxpaare, wobei sich jedes Redoxpaar auf eine eigene Referenzelektrode bezieht. Dieses Ergebnis mag trivial erscheinen, doch ist es nützlich, diese Gleichung aus den grundlegenden Prizipien abzuleiten. Die entsprechende Nernst-Gleichung lautet

$$
\phi_2 - \phi_1 = \Delta\phi = \Delta\phi^0 + \frac{RT}{nF} \ln \frac{a_{\text{Red}}^1 a_{\text{Ox}}^2}{a_{\text{Ox}}^1 a_{\text{Red}}^2}
\tag{13.16}
$$

wobei $\Delta\phi^0$ der Standardwert ist für den Fall, daß alle Aktivitäten gleich Eins sind.

Elektrontransferreaktionen an flüssig-flüssig Phasengrenzen ähneln den Elektronentransferreaktionen durch biologische Membranen, was sie zusätzlich interessant macht. Zudem erlauben sie im Gegensatz zu homogenen Elektronentransferreaktionen die Trennung der Reaktionsprodukte. Umso verdrießlicher, daß bisher nur wenige Experimente zu Elektronentransferreaktionen an solchen Systemen durchgeführt wurden. Dies liegt sicherlich daran, daß es schwierig ist, Systeme zu finden, bei denen die Reaktanden nach der Reaktion nicht durch die Phasengrenze hindurchtreten. Zudem können Nebenreaktionen des Leitelektrolyten ein Problem darstellen.

Eine der wenigen Arbeiten zu diesem Thema wurde von Cheng und Schiffrin [6] an der Phasengrenze zwischen Wasser und 1,2 Dichloroethan durchgeführt. Als Reaktanden in der wässrigen Phase wurde das Redoxpaar $[Fe(CN)_6]^{3-/4-}$ gewählt, während in der organischen Phase mehrere verschiedene Redoxpaare auftraten (z.B. Lutetiumdiphtalocyanin). Obgleich sich die Reaktionsgeschwindigkeiten mittels Impedanzspektroskopie (s. Kapitel 16) leicht messen lassen, ist die Interpretation der Ergebnisse schwierig. Dabei ergibt sich folgendes Problem: Ist der geschwindigkeitsbestimmende Schritt der Austausch eines Elektrons durch die Phasengrenze hindurch, muß man die Änderung des elektrostatischen Potentials durch die Phasengrenze kennen, um die Ergebnisse mit Hilfe der Theorien der Elektronentransferreaktionen analysieren zu können. Benutzt man die Bezeichnungen aus Abb. 13.5, kann man aus den Potentialen $\phi(x_1)$ und $\phi(x_2)$ an den Reaktionsorten die Konzentration der Reaktanden an der Phasengrenze berechnen (s. auch den Abschnitt über Doppelschichtkorrekturen in Kapitel 6). Der Potentialsprung $\Delta\phi_{eff} = \phi(x_2) - \phi(x_1)$ beeinflußt die Reaktionsgeschwindigkeit. Nach den gemessenen Kapazitäten zu urteilen, ist dies nur ein kleiner Teil der gesamten Potentialdifferenz $\Delta\phi = \phi_2 - \phi_1$. Will man die Abhängigkeit der Reaktionsgeschwindigkeit vom tatsächlichen Potential untersuchen, so muß man wissen, wie sich $\Delta\phi_{eff}$ mit $\Delta\phi$ verändert. Die bisher vorliegenden Theorien für die Phasengrenze sind einfach noch nicht gut genug, um zuverlässige Werte zu liefern. Es wäre zwar überraschend, sollten die in den Kapiteln 6 bis 8 vorgestellten Theorien zu Elektronentransferreaktionen nicht auch auf flüssig-flüssig Phasengrenzen anwendbar sein. Es ist gleichwohl schwierig, dieses zu überprüfen. Zur Zeit kann man zumindest sagen, daß die erhaltenen Ergebnisse den bekannten Theorien nicht widersprechen.

Bei der Phasengrenze zwischen einem Metall und einer Elektrolytlösung sind die Verhältnisse viel günstiger: Setzt man einen hoch konzentrierten Leitelektrolyten ein, kann sichergestellt werden, daß sich das Potential an den Reaktionsorten nur wenig vom Potential im Inneren der Lösung unterscheidet. Dies gilt nicht für flüssig-flüssig Phasengrenzen, da bei hohen Ionenkonzentrationen die Ausdehnung der diffusen Doppelschicht ähnlich groß ist wie die der Phasengrenze selbst.

Manchmal können flüssig-flüssig Phasengrenzen eingesetzt werden, um die Produkte einer photoinduzierten Elektronentransferreaktion zu trennen. Ein erstes Beispiel hierfür ist die Arbeit von Willner et al. [7], die an der Phasengrenze von Wasser und Toluol die Photooxidation von $[Ru(bpy)_3]^{2+}$ in der wässrigen Phase zum Thema hat. Der angeregte Zustand wurde durch Hexadecyl-4,4'bipyridium gelöscht, welches bei der Reduktion hydrophob wird und in die organische Phase übergeht. Es gibt mehrere Beispiele und Mechanismen dieser Art. Zur Zeit werden diese aber vornehmlich unter rein chemischen Aspekten untersucht.

13.6 Ionentransferreaktionen

Ionentransferreaktionen durch eine flüssig-flüssig Phasengrenze hindurch lassen sich einfacher untersuchen als Elektronentransferreaktionen. Daher liegen zu diesen Reaktionen auch mehr experimentelle Daten vor. Ihre Interpretation ist aber nicht minder schwierig. Zur Zeit kann man mit einiger Sicherheit sagen:

1. Der Ionentransfer durch eine flüssig-flüssig Phasengrenze läuft schnell ab.

2. Daher ist es schwierig, zwischen Ionentransport zur Phasengrenze hin und Ionentransfer durch die Phasengrenze zu unterscheiden.

3. Es gibt Hinweise, daß einige Systeme phänomenologisch dem Butler-Volmer-Gesetz folgen, d.h., die Teilströme hängen exponentiell von der Potentialdifferenz zwischen den beiden Phasen ab.

Als Beispiel sind in Abbildung 13.6 Tafel-Geraden für den Austausch eines Acetylcholin-Ions zwischen einer wässrigen Lösung und 1,2 DCE aufgetragen. Die beiden Äste wurden unter Bedingungen gemessen, bei denen das Ion zu Beginn nur in einer Phase vorhanden ist. Diese Reaktion folgt dem Butler-Volmer-Gesetz erstaunlich gut, selbst wenn man bei einer mikroskopischen Interpretation auf ähnliche Probleme stößt wie bei den soeben vorgestellten Elektronentransferreaktionen.

Vom chemischen Standpunkt aus ist das Phänomen des *unterstützten Ionentransfers* äußerst spannend. Der Ionenaustausch wird in diesem Falle begleitet von einer Komplexbildung in einer der Phasen. Dies führt zu einer Gleichgewichtseinstellung in der gewünschten Richtung. In Abbildung 13.7 werden mehrere mögliche Mechanismen für den Transfer aus der wässrigen in die organische Phase aufgeführt [3]:

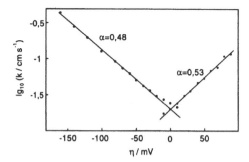

Abbildung 13.6 Tafel-Geraden für den Transfer eines Acetylcholinion zwischen einer wässrigen Lösung und 1,2-DCE. Die Gerade auf der rechten Seite entspricht dem Transfer aus der wässrigen in die organische Phase. Die Daten sind der Ref. 3 entnommen.

ACT, Komplexbildung in der wässrigen Phase gefolgt von einem Ionentransfer
(englisch: *a*queous *c*omplexation followed by *t*ransfer ;

TOC, Transfer gefolgt von Komplexbildung in der organischen Phase (*t*ransfer
followed by *o*rganic-phase *c*omplexation);

TIC, Transfer mit Komplexbildung an der Phasengrenze (*t*ransfer by *i*nterfacial
*c*omplexation);

TID, Transfer durch Dissoziation an der Phasengrenze (*t*ransfer by *i*nterfacial
*d*issociation).

In der Praxis ist es schwierig, diese Mechanismen zu unterscheiden, da die Phasengrenze eine gewisse Ausdehnung besitzt. Ein gutes Beispiel ist der unterstützte
Ionentransfer von Natriumchloridionen aus Wasser in 1,2-DCE [8]. Die Löslichkeit
der Natriumkationen in der organischen Phase ist sehr gering, und der Transfer
erfordert das Anlegen eines hohen positiven Potentials in der wässrigen Phase.
Fügt man geringe Mengen von Dibenzo-18-Kronen-6 hinzu, welches als *Ionophor*
(d.h. als Komplexbildner für Ionen) fungiert, wird der Transfer erleichtert und
läuft bei sehr viel kleineren Potentialen ab. Die Natriumkationen bilden an der
Phasengrenze einen Komplex, der dann ins Innere der organischen Phase übertragen wird. Nach der oben eingeführten Terminologie wäre dies ein Beispiel für
einen Transfer durch Komplexbildung an der Phasengrenze (TIC).

13.7 Ein Modell für die flüssig-flüssig Phasengrenze

Phasengrenzen und die Trennung von Phasen sind in vielen Systemen zu beobachten: in Legierungen, in ferromagnetischen Substanzen und in Lösungen. Der

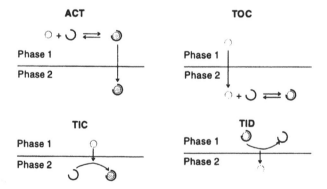

Abbildung 13.7 Verschiedene Mechanismen zu unterstützten Ionentransferreaktionen

zugrundeliegende Mechanismus kann mit Hilfe eines einfachen Modells, des *Gittergases*, erklärt werden. Eine einfache Version dieses Modells, angewendet auf die flüssig-flüssig Phasengrenze, soll im folgenden vorgestellt werden.

Man betrachte eine Lösung, die aus zwei Arten von Molekülen (1 und 2) besteht. Diese seien so auf einem kubischen Gitter verteilt, daß jeder Gitterplatz von einer Molekülart besetzt ist. Die Wechselwirkung zwischen den Molekülen beschränkt sich auf die jeweils nächsten Nachbarn. Mit w_{11}, w_{22} und w_{12} werden die Wechselwirkungsenergien zwischen den Paaren 11, 22, und 12 bezeichnet. Sie sind negativ, wenn es sich um Anziehung handelt. Die Energie E des Gemisches ist dann

$$E = N_{11}w_{11} + N_{22}w_{22} + N_{12}w_{12} \qquad (13.17)$$

wobei N_{ij} die Anzahl der Paare ij ist. Sei m die Anzahl der nächsten Nachbarn; für ein kubisches Gitter ist $m = 6$. Die Gesamtzahl der Moleküle N_1 and N_2 verhält sich zur Anzahl der Paare wie folgt:

$$mN_1 = 2N_{11} + N_{12}$$
$$mN_2 = 2N_{22} + N_{12} \qquad (13.18)$$

Praktischer ist es, die Größen

$$E_{11} = mN_1w_{11}/2$$
$$E_{22} = mN_2w_{22}/2$$
$$w = w_{12} - (w_{11} + w_{22})/2 \qquad (13.19)$$

einzuführen und für die Gesamtenergie dann folgende Gleichung zu formulieren:

$$E = E_{11} + E_{22} + N_{12}w \qquad (13.20)$$

Die Anzahl der Paare N_{12} ist durch die Wahrscheinlichkeit gegeben, ein Molekül 1 an einer bestimmten Stelle und ein Molekül 2 an einer der sechs benachbarten Plätze zu finden. Sind die Moleküle zufällig verteilt, erhält man:

$$N_{12} = mNx_1x_2 \quad \text{mit} \quad x_1 = N_1/N \quad x_2 = N_2/N \qquad (13.21)$$

In dieser einfachsten Näherung werden alle Abweichungen von der zufälligen Verteilung, welche durch Wechselwirkungen hervorgerufen werde, vernachlässigt. Dies Vorgehen ist auch als *Bragg-Williams-Näherung* bekannt.

Um die freie Enthalpie zu erhalten, wird die Entropie $S = k \ln W$ benötigt, wobei W die Anzahl der verschiedenen Realisierungsmöglichkeiten des Systems ist. Die Anzahl der Möglichkeiten, mit der N_1 Moleküle des Typs 1 und $N_2 = N - N_1$ Moleküle des Typs 2 auf N Plätze verteilt werden können, ist:

$$W = \frac{N!}{N_1!N_2!} \qquad (13.22)$$

Nach der Stirling-Formel ist $\ln N! \approx N \ln N - N$, so daß man für die Entropie

$$S = -Nk\left[x_1 \ln x_1 + x_2 \ln x_2\right] \qquad (13.23)$$

erhält. Da das Gitter unveränderlich ist, ändert sich das Volumen nicht mit dem Druck, so daß Enthalpie und freie Enthalpie des Systems gleich sind. Fügt man den Anteil der Energie aus Gl. (13.20) und Gl. (13.21) hinzu, ergibt sich für die freie Enthalpie:

$$G = A = E_{11} + E_{22} + mNx_1x_2w + NkT\left[x_1 \ln x_1 + x_2 \ln x_2\right] \qquad (13.24)$$

Die letzten beiden Terme entsprechen der Änderung ΔG^M der freien Enthalpie, die während des Mischens auftritt. Setzt man für $x_2 = 1 - x_1$ ein, erhält man folgende Gleichung:

$$\frac{\Delta G^M}{NkT} = \alpha x_1(1 - x_1) + x_1 \ln x_1 + (1 - x_1)\ln(1 - x_1) \qquad (13.25)$$

wobei $\alpha = mw/kT$. Abbildung 13.8 zeigt die freie Enthalpie der Mischung als Funktion der Zusammensetzung x_1 für verschiedene Werte von α. Alle Kurven sind zu dem Punkt $x = 1/2$ symmetrisch. Man kann zwei Fälle unterscheiden: Ist $\alpha < 2$, so hat die freie Enthalpie der Mischung nur ein Minimum bei $x_1 = 1/2$, wo beide Komponenten in den gleichen Mengen vorhanden sind. In diesem Fall ist jede Mischung der beiden Komponenten stabil. Ist $\alpha > 2$, hat die freie Enthalpie der Mischung ein Maximum bei $x = 1/2$ und zwei Minima, die symmetrisch auf beiden Seiten des Maximums bei x_1^0 bzw. $(1 - x_1^0)$ liegen. In diesem Fall wird sich

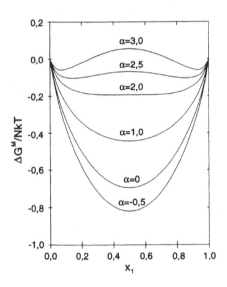

Abbildung 13.8 Die freie Entphalpie einer Mischung als Funktion der Zusammensetzung

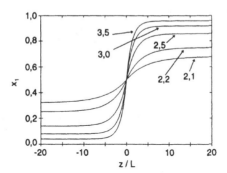

Abbildung 13.9 Dichteprofil an der Phasengrenze zwischen zwei nicht mischbaren Flüssigkeiten; die Zahlen entsprechen verschiedenen Werten von α.

die Lösung in zwei Phasen teilen: eine Phase, die reich an Molekülen des Typs 1, und eine Phase, die reich an Molekülen des Typs 2 ist. Dies tritt dann auf, wenn die Wechselwirkungen w_{11} und w_{22} sehr viel stärker sind als die Wechselwirkung w_{12}. Es bilden sich zwei Lösungen unterschiedlicher Zusammensetzung, die durch eine flüssig-flüssig Phasengrenze voneinander getrennt sind.

An der Phasengrenze ändert sich die Zusammensetzung von $x_1 = x_1^0$ zu $x_1 = (1 - x_1^0)$. Diese Änderung tritt jedoch nicht abrupt auf, sondern verläuft über einen gewissen Bereich an der Phasengrenze. Die Dicke dieses Bereichs wird dadurch bestimmt, daß die freie Enthalpie zur Bildung der Phasengrenze minimal ist. Für die Berechnung muß man zunächst die freie Enthalpie $g = G^M/V$ der Mischung pro Einheitsvolumen heranziehen. Im Inneren einer Phase ist diese gegeben durch Gl. (13.24) dividiert durch das Volumen. Außerdem muß die Anzahl der Teilchen N_V pro Einheitsvolumen eingeführt werden. Dies ergibt:

$$g_{\text{bulk}} = N_V \left\{ m w x_1 x_2 + kT \left[x_1 \ln x_1 + x_2 \ln x_2 \right] \right\} \qquad (13.26)$$

In der Nähe der Phasengrenze ändert sich die Zusammensetzung, und die freie Enthalpie muß einen Term enthalten, der von Änderung abhängt. Das Koordinatensystem wird so gewählt, daß die z-Achse senkrecht der Phasengrenze ist.

Der führende Term muß den Gradienten dx_1/dz der Zusammensetzung enthalten. Aus Gründen der Symmetrie muß dieser Term unabhängig von der Änderung des Vorzeichens sein, also sollte er proportional zum Quadrat des Gradienten sein. So ist die freie Enthalie pro Volumen in der einfachsten Näherung:

$$g(z) = g_{\text{bulk}} + \gamma \left(\frac{dx_1}{dz} \right)^2 \qquad (13.27)$$

Um den Koeffizienten γ zu bestimmen, wird die hypothetische Situation betrachtet, in der sich die Zusammensetzung an der Phasengrenze abrupt von $x_1 = 1$ zu $x_1 = 0$ ändert. In diesem Fall ist der Gradient $dx_1/dz = 1/a$, wobei a die Gitterkonstante ist. Im Vergleich zum Zustand im Inneren der Lösung ist ein neues Paar 12 pro Oberflächenmolekül entstanden, wobei aber zwei Bindungen 11 und 22 aufgebrochen wurden. Die Überschußenergie pro Atom erhält man über folgende Schritte: Eine homogene Phase, die ausschließlich Moleküle des Typs 1 enthält, wird in zwei Teile gespalten. Die Energieänderung pro neu erzeugtem Oberflächenatom ist $w_{11}/2$. Analog dazu wird eine Phase, bestehend aus Molekülen des Typs 2, in zwei Teile gespalten. Die Energie pro Oberflächenatom ist dann $w_{22}/2$. Anschließend werden zwei Halbkristalle unterschiedlicher Zusammensetzung zusammengeführt. Es ergibt sich ein Energiegewinn von w_{12} pro Atompaar. Die Überschußenergie pro Atom an der Phasengrenze ist: $w_{12} - w_{11}/2 - w_{22}/2 = w$. (Eine andere Ableitung findet sich bei Cahn et al. [9]). Also ist:

$$\frac{g(z)}{N_V kT} = \alpha x_1 x_2 + [x_1 \ln x_1 + x_2 \ln x_2] + \alpha a^2 \left(\frac{dx_1}{dz}\right)^2 \tag{13.28}$$

Die Gesamtenergie der Mischung

$$G^M = \int_{-\infty}^{\infty} g(z)\, dz \tag{13.29}$$

erreicht ihr Minimum für das tatsächliche Dichteprofil $x_1(z)$. Eine Näherungslösung erhält man nach folgenden Überlegungen: weit weg von der Phasengrenze, im Inneren der Lösung, liegt Gleichgewicht vor. Also:

$$\lim_{z \to \infty} x_1(z) = x_1^0 \qquad \lim_{z \to -\infty} x_1(z) = 1 - x_1^0 \tag{13.30}$$

In einer einfachen Näherung kann man annehmen, daß auf jeder Seite der Phasengrenze sich das Dichteprofil exponentiell seinen Grenzwerten annähert und die Form

$$x_1(z) = \begin{cases} (1 - 2x_0)\left[1 - \frac{1}{2}\exp(z/L)\right] + x_0 & \text{für } \quad z < 0 \\ \frac{1}{2}(1 - 2x_0)\exp(-z/L) + x_0 & \text{für } \quad z > 0 \end{cases} \tag{13.31}$$

hat, wobei die Abfallänge L so gewählt werden muß, daß die Mischungsenergie minimal ist. Die Minimierung ist numerisch leicht durchzuführen. In diesem einfachen Modell bestimmt ein einziger Parameter α sowohl die Gleichgewichtszusammensetzung x_0 als auch die Länge L/a relativ zur Gitterkonstanten.

In Tabelle 13.1 sind einige typische Werte aufgeführt; Abb. 13.9 zeigt die zugehörigen Dichteprofile. Je größer α ist, umso geringer ist die Löslichkeit der einen Spezies in der anderen, und desto kleiner ist die Abfallänge. Je näher aber α sich dem kritischen Wert $\alpha = 2$ nähert, desto größer wird die Abfallänge. Anders gesagt, je schwächer die Wechselwirkungen w_{12} im Vergleich zu den Wechselwirkungen w_{11} und w_{22} sind, desto schärfer ist die Grenze zwischen den beiden Phasen.

Tabelle 13.1 Zusammensetzung der Lösung und Abfallängen für verschiedene Werte von α.

α	x_0	L/a
2,1	0,68	4,65
2,2	0.75	3,33
2,5	0,86	2,13
3,0	0,92	1,52
3,5	0,96	1,26

Literatur

[1]   P. Vanysek, *Electrochemistry on Liquid-Liquid Interfaces*, Lecture Notes in Chemistry, Vol. 39, Springer, New York, 1985.

[2]   H. H. Girault und D. J. Schiffrin, in: *Electroanalytical Chemistry*, Vol. 15, Hrsg. A. J. Bard, M. Dekker, New York, 1989.

[3]   H. H. Girault, in: *Modern Aspects of Electrochemistry*, Vol. 25, Hrsg. J. O'M. Bockris et al., Plenum Press, New York, 1993.

[4]   H. H. Girault und D. J. Schiffrin, *Electrochim. Acta* **31** (1986) 1341.

[5]   Y. Cheng, V. C. Cunnane, D. J. Schiffrin, L. Mutomäki, und K. Kontturi, *J. Chem. Soc. Faraday Trans.* **87** (1991) 107.

[6]   Y. Cheng und D. J. Schiffrin, *J. Chem. Soc. Faraday Trans.* **89** (1993) 199.

[7]   I. Willner, W. E. Ford, J. W. Otvos, und M. Calvin, *Nature* **244** (1988) 27.

[8]   Y. Shao und H. H. Girault, *J. Electroanal. Chem.* **334** (1992) 203.

[9]   J. W. Cahn und J. E. Hilliard, *J. Chem. Phys.* **28** (1958) 258.

14 Thermodynamik flüssiger Elektroden

An flüssigen Elektroden kann man Oberflächenladung und Oberflächenüberschuß einer Spezies präzise aus thermodynamischen Messungen bestimmen. Deshalb wurden viele ältere Arbeiten an flüssigen Elektroden, insbesondere an Quecksilber, durchgeführt, zumal saubere feste Elektrodenoberflächen schwerer herzustellen sind. Mit gewissen Einschränkungen kann man auch an festen Elektroden thermodynamische Messungen durchführen, doch beschränken sich die folgenden Ausführungen auf die Phasengrenze zwischen einer flüssigen Metallelektrode und einer Elektrolytlösung, und zwar auf den Fall einer ideal polarisierbaren Elektrode (s. Kapitel 4), an der außer Adsorption keine Reaktionen stattfinden.

Man betrachte zunächst eine einzelne Phase, in der sich verschiedene geladene und neutrale Teilchen im Gleichgewicht befinden. Das Differential dU der inneren Energie ist dann

$$dU = T\,dS - p\,dV + \sum_i \bar{\mu}_i\,dN_i \qquad (14.1)$$

wobei die üblichen Bezeichnungen verwendet wurden; die Summe erstreckt sich über alle vorhandenen Teilchensorten.

Man kann solche thermodynamischen Beziehungen auf einfache Weise auf Phasengrenzen anwenden, indem man diese als eine Phase mit einer sehr kleinen, aber endlichen Ausdehnung betrachtet, welche mit zwei homogenen Phasen in Kontakt steht (s. Abb. 14.1). Ihre Dicke muß so groß sein, daß sie den Bereich umfaßt, in dem die Konzentrationen der Teilchen von denen im Inneren der Phasen abweichen. Es stellt sich heraus, daß es nichts ausmacht, wenn man eine größere Dicke

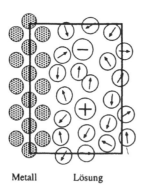

Metall   Lösung

Abbildung 14.1 Die Phasengrenze zwischen einem Metall und einer Elektrolytlösung

wählt. Der Einfachheit halber werden die Oberflächen an der Phasengrenze als eben angenommen.

Gleichung (14.1) gilt für eine Volumenphase und enthält keinen Beitrag der Oberflächen zur inneren Energie. Um sie auf Phasengrenzen anzuwenden, muß man noch einen zusätzlichen Term einführen. Für die Phasengrenze zwischen zwei Flüssigkeiten ist dies der Beitrag $\gamma\,dA$, wobei γ die *Oberflächenspannung* ist und A die Oberfläche. Die fundamentale Beziehung (14.1) nimmt dann folgende Form an:

$$dU^\sigma = T\,dS^\sigma - p\,dV^\sigma + \gamma\,dA^\sigma + \sum_i \tilde{\mu}_i^\sigma\,dN_i^\sigma \tag{14.2}$$

wobei der Index σ anzeigt, daß die zugehörige Größe sich auf die Phasengrenze bezieht. Das gesamte System einschließlich der beiden angrenzenden Volumenphasen soll sich im thermischen und mechanischen Gleichgewicht befinden, so daß Temperatur und Druck konstant sind. Um die Gleichungen nicht unnötig mit Indizes zu überfrachten, wird der Index σ im folgenden nur dann verwendet, wenn es nicht offensichtlich ist, daß sich eine Größe auf die Phasengrenze bezieht.

Die Größen in Gl. (14.2) sind nicht voneinander unabhängig. Es besteht eine Gibbs-Duhem-Gleichung, die man auf die gleiche Weise erhält wie in der Thermodynamik ausgedehnter Phasen. Durch Integration nach den extensiven Variablen ergibt sich: $U^\sigma = TS^\sigma - pV^\sigma + \gamma A^\sigma + \Sigma\tilde{\mu}_i^\sigma N_i^\sigma$. Differenziert man diesen Ausdruck und vergleicht ihn mit Gl. (14.2), erhält man:

$$S^\sigma\,dT - V^\sigma\,dp + A^\sigma\,d\gamma + \sum_i N_i^\sigma\,d\tilde{\mu}_i^\sigma = 0 \tag{14.3}$$

Als nächstes führt man die Oberflächenkonzentrationen ein:

$$\Gamma_i^* = \frac{N_i^\sigma}{A^\sigma} \tag{14.4}$$

und formt Gl. (14.3) zur *Gibbsschen Adsorptionsgleichung* um:

$$d\gamma = -\frac{S^\sigma}{A^\sigma}\,dT + h\,dp - \sum_i \Gamma_i^*\,d\tilde{\mu}_i^\sigma \tag{14.5}$$

wobei $h = V^\sigma/A^\sigma$ die Dicke der Phasengrenze bezeichnet. Im folgenden werden Druck und Temperatur als konstant vorausgesetzt und die ersten beiden Terme weggelassen.

Die Phasengrenze steht mit zwei ausgedehnten Phasen in Kontakt, mit der Metallelektrode (Index m) und mit der Lösung (Index s). Formal kann man sich das Metall aus drei Arten von Teilchen zusammengesetzt denken: den Metallatomen M, den Ionen M^{z+} und den Elektronen e^-. Diese Teilchen kommen sowohl in der Elektrode als auch in der Phasengrenze vor, aber nicht in der Lösung. Andererseits gibt es gewisse Ionen und neutrale Teilchen, die nur in der Lösung und der Phasengrenze, aber nicht im Metall vorhanden sind. Da die Elektrode ideal polarisierbar ist, können keine geladenen Teilchen durch die Phasengrenze treten.

Die Oberflächenkonzentrationen Γ_i^* hängen von der Dicke der Phasengrenze ab und sollten deshalb durch Größen ersetzt werden, die davon unabhängig sind. Dies läßt sich für diejenigen Teilchenarten erreichen, die sowohl in der Lösung als auch in der Phasengrenze vorkommen. Normalerweise hat das Lösungsmittel – es wird im folgenden den Index „0" erhalten – eine viel höhere Konzentration als alle anderen anderen Komponenten. Man führt nun den *Oberflächenüberschuß* bezüglich des Lösungsmittels ein: Im Inneren der Lösung lautet die Gibbs-Duhem-Gleichung (bei konstanten T und p) einfach $\sum N_i\, d\tilde{\mu}_i$, oder nach Umformen:

$$d\tilde{\mu}_0 = -\sum_i^{sol}{}' \frac{N_i}{N_0}\, d\tilde{\mu}_i \qquad (14.6)$$

wobei sich die Summe über alle Komponenten der Lösung mit Ausnahme des Lösungsmittels erstreckt. Da sich das Innere der Lösung und die Phasengrenze im Gleichgewicht befinden, sind die entsprechenden elektrochemischen Potentiale gleich. Man kann dann die Terme für das Lösungsmittel aus Gl. (14.5) eliminieren und den Oberflächenüberschuß der Spezies „i" durch

$$\Gamma_i = \Gamma_i^* - \frac{N_i}{N_0}\Gamma_0^* \qquad (14.7)$$

definieren. Durch eine kleine Rechnung läßt sich nachweisen, daß diese Überschußgrößen nicht von der Dicke der Phasengrenze abhängen, solange diese den gesamten Bereich umfaßt, in dem die Konzentrationen der Teilchen von ihren Werten im Inneren abweichen. Anders gesagt: Es macht nichts aus, wenn man die Dicke der Phasengrenze größer wählt als nötig. Die Oberflächenkonzentrationen der Metallteilchen M, M^+ und e^- kann man nicht auf das Lösungsmittel beziehen; trotzdem wird der Stern an ihren Oberflächenkonzentrationen im folgenden weggelassen, um die Schreibweise zu vereinfachen. Diese Terme werden später eliminiert. Die Gibbssche Adssorptionsgleichung lautet nun

$$d\gamma = -\sum_i^{sol}{}' \Gamma_i\, d\tilde{\mu}_i^s - \Gamma_{M^{z+}}\, d\tilde{\mu}_{M^{z+}}^\sigma - \Gamma_e\, d\tilde{\mu}_e^\sigma - \Gamma_M\, d\mu_M^\sigma \qquad (14.8)$$

wobei sich die Summe wieder über alle Teilchenarten mit Ausnahme des Lösungsmittels erstreckt.

Die Metallionen M^{z+}, die Atome M und die Elektronen in der Phasengrenze befinden sich im Gleichgewicht mit dem Metall, so daß ihre elektrochemischen Potentiale durch diejenigen des Metalls ausgedrückt werden können. Spaltet man diese jeweils in ihren chemischen und elektrostatischen Teil auf, erhält man:

$$\begin{aligned}
&- \; \Gamma_{M^{z+}} d\tilde{\mu}_{M^{z+}}^\sigma - \Gamma_e d\tilde{\mu}_e^\sigma - \Gamma_M d\mu_M^\sigma \\
&= -\Gamma_{M^{z+}} d\mu_{M^{z+}}^m - \Gamma_e d\mu_e^m - d\phi^m\,(ze_0\Gamma_{M^{z+}} - e_0\Gamma_e) - \Gamma_M d\mu_M^m \\
&= -\Gamma_{M^{z+}} d\mu_{M^{z+}}^m - \Gamma_e d\mu_e^m - \sigma d\phi^m - \Gamma_M d\mu_M^m
\end{aligned} \qquad (14.9)$$

wobei $\sigma = e_0(z\Gamma_{M^{z+}} - \Gamma_e)$ die Oberflächenladungsdichte ist, die durch diejenigen Teilchen erzeugt wird, welche sowohl in der Phasengrenze als auch im Metall vorkommen. Da die gesamte Phasengrenze elektrisch neutral ist, muß sie durch die Ladungsdichte derjenigen Teilchenarten kompensiert werden, die der Phasengrenze und der Lösung gemeinsam sind:

$$\sigma = ze_0\Gamma_{M^{z+}} - e_0\Gamma_e = -\sum_j z_j e_0 \Gamma_j \qquad (14.10)$$

wobei sich die Summe über alle ionischen Spezies in der Lösung erstreckt - die neutralen Teilchen tragen nichts zur Ladung bei. Man spaltet das elektrochemische Potential wieder in den chemischen und den elektrostatischen Anteil auf: $\tilde{\mu}_j^s = \mu_j^s + z_j \phi^s$. Im Metall befinden sich die Metallatome, die Ionen und die Elektronen im Gleichgewicht; also gilt: $\mu_M = \mu_{M^{z+}} + z\mu_e$. Setzt man diese Beziehungen in Gl. (14.8) ein, so erhält man:

$$d\gamma = -\sigma \, d(\phi^m - \phi^s) - \sum_j \Gamma_j \, d\mu_j^s - \sum_k \Gamma_k \, d\mu_k^s \qquad (14.11)$$

Die erste Summe ersteckt sich über alle ionischen Teichlensorten in der Lösung, die zweite über alle neutralen Spezies mit Ausnahme der Metallatome. Bei einem reinen Metall ist die Konzentration der Metallatome konstant, also verschwindet das Differential des chemischen Potentials: $d\mu_M = 0$. Allerdings können bei Amalgamen Probleme auftreten, wenn sich die Konzentration der Metallatome an der Oberfläche ändert, doch soll diese Frage hier nicht weiter behandelt werden. Alle chemischen Potentiale in Gl. (14.11) beziehen sich auf die Lösung.

Die Differenz $\phi^m - \phi^s$ der inneren Potentiale ist nicht meßbar; wenn man die Lösung jedoch mit einer geeigneten Bezugselektrode verbindet, unterscheidet sich das so festgelegte Elektrodenpotential ϕ nur um eine Konstante, so daß $d(\phi^m - \phi^s) = d\phi$. Somit erhält man die *Elektrokapillargleichung*:

$$d\gamma = -\sigma \, d\phi - \sum_j \Gamma_j \, d\mu_j^s - \sum_k \Gamma_k \, d\mu_k^s = -\sigma \, d\phi - \sum_i \Gamma_i \, d\mu_i^s \qquad (14.12)$$

Im letzten Schritt wurden die beiden Summen zu einer zusammengefaßt, die sich über alle Teilchenarten der Lösung mit Ausnahme des Lösungsmittels erstreckt.

Diese Elektrokapillargleichung hat eine bemerkenswerte Struktur: Sie drückt das Differential der Oberflächenspannung, einer intensiven und flächenbezogenen Größe, durch die Differentiale zweier anderer intensiven Größen aus, wobei sich das Potential ϕ auf das Metall und die chemischen Potentiale μ_i auf die Lösung beziehen. Alle drei intensiven Variablen sind leicht meßbar; das Elektrodenpotential wird meistens durch einen Potentiostaten vorgegeben, die chemischen Potentiale der Teilchen werden durch ihre Konzentration festgelegt. Die Variablen σ und Γ beziehen sich auf die Phasengrenze und können mit Hilfe dieser Gleichung bestimmt werden, was unten ausführlicher diskutiert werden soll.

Die Ladungsdichte σ bedarf einer gesonderten Betrachtung. Ihre Definition ist rein formal in dem Sinne, daß die Thermodynamik keinerlei Aussage über die räumliche Verteilung der Ladung macht. Eine physikalische Bedeutung erhält sie erst in einem Modell, in dem metallische und ionische Ladung eine Doppelschicht bilden, in der die metallische Ladung auf der Elektrodenseite und die ionische auf der Lösungsseite lokalisiert sind.

Ehe die Anwendungen der Elektrokapillargleichung diskutiert werden, sollen die wichtigsten Gedanken zu ihrer Ableitung nochmal zusammengefaßt werden.

- Startpunkt ist die Gibbs-Duhem-Gleichung (14.5) für die Phasengrenze; der Einfachheit halber beschränkt man sich gleich auf konstanten Druck und Temperatur.

- Die Phasengrenze enthält zwei Sorten von Teilchen: die eine steht mit der Lösung, die andere mit dem Metall im Gleichgewicht. Deswegen können die elektrochemischen Potentiale dieser Teilchen durch ihre Werte im Inneren dieser Phasen ausgedrückt werden.

- Das Lösungsmittel wird mittels der Gibbs-Duhem-Gleichung für die Lösung eliminiert; dies führt zur Definition des Oberflächenüberschusses, der nicht mehr von der Dicke der Phasengrenze abhängt.

- Die Differenz in den Konzentrationen der Metallionen und der Elektronen bestimmt die Oberflächenladungsdichte σ; diese muß von einer entsprechenden ionischen Ladungsdichte kompensiert werden.

- Die elektrochemischen Potentiale werden stets in ihre chemischen und elektrostatischen Anteile aufgespalten. An elektrischen Variablen bleiben nur die Ladungsdichte und die Differenz der inneren Potentiale bestehen, an chemischen Potentialen nur diejenigen der Teilchen in der Lösung.

Mit Hilfe der Elektrokapillargleichung können eine Reihe von wichtigen Kenngrößen der Phasengrenze zumindest prinzipiell bestimmt werden. Mißt man die Oberflächenspannung als Funktion des Elektrodenpotentials, so erhält man durch Differenzieren die Oberflächenladungsdichte (s.a. Kapitel 4):

$$\sigma = - \left(\frac{\partial \gamma}{\partial \phi} \right)_{\mu_i} \tag{14.13}$$

Diese Beziehung ist als *Lippmann-Gleichung* bekannt. Offensichtlich besitzt die Oberflächenspannung am Ladungsnullpunkt ein Extremum; erneutes Differenzieren ergibt die differentielle Kapazität der Phasengrenze:

$$\left(\frac{\partial^2 \gamma}{\partial \sigma \partial \phi} \right)_{\mu_i} = -C \tag{14.14}$$

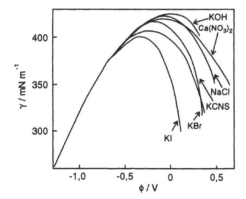

Abbildung 14.2 Oberflächenspannung γ einer Quecksilberelektrode als Funktion des Elektrodenpotentials für 0,1 M wässrige Lösungen verschiedener Elektrolyte bei 18°C. Das Elektrodenpotential ist auf den Ladungsnullpunkt einer Lösung von KF bezogen. Die Daten wurden Lit. 3 entnommen.

Da diese stets positiv ist, muß das Extremum ein Maximum sein. Abbildung 14.2 zeigt einige Beispiele von *Elektrokapillarkurven*, bei denen die Oberflächenspannung von Quecksilber bei konstanter Zusammensetzung der Lösung als Funktion des Elektrodenpotentials aufgetragen wird. Bei niedrigen Potentialen fallen alle Kurven zusammen; dies deutet darauf hin, daß die Kationen nicht spezifisch adsorbiert werden. Bei hohen Potentialen werden hingegen die Anionen spezifisch adsorbiert, so daß die verschiedenen Kurven dort divergieren.

Durch Ändern des chemischen Potentials kann man den Oberflächenüberschuß einer Spezies bestimmen:

$$\Gamma_i = -\left(\frac{\partial \gamma}{\partial \mu_i}\right)_{\mu_j \neq \mu_i} \tag{14.15}$$

Handelt es sich um neutrale Teilchen, kann man das chemische Potential μ_i mit der Konzentration und damit über die Aktivität a_i ändern: $d\mu_i = RT\, d\ln a_i$. Die Bestimmung des Oberflächenüberschusses bereitet dann keine prinzipiellen Schwierigkeiten. Anders ist dies bei geladenen Teilchen: Die Konzentration einer Ionensorte kann nicht unabhängig von derjenigen der Gegenionen geändert werden, da die Lösung elektrisch neutral bleiben muß. Als konkretes Beispiel sei der Fall eines 1-1 Elektrolyten behandelt, der sich aus den einwertigen Ionen A^+ und B^- zusammensetzt. Die Elektrokapillargleichung nimmt dann folgende Form an:

$$d\gamma = -\sigma\, d\phi - \Gamma_{A^-}\, d\mu_{A^-} - \Gamma_{B^+}\, d\mu_{B^+} \tag{14.16}$$

Wegen der Elektroneutralität besteht folgende Beziehung:

$$-\sigma = e_0\,(\Gamma_{B^+} - \Gamma_{A^-}) \tag{14.17}$$

so daß Gl. (14.16) in folgende Form überführt werden kann:

$$d\gamma = -\sigma \left(d\phi + \frac{1}{e_0} d\mu_{A^-} \right) - \Gamma_{B^+} (d\mu_{B^+} + d\mu_{A^-}) \qquad (14.18)$$

Der erste Term in Klammern hat folgende Bedeutung: Wenn man eine Bezugselektrode verwendet, deren Potential durch eine einfache Austauschreaktion des
Anions A^- festgelegt ist, hängt das Elektrodenpotential ϕ_A bezüglich dieser Elektrode von der Konzentration der Anionen ab, und es gilt: $d\phi_A = d\phi - d\mu_{A^-}/e_0$.
Der Term $d\mu_{B^+} + d\mu_{A^-}$ bezeichnet die Änderung des chemischen Potentials der
ungeladenen Spezies AB und wird durch die Änderung der mittleren Aktivität
$2RT\, d\ln a_\pm$ bestimmt. Also gilt:

$$d\gamma = -\sigma\, d\phi_A - 2RT\, \Gamma_{B^+}\, d\ln a_\pm \qquad (14.19)$$

Der Oberflächenüberschuß des Kations kann dann mit Hilfe der Beziehung

$$\Gamma_{B^+} = -\frac{1}{2RT} \left(\frac{\partial \gamma}{\partial \ln a_\pm} \right)_{\phi_A} \qquad (14.20)$$

bestimmt werden. Den Überschuß an Anionen erhält man dann aus dem Ladungsgleichgewicht Gl. (14.17).

Normalerweise ist es nicht praktikabel, eine Bezugselektrode zu verwenden, die
das Anion involviert. Stattdessen benutzt man eine der üblichen Bezugselektroden und mißt die Oberflächenspannung über einen großen Bereich von Elektrodenpotentialen und Konzentrationen. Dann berechnet man ϕ_A und bestimmt die
Ableitung in Gl. (14.20) numerisch. Solche Messungen erfordern eine hohe Präzi-
sion. Abbildung 14.3 zeigt die Oberflächenüberschüsse einiger Ionen, doch wurden
statt der $\Gamma_\pm$ die zugehörigen Ladungsdichten $\sigma_\pm = zF\Gamma_\pm$ aufgetragen. Man sieht,
daß K^+-Ionen nicht spezifisch adsorbiert werden, wohl aber Cl^--Ionen bei höher-
en Potentialen. Der hohe Oberflächenüberschuß dieser Anionen induziert sogar
einenÜberschuß an Kationen im Potentialbereich oberhalb des Ladungsnullpukts.
Hingegen wird F^- nur schwach adsorbiert, und bei einer Lösung von KF laufen
die Überschüsse beider Ionen in der Nähe des Ladungsnullpunkts durch Null.

Zwar kann man die Thermodynamik auch auf feste Elektroden anwenden, doch
ist dabei noch strittig, welche Größe anstelle der Oberflächenspannung treten soll.
Deshalb wird hier von einer weiteren Behandlung abgesehen.

Zum Abschluß dieses Kapitels soll noch Gl. (5.22) für die Elektrosorptionswertigkeit nachgetragen werden. Dazu führt man als Hilfsgröße das thermodynamische Potential

$$X = \gamma + \sum_j \Gamma_j \mu_j^s \qquad (14.21)$$

ein, dessen Differential durch

$$dX = \sum_j \mu_j^s\, d\Gamma_j - \sigma\, d\phi \qquad (14.22)$$

gegeben ist. Daraus ergeben sich die Beziehungen:

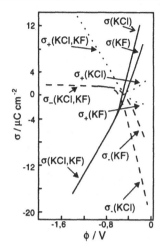

Abbildung 14.3 Metallische Ladungsdichte σ und ionische Ladungsdichten σ_+ und σ_- für eine Quecksilberelektrode in einer 0,1 M Lösung von KF und KCl. Die Daten wurden der Ref. 3 entnommen.

$$\left(\frac{\partial X}{\partial \phi}\right)_{\Gamma_i} = -\sigma, \qquad \left(\frac{\partial X}{\partial \Gamma_i}\right)_{\Gamma_j \neq \Gamma_i, \sigma} = \mu_i^s \qquad (14.23)$$

Durch erneutes Differenzieren erhält man

$$le_0 = -\left(\frac{\partial \sigma}{\partial \Gamma_i}\right)_{\phi, \Gamma_j \neq \Gamma_i} = \frac{\partial X}{\partial \phi \partial \Gamma_i} = \left(\frac{\partial \mu_i^s}{\partial \phi}\right)_{\Gamma_i} \qquad (14.24)$$

und damit die gewünschte Beziehung. Dabei wurde benutzt, daß X ein thermodynamisches Potential ist, so daß man die Reihenfolge beim Differenzieren vertauschen kann.

Literatur

[1] R. Parsons, in: *Comprehensive Treatise of Electrochemistry*, Vol. I, p. 1 ff., hrsg. von J. O'M. Bockris, B. E. Conway und E. Yeager, Plenum Press, New York, 1980.

[2] J. Lipkowski und L. Stolberg, in: *Adsorption of Molecules at Electrodes*, hrsg. von J. Lipkowski und P. N. Ross, VCH, New York, 1992.

[3] D. C. Grahame, *Chem. Revs.* **41** (1947) 441; D. C. Grahame und B. A. Soderberg, *J. Chem. Phys.* **22** (1954) 449.

15 Stofftransport

Beim Ablauf einer elektrochemischen Reaktion wird ständig Stoff umgewandelt. Dabei verarmt die Phasengrenze an Reaktanden, während die Produkte angereichert werden. Dies führt zu Konzentrationsgradienten zwischen dem Inneren der Lösung und der Elektrodenoberfläche und damit zu einem Stofftransport durch Diffusion. Für das Verständnis elektrochemischer Reaktionen ist es wichtig, daß man die Konzentrationen der Reaktanden an der Phasengrenze, und damit den Stofftranport, kennt. Die klassischen Meßmethoden der Elektrochemie, die in den folgenden Kapiteln behandelt werden, beruhen darauf, daß der Transport an ebenen und sphärischen Elektroden in wichtigen Spezialfällen berechnet werden kann.

15.1 Diffusion und Migration

Die Geschwindigkeit des Transports einer bestimmten Teilchensorte wird durch die *Teilchenstromdichte* $\vec{j_t}$ charakterisiert. Zu ihrer Definition betrachtet man ein kleines Volumenelement, in dem diese Teilchen eine Konzentration c besitzen und sich mit der Geschwindigkeit $\vec{v}$ bewegen. Dann gilt:

$$\vec{j_t} = c\vec{v} \qquad (15.1)$$

Die Teilchenstromdichte gibt also die Anzahl der Teilchen an, die pro Zeiteinheit durch eine Einheitsfläche fließen, die senkrecht zum Vektor der Teilchenbewegung orientiert ist.

Meistens wird die Teilchenzahl in mol angegeben, so daß in SI-Einheiten die Teilchenstromdichte in mol m^{-2} s^{-1} gemessen wird. Die SI-Einheit für die Konzentration ist dann natürlich mol m^{-3}; allerdings wird sie häufig in mol pro Liter angegeben. Sind die wandernden Teilchen geladen, so verursachen sie eine elektrische Stromdichte:

$$\vec{j} = zF\vec{j_t} \qquad (15.2)$$

wobei z die Ladungszahl ist. Meistens interessiert nur die Stromdichte an der Elektrode, die ja direkt gemessen werden kann; diese ist senkrecht zur Oberfläche gerichtet, und man läßt den Vektorpfeil dann weg.

Stofftransport wird stets durch einen Gradienten des elektrochemischen Potentials verursacht. In erster Näherung wird die Geschwindigkeit v der Teilchen proportional zu diesem Gradienten sein. Für die Teilchenstromdichte kann man dann die phänomenologische Gleichung

$$\vec{j}_t = -BcN_A\,\nabla\tilde{\mu} \tag{15.3}$$

ansetzen, wobei B eine zunächst unbekannte Konstante ist. Das negative Vorzeichen ergibt sich, weil der Strom bestrebt ist, das elektrochemische Potential auszugleichen. Die Avogadro-Konstante N_A sorgt dafür, daß auf beiden Seiten molare Größen stehen – nach der in diesem Buch verwendeten Konvention bezieht sich das elektrochemische Potential auf ein Teilchen (s. Kapitel 1). Solche linearen Transportgleichungen, wie sie in ähnlicher Form auch für die Wärme und die Entropie angesetzt werden, gelten stets in der Nähe des Gleichgewichts, wo die Gradienten nicht allzu groß sind. In der Elektrochemie ist der wichtigste Spezialfall der Transport zu einer ebenen Elektrode; in diesem Fall kann man den Gradienten durch die Ableitung in senkrechter Richtung zur Oberfläche ersetzen.

Das elektrochemische Potential läßt sich in einen chemischen und einen elektrostatischen Anteil aufspalten. Bei ideal verdünnten Lösungen gilt:

$$\tilde{\mu} = \mu_0 + kT\ln(c/c_0) + ze_0\phi \tag{15.4}$$

wobei c_0 die Konzentration des Standardzustands ist. Für die Teilchenstromdichte ergibt sich damit:

$$\vec{j}_t = -B\left(RT\nabla c - zF\vec{E}\right) \tag{15.5}$$

wobei der Gradient des inneren Potentials durch das elektrische Feld ausgedrückt wurde. Der erste Term auf der rechten Seite beschreibt den Transport aufgrund eines Konzentrationsunterschieds, also durch Diffusion, der zweite die Teilchenwanderung in einem Feld, die *Migration*. Den Koeffizienten B nennt man die *Beweglichkeit* der Teilchen, weil er die Stromdichte unter dem Einfluß eines elektrischen Feldes beschreibt. Die Wanderungsgeschwindigkeit aufgrund eines Konzentrationskoeffizienten wird durch den *Diffusionskoeffizienten*

$$D = RTB \tag{15.6}$$

bestimmt, wobei sich gleichzeitig eine Beziehung zwischen der Beweglichkeit und dem Diffusionskoeffizienten ergibt, die freilich nur in ideal verdünnten Lösungen gilt.

Wenn Diffusion und Migration gleichzeitig wirken, werden die Verhältnisse unübersichtlich, und die Stofftransportgleichungen lassen sich dann nur numerisch lösen. Deshalb arbeitet man in der Elektrochemie meist mit einem sogenannten *Leitelektrolyten*; dieser besteht aus inerten Ionen, die für eine gute Leitfähigkeit der Lösung sorgen und gegenüber den Reaktanden im Überschuß vorliegen. Die Migration kann man dann vernachlässigen und sich auf die Berechnung der Diffusion beschränken.

Bis jetzt wurde vorausgesetzt, daß die Lösung selbst ruht; wenn sie strömt, kommt es zu einem zusätzlichen Stofftransport durch *Konvektion*. Diese kann ungewollt auftreten – wenn sich zum Beispiel die Lösung lokal erwärmt und aufgrund der resultierenden Dichteunterschiede zirkuliert – sie kann aber auch absichtlich erzeugt werden, um den Stofftransport zu beschleunigen. So kann man zum Beispiel als Elektrolytgefäß ein Strömungsrohr benutzen und die Elektroden in die Wand einlassen. In Kapitel 17 werden Meßmethoden vorgestellt, die diese und andere Methoden zur Erzeugung kontrollierter Konvektion benutzen.

15.2 Diffusiongesetze

Bei Vernachlässigung der Migration gilt:

$$\vec{j}_t = -D\nabla c \tag{15.7}$$

diese Gleichung ist auch als *Erstes Ficksches Gesetz* bekannt. Sie enhält zwei unbekannte Größen, die Konzentration und die Teilchenstromdichte, was ihre Lösung erschwert. Man kann die Stromdichte eliminieren, indem man berücksichtigt, daß die Teilchenzahl insgesamt erhalten bleibt. Im dreidimensionalen Fall führt dies zu der Gleichung:

$$\nabla \cdot \vec{j}_t + \frac{\partial c}{\partial t} = 0 \tag{15.8}$$

Für die Diffusion in elektrochemischen Systemen reicht meist die entsprechende Gleichung für eine Dimension aus; sie lautet

$$\frac{\partial j_t}{\partial x} + \frac{\partial c}{\partial t} = 0 \tag{15.9}$$

und läßt sich durch folgende Überlegung ableiten: Man betrachte ein Intervall (a, b) auf der x-Achse, in das bei a eine Teilchenstromdichte $j_t(a)$ hinein und bei b entsprechend $j_t(b)$ hinausströmt. Die Differenz zwischen der pro Zeiteinheit hinein- und der herausfließenden Teilchenzahl ergibt gerade die zeitliche Änderung der Teilchenzahl in dem Intervall:

$$j_t(a) - j_t(b) = \int_a^b \frac{\partial c}{\partial t}\, dx \tag{15.10}$$

Unter Benutzung des Hauptsatzes der Differential- und Integralrechnung läßt sich dies umformen zu:

$$\int_a^b \frac{\partial j_t}{\partial x}\, dx = \int_a^b \frac{\partial c}{\partial t}\, dx \tag{15.11}$$

Da diese Gleichung für jedes beliebige Intervall gelten muß, erhält man daraus Gl. (15.9).

Differenziert man Gl. (15.7) und benutzt Gl. (15.8), um die Stromdichte zu eliminieren, erhält man das *Zweite Ficksche Gesetz*:

$$\Delta c = \frac{\partial c}{\partial t} \tag{15.12}$$

Für den eindimensionalen Fall lautet dies:

$$\frac{\partial^2 c}{\partial x^2} = \frac{\partial c}{\partial t} \tag{15.13}$$

Dies ist jetzt eine partielle Differentialgleichung zweiter Ordnung, die nur noch die Konzentration als Unbekannte enthält und die dann mit den entsprechenden Randbedingungen gelöst werden muß. Eine systematische Behandlung der Diffusion findet sich in [1]. Hier werden nur einige wichtige, für die Elektrochemie relevante Spezialfälle betrachtet; einige mathematische Einzelheiten, die hier nicht angegeben werden, findet man in [2].

Der einfachste Fall für die Diffusion in einer Dimension ist folgender: Der ganze Raum ($-\infty < x < \infty$) ist mit einer Lösung angefüllt. Zu Zeiten $t < 0$ ist der Stoff, dessen Diffusion untersucht wird, nicht vorhanden; also gilt: $c(x,t) = 0$ für $t < 0$. Zum Zeitpunkt $t = 0$ wird eine Stoffmenge C bei $x = 0$ in die Lösung gegeben. Diese diffundiert dann nach beiden Seiten, wobei die Konzentration zu jedem Zeitpunkt eine Gaußsche Normalverteilung bildet, deren Breite mit der Zeit zunimmt (s. Abb.(15.1)):

$$c(x,t) = C(4\pi Dt)^{-1/2} \exp-\frac{x^2}{4Dt} \tag{15.14}$$

Die gesamte Stoffmenge bleibt während der Diffusion erhalten, wie man leicht durch Integration über x verifiziert. Durch Einsetzen von Gl. (15.14) in Gl. (15.13) möge man überprüfen, daß diese Gaußkurven tatsächlich die Diffusionsgleichung lösen.

Für die Elektrochemie ist der Fall wichtiger, bei dem der Stoff zur Zeit $t = 0$ an einer ebenen Elektrodenoberfläche bei $x = 0$ erzeugt wird und danach in den

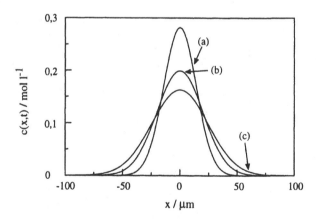

Abbildung 15.1 Diffusion einer Stoffmenge $C = 1$ mol cm^{-2}, die zur Zeit $t = 0$ bei $x = 0$ in die Lösung gegeben wurde. (a) nach 1 s, (b) nach 2 s, (c) nach 3 s. Als Diffusionskoeffizient wurde $D = 10^{-6}$ cm^2 s^{-1} angenommen.

Halbraum $x > 0$ diffundiert. Da jetzt in den Bereich $x < 0$ kein Stoff eindringen kann, verdoppelt sich die Konzentration in $x > 0$ gegenüber vorher, und es gilt:

$$c(x,t) = C(\pi Dt)^{-1/2} \exp{-\frac{x^2}{4Dt}} \qquad (15.15)$$

15.3 Stofftransport zu einer Elektrode bei konstantem Strom

In der Praxis kommt es häufig vor, daß ein Stoff an einer Elektrode mit einer konstanten Rate λ erzeugt wird und in die Lösung diffundiert. Ein typisches Beispiel ist die Auflösung eines Metalls mit einer konstanten Stromdichte j; die Rate, mit der die Metallionen erzeugt werden, ist dann $\lambda = j/zF$, wobei z die Wertigkeit der Ionen ist. Dieser Fall läßt sich auf Gl. (15.15) zurückführen. Der betrachtete Stoff sei zur Zeit $t = 0$ noch nicht in der Lösung vorhanden; zur Zeit $t = 0$ wird der Strom eingeschaltet, und die Erzeugung des Stoffes setzt ein. Der Stoff, der bei im Zeitpunkt $t = t'$ erzeugt wurde, liefert zum Zeitpunkt $t = \tau$ einen Beitrag von

$$\delta c(x,\tau) = \lambda[\pi D(\tau - t')]^{-1/2} \exp{-\frac{x^2}{4D(\tau - t')}} \qquad (15.16)$$

zur Konzentration am Orte x. Die gesamte Konzentration erhält man durch Integration über alle Zeiten $t' < \tau$:

$$c(x,\tau) = \lambda \int_0^\tau [\pi D(\tau - t')]^{-1/2} \exp{-\frac{x^2}{4D(\tau - t')}}\, dt' \qquad (15.17)$$

Ersetzt man die Hilfsvariable τ wieder durch t so ergibt sich nach etwas Rechnen

$$c(x,t) = \lambda \left[\left(\frac{4t}{\pi D}\right)^{1/2} \exp{-\left(\frac{x^2}{4Dt}\right)} - \frac{x}{D}\left(1 - \mathrm{erf}\frac{x}{\sqrt{4Dt}}\right) \right] \qquad (15.18)$$

wobei $\mathrm{erf}(z)$ die *Fehlerfunktion* bezeichnet, die folgendermaßen definiert ist:

$$\mathrm{erf}(z) = \frac{2}{\sqrt{\pi}} \int_0^z \exp{-y^2}\, dy \qquad (15.19)$$

Man überzeugt sich leicht, daß diese Funktion monoton steigt und daß $\mathrm{erf}(0) = 0$ und $\mathrm{erf}(\infty) = 1$ gilt. Der Konzentrationsverlauf wird in Abb. 15.2 dargestellt. Insbesondere gilt für die Konzentration an der Oberfläche bei $x = 0$:

$$c(0,t) = \frac{2\lambda}{\sqrt{\pi D}}\sqrt{t} \qquad (15.20)$$

Da der Stoff an der Elektrode mit einer konstanten Rate erzeugt wird, ist dort auch die Teilchenstromdichte, und somit auch der Gradient, konstant:

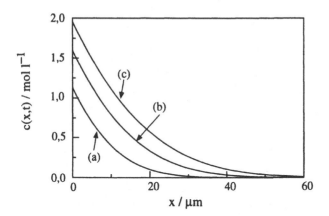

Abbildung 15.2 Diffusion einer Stoffmenge, die bei $x = 0$ mit einer konstanten Rate $\lambda = 1$ mol cm^{-2} s^{-1} erzeugt wird. (a) nach 1 s, (b) nach 2 s, (c) nach 3 s. Als Diffusionskoeffizient wurde $D = 10^{-6}$ cm^2 s^{-1} angenommen.

$$\left.\frac{\partial x}{\partial x}\right|_{x=0} = -\frac{\lambda}{D} \tag{15.21}$$

An der Elektrode kann natürlich auch ein Stoff vernichtet werden, der im Inneren der Lösung in einer Konzentration c_0 vorliegt – ein Beispiel ist die Abscheidung von Metallionen. Der Konzentrationsverlauf ist dann:

$$c(x,t) = c_0 - \lambda \left[\left(\frac{4t}{\pi D}\right)^{1/2} \exp{-\frac{x^2}{4Dt}} - \frac{x}{D}\left(1 - \mathrm{erf}\frac{x}{\sqrt{4Dt}}\right)\right] \tag{15.22}$$

Diese Gleichung gilt aber nur so lange, bis die Konzentration an der Oberfläche auf Null abgesunken ist. Dann kann der Stoff dort nicht weiter vernichtet werden. Die Zeit, bei der dies auftritt, nennt man die *Transitionszeit* τ. Nach Gl. (15.20) beträgt sie:

$$\tau = \pi D \left(\frac{c_0}{2\lambda}\right)^2 \tag{15.23}$$

Glücklicherweise braucht man die doch recht komplizierten Ausdrücke für den Konzentrationsverlauf nur selten. In den meisten Fällen genügt es, die Verhältnisse an der Elektrode zu kennen. Diese lassen sich durch die Dicke der sogenannten *Nernstschen Diffusionsschicht* δ_N charakterisieren, welche durch die Gleichung:

$$\frac{c(\infty) - c(0)}{\delta_N} = \left.\frac{\partial x}{\partial x}\right|_{x=0} \tag{15.24}$$

definiert ist. Abbildung 15.3 veranschaulicht ihre Bedeutung: Sie gibt den Bereich an der Oberfläche an, in dem die Konzentration wesentlich von derjenigen im

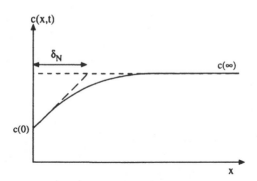

Abbildung 15.3 Zur Definition der Nernstschen Diffusionsschicht.

Inneren der Lösung abweicht. Mit ihrer Hilfe kann man das komplizierte wahre Konzentrationsprofil durch ein angenähertes lineares Profil ersetzen. In dem hier betrachteten Fall ergibt sich:

$$\delta_N = \frac{2}{\sqrt{\pi}} \sqrt{Dt} \qquad (15.25)$$

Bei Diffusion an ebenen Flächen erhält man stets $\delta_N \propto \sqrt{Dt}$, wobei der numerische Vorfaktor von den Randbedingungen abhängt. Diese Beziehung läßt sich leicht durch eine Dimensionsanalyse ableiten.

Bei Messungen mit Wechselstrom oszilliert die Stoffmenge, die an der Elektrode erzeugt wird, in der Form

$$\lambda(t) = \lambda_0 \cos(\omega t) = \lambda_0 \Re \exp i\omega t \qquad (15.26)$$

wobei ω die Kreisfrequenz der angelegten Wechselspannung und $\Re$ den Realteil bezeichnet. Analog zu Gl. (15.16) beträgt die Konzentrationsänderung dann:

$$\Delta c(x,t) = \frac{\lambda_0}{\sqrt{\pi D}} \Re \left[\int_0^t e^{i\omega t'} (t-t')^{-1/2} \exp -\frac{x^2}{4D(t-t')} \, dt' \right] \qquad (15.27)$$

Speziell ergibt sich für die Konzentration an der Oberfläche nach der Substitution $t - t' = \tau$:

$$\Delta c(0,t) = \frac{\lambda_0}{\sqrt{\pi D}} \Re \left[e^{i\omega t} \int_0^t e^{i\omega \tau} \tau^{-1/2} \, d\tau \right] \qquad (15.28)$$

Für lange Zeiten t konvergiert das Integral gegen $\sqrt{\pi/i\omega}$, so daß:

$$\Delta c(0,t) = \frac{\lambda_0}{\sqrt{\pi \omega}} \cos(\omega t - \pi/4) \qquad (15.29)$$

Nach einigen Oszillationen ist also die Konzentrationänderung an der Oberfläche gegenüber dem angelegten Wechselstrom um $\pi/4 = 45°$ phasenverschoben. Dieses Ergebnis ist für die Impedanzspektroskopie wichtig (s. Kapitel 16).

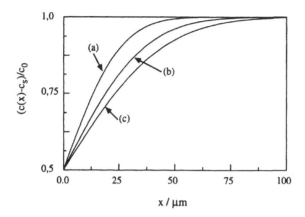

Abbildung 15.4 Diffusion eines Stoffes bei vorgegebener Oberflächenkonzentration von $c_s = c_0/2$; (a) nach 2 s, (b) nach 4 s, (c) nach 6 s. Als Diffusionskoeffizient wurde $D = 10^{-6}$ cm^2 s^{-1} angenommen.

15.4 Stofftransport bei konstantem Elektrodenpotential

Legt man an der Elektrode ein bestimmtes Potential an, so gibt man damit die Oberflächenkonzentrationen von reagierenden Stoffen vor. Handelt es sich bei der Reaktion zum Beispiel um die Abscheidung oder Auflösung eines Metalls, welches im Inneren der Lösung in einer Konzentration c_0 vorliegt, so ergibt sich nach der Nernstschen Gleichung eine Oberflächenkonzentration von

$$c_s = c(0, t) = c_0 \exp \frac{F(\phi - \phi_0)}{RT} \tag{15.30}$$

wenn man das Elektrodenpotential vom Gleichgewichtswert ϕ_0 auf einen neuen Wert ϕ ändert. Gleichung (15.30) gilt allerdings nur, wenn die Reaktion schneller verläuft als der Stofftransport aus der Lösung. Diese Bedingung ist aber meist schon kurz nach dem Einschalten, innerhalb von $10^{-2} - 10^{-1}$ s, erfüllt, da die Diffusion ein sehr langsamer Prozeß ist.

Erfolgt der Potentialsprung zur Zeit $t = 0$, so erhält man das Konzentrationsprofil als Lösung der Diffusionsgleichung (15.13) mit den Randbedingungen:

$$\text{für} \quad t = 0: \quad c(x, t) = c_0 \tag{15.31}$$

$$\text{für} \quad t > 0: \quad c(0, t) = c_s \qquad c(\infty, t) = c_0 \tag{15.32}$$

Mit den bisher verwendeten Methoden läßt sich dieses Problem nicht lösen, sondern man braucht dazu die Laplace-Transformation [1]. Hier sei nur das Ergebnis angegeben:

$$c(x,t) - c_s = (c_0 - c_s)\mathrm{erf}\,\frac{x}{\sqrt{4Dt}} \qquad (15.33)$$

Hieraus ergibt sich für die Dicke der Nernstschen Diffusionsschicht:

$$\delta_N = \sqrt{\pi D t} \qquad (15.34)$$

Der Verlauf der Konzentration ist in Abb. 15.4 dargestellt.

15.5   Sphärische Diffusion

Die Diffusionsgleichung 15.13 hat auch eine stationäre, also zeitunabhängige, Lösung der Form:

$$c(x) = c_s + \alpha x \qquad (15.35)$$

Diese ist bei der Diffusion in einem halbunendlichen Raum allerdings physikalisch sinnlos; sie spielt bei Dünnschichtzellen eine Rolle, auf die hier aber nicht weiter eingegangen wird. Anders verhält es sich bei kugelförmigen Elektroden. In sphärischen Koordinaten lautet die Diffusionsgleichung für den stationären Fall:

$$\frac{\partial^2 c}{\partial r^2} + \frac{2}{r}\frac{\partial c}{\partial r} = 0 \qquad (15.36)$$

Mit dem Ansatz $c(r) = A + B\,c^\alpha$ erhält man $\alpha = -1$ und somit eine Lösung der Form

$$c(r) = c_0 + \frac{B}{r} \qquad (15.37)$$

wobei die Konstante B durch die Randbedingungen festgelegt wird. Wird zum Beispiel an der Oberfläche einer sphärischen Elektrode mit dem Radius r_0 jedes dort ankommende Teilchen vernichtet, so gilt $c(r_0) = 0$, und das Konzentrationsprofil ist:

$$c(r) = c_0\left[1 - \frac{r_0}{r}\right] \qquad (15.38)$$

Die Teilchenstromdichte hängt vom radialen Abstand von der Elektrode ab:

$$j_t(r) = -D\,\frac{c_0 r_0}{r^2} \qquad (15.39)$$

und beträgt an der Oberfläche:

$$j_t(r_0) = -D\,\frac{c_0}{r_0} \qquad (15.40)$$

und ist dort umso größer, je kleiner der Radius der Elektrode. Theoretisch lassen sich also beliebig große Stromdichten erzielen, indem man eine Kugel mit sehr kleinem Radius benutzt.

Die Existenz einer sinnvollen stationären Lösung mag zunächst verwundern. Sie wird durch die besondere Geometrie der Anordnung ermöglicht, bei der alle Teilchen auf einen Punkt zuwandern. Der Teilchenstrom durch eine Kugelschale mit dem Radius R ist dabei konstant:

$$I_t(R) = -4\pi D \, c_0 r_0 \qquad (15.41)$$

Bei Einschaltvorgängen, wie sie in den beiden vorhergehenden Abschnitten betrachtet wurden, ist der stationären Lösung noch eine instationäre überlagert, die aber bei längeren Zeiten verschwindet.

Literatur

[1]   Crank, *The Mathematics of Diffusion*, Clarendon Press, Oxford, 1975.

[2]   J. Koryta, J. Dvořák und V. Boháčkova, *Lehrbuch der Elektrochemie*, Springer Verlag, Wien, New York, 1989.

16 Experimentelle Methoden – instationäre Verfahren

16.1 Überblick

Die klassischen elektrochemischen Meßmethoden beruhen auf der gleichzeitigen Messung von Strom und Elektrodenpotential. Im einfachsten Fall ist der Strom proportional der Geschwindigkeit der untersuchten Reaktion. Doch sind im allgemeinen die Konzentrationen der Reaktanden an der Phasengrenze und im Inneren der Lösung unterschiedlich, da an der Elektrode Stoff verbraucht und erzeugt wird. Um Geschwindigkeitskonstanten zu erhalten, müssen die Konzentrationen der Reaktanden an der Phasengrenze bestimmt werden. Dafür bieten sich zwei verschiedene Methoden an. Bei der ersten Methode wird eine der beiden Variablen, das Potential oder der Strom, konstant gehalten oder auf einfache Weise verändert und die zweite Variable gemessen. Die Oberflächenkonzentrationen werden berechnet, indem man die Transportgleichungen löst. Bei der einfachsten Variante wird die Überspannung oder der Strom in einem Puls von Null bis auf einen konstanten Wert erhöht. Die zeitliche Änderung der zweiten Variablen wird aufgezeichnet und bis zu dem Zeitpunkt zurück extrapoliert, in dem der Puls eingeschaltet wurde und die Oberflächenkonzentrationen noch unverändert waren. Bei der zweiten Methode wird der Stofftransport der reagierenden Teilchen durch Konvektion erhöht. Ist die Geometrie des Systems einfach genug, können die Strofftransport-Gleichungen gelöst und die Oberflächenkonzentrationen berechnet werden.

Die Interpretation wird schwierig, wenn mehrere Reaktionen gleichzeitig ablaufen. Da der gemessene Strom lediglich die Summe der Geschwindigkeitskonstanten aller Ladungstransfer-Reaktionen wiedergibt, ist die Aufklärung des Reaktionsmechanismus und das Messen verschiedener Geschwindigkeitskonstanten eine Kunst. Man kann jedoch mit verschiedenen Tricks arbeiten, wie z.B. mit komplizierten Potential- oder Spannungsänderungen oder mit Hilfselektroden, an denen sich Zwischenprodukte nachweisen lassen.

Es gibt mehrere gute Bücher über klassische elektrochemische Untersuchungsmethoden (s. Literaturhinweise [1] - [6]). An dieser Stelle sollen kurz einige wichtige Methoden skizziert werden. Dabei werden vornehmlich einfache Beispiele vorgestellt.

Die Messung von Strom und Potential liefert keinen direkten Hinweis auf die mikroskopische Beschaffenheit der Phasengrenze, obgleich ein geübter Experimentator manche Schlußfolgerung ableiten kann. In den letzten zwanzig Jahren wurden eine Reihe von neuen Methoden entwickelt, die eine direkte Untersuchung der Phasengrenze ermöglichen. Dies führte zu einem besseren Verständnis elektrochemischer Systeme, und es steht zu vermuten, daß in Zukunft auf diesem Gebiet noch weitere Fortschritte anstehen. Diese Methoden beruhen auf Techniken, die außerhalb der Elektrochemie entwickelt wurden; Beispiele sind das Rastertunnelmikroskop, Infrarot- und Ramanspektroskopie. Deshalb werden sie in diesem Buch, das eher eine Einführung in die eigentliche Elektrochemie geben soll, nicht behandelt. Das gleiche gilt für die sogenannten *ex-situ* Methoden, bei denen eine Elektrodenoberfläche in der Zelle präpariert und anschließend in eine Vakuumkammer tranferiert wird, wo sie mit Methoden der Oberflächenwissenschaften untersucht wird.

16.2 Grundlagen der instationären Methoden

Im allgemeinen hängt die gemessene Stromdichte j sowohl von der Geschwindigkeitskonstanten der elektrochemischen Reaktion als auch von dem Transport der Reaktanden an die Phasengrenze ab. Für einen Elektrochemiker sind die Transportvorgänge als solche wenig interessant, so daß deren Einfluß auf die Meßgrößen eliminiert werden soll. Dazu ist es hilfreich, einige Größen zu definieren, die sich zum Teil auf idealisierte Grenzfälle beziehen.

Ist der Transport unendlich schnell, sind die Konzentrationen c_{ox}^s und c_{red}^s von nichtadsorbierenden Reaktanden an der Phasengrenze und im Inneren der Lösung gleich groß. Die gemessene Stromdichte hängt in diesem Fall nur von der Reaktion ab und wird als *kinetische Stromdichte* bezeichnet

$$j_k = nF(k_{ox}c_{red}^0 - k_{red}c_{ox}^0) \tag{16.1}$$

wobei c^0 die Konzentration der Lösung im Inneren ist und n die Anzahl der übertragenen Elektronen ($n = 1$ für Elektronentransfer in der äußeren Sphäre). Handelt es sich um einfache Reaktionen, die der Butler-Volmer-Gleichung gehorchen, ist j_k gegeben durch die Gleichungen (6.13) und (6.14) mit $c^s = c^0$.

Ist aber die Reaktion unendlich schnell, wird der Strom ausschließlich durch den Transport bestimmt. Solche (idealisierten) Reaktionen werden üblicherweise als *reversibel* bezeichnet und die entsprechende Stromdichte als *reversible Stromdichte* j_{rev}. Sie wird durch den Teilchentransport bestimmt, meistens durch die Diffusion. Durch Konvektion können die Teilchen nicht direkt bis an die Elektrodenoberfläche transportiert werden, da dort die Komponente der Strömung senkrecht zur Oberfläche verschwindet. Man spricht deshalb auch von der *Diffusionsstromdichte* j_d. Man erhält sie aufgrund folgender Überlegungen: Ist die Reaktion unendlich schnell, befindet sich die Elektrode an der Phasengrenze im Gleichgewicht mit den Reaktanden. Demnach sind die Konzentrationen c_{ox}^s and c_{red}^s allein durch die Nernst-Gleichung bestimmt. Löst man die Diffusionsgleichungen mit diesen Oberflächenkonzentrationen als Grenzbedingungen, erhält man den Strom. Die Diffusionsstromdichte ist dann

$$j_d = -z_i F D_i \left(\frac{dc_i}{dx} \right)_{x=0} \tag{16.2}$$

wobei x die Koordinate senkrecht zur Oberfläche, die bei $x = 0$ liegt, bedeutet. Der Index i bezeichnet die Reaktanden und D_i ihre Diffusionskoeffizienten, während z_i die Ladungszahl ist. Wenn die Konzentration der Reaktanden an der Elektrodenoberfläche vernachlässigbar ist im Vergleich zu c^0, bezeichnet man den zugehörigen Strom als *Diffusionsgrenzstrom* j_{lim}. In diesem Fall wird jedes an der Elektrode ankommende Molekül der Spezies i sofort verbraucht.

Da Stofftransport und elektrochemische Reaktion unmittelbar aufeinander folgen, bestimmt der langsamere Prozeß den Gesamtstrom. Man erhält die Reaktionsgeschwindigkeiten der Reaktionen nur dann, wenn der reversible Strom j_{rev} sehr viel langsamer ist als der kinetische Strom. Dies begrenzt die Größe der Reaktionsgeschwindigkeiten, die mit einer bestimmten Methode gemessen werden können.

16.3   Potentiostatischer Puls

Das Prinzip dieser Methode ist recht einfach: Die Elektrode wird bei $t < 0$ am Gleichgewichtspotential gehalten. Bei $t = 0$ wird mit Hilfe eines Potentiostaten (ein Gerät, das für ein konstantes Potential sorgt) ein Potentialsprung von η vorgegeben und die Stromänderung als Funktion der Zeit gemessen. Da sich die Oberflächenkonzentration der Reaktanden während der Reaktion ändert, wird im allgemeinen ein Stromabfall beobachtet. Der Transport von der Elektrode und zu ihr hin erfolgt, wie bereits erwähnt, über Diffusion. Im Fall einer einfachen, der Butler-Volmer-Gleichung gehorchenden Redox-Reaktion kann die Diffusionsgleichung explizit gelöst werden. Die Änderung der Stromdichte $j(t)$ (s. Abb. 16.1): ist dann:

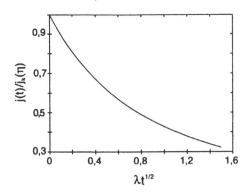

Abbildung 16.1 Strom-Zeitkurve eines potentiostatischen Pulses

$$j(t) = j_k(\eta) \exp \lambda^2 t \ \mathrm{erfc} \ \lambda t^{1/2} \equiv j_k(\eta) A(t) \qquad (16.3)$$

wobei die Konstante λ durch

$$\lambda = \left[\frac{j_0}{F} \frac{1}{c_{\mathrm{red}}^o D_{\mathrm{red}}^{1/2}} \exp \frac{\alpha e_0 \eta}{kT} + \frac{j_0}{F} \frac{1}{c_{\mathrm{ox}}^o D_{\mathrm{ox}}^{1/2}} \exp \left(-\frac{(1-\alpha)e_0 \eta}{kT} \right) \right] \qquad (16.4)$$

definiert ist. j_0 ist die Austauschstromdichte und α der Durchtrittsfaktor der Redoxreaktion, während $j_k(\eta)$ die oben eingeführte kinetische Stromdichte ist.

Für kurze Zeitintervalle, $\lambda t^{1/2} \ll 1$, kann die Funktion $A(t)$ in eine Potenzreihe entwickelt werden:

$$A(t) \approx 1 - 2\lambda\sqrt{t/\pi} \qquad (16.5)$$

Unter diesen Bedingungen ergibt das Auftragen von j gegen $t^{1/2}$ eine Gerade. Der kinetische Strom kann aus dem Achsenabschnitt erhalten werden. Ist die Reaktion schnell, kann der gerade Abschnitt für eine zuverlässige Bestimmung von j_k zu kurz sein. In diesem Fall sollte man j_k und λ aus der Kurve lediglich abschätzen und mit Hilfe dieser Startwerte die gesamte Kurve an Gl. (16.3) anpassen.

Für große Zeitwerte, $\lambda t^{1/2} \gg 1$, kann man die asymptotische Entwicklung der Fehlerfunktion verwenden und erhält $j \to j_{\mathrm{rev}}$.

Diese Methode birgt aber zwei Schwierigkeiten. Die erste ergibt sich daraus, daß der Potentiostat das Potential eigentlich zwischen Arbeits- und Bezugselektrode konstant hält. Es gibt aber einen ohmschen Widerstand R_Ω zwischen der Spitze der Luggin-Kapillare (s. Kapitel 3) und der Arbeitselektrode, der zu einem zusätzlichen Spannungsabfall IR_Ω führt (I ist der Strom). Die zeitliche Änderung von I bewirkt auch eine Änderung des Potentials, auf welches sich die Überspannung η bezieht. Moderne Potentiostaten können diesen Fehler automatisch korrigieren. Das zweite Problem ist hingegen schwerwiegender. Sofort nach einem Potentialschritt lädt sich die Doppelschicht auf, die als Kondensator wirkt. Die Aufladung der Doppelschicht und der Faradaysche Strom können nicht voneinander getrennt werden. Ist die Reaktion schnell, ändert sich die Konzentration an der Elektrodenoberfläche während der Aufladung der Doppelschicht erheblich. Die Gleichungen (16.3) und (16.4) gelten damit nicht mehr. Dies begrenzt die Größe der Geschwindigkeitskonstanten, die mit dieser Methode gemessen werden können, auf $k_0 \leq 1$ cm s^{-1}.

16.4 Galvanostatischer Puls

Eine ähnliches Verfahren ist die galvanostatische Puls-Methode. Der Strom bei $t < 0$ ist Null, dann wird eine konstante Stromdichte j eine gewisse Zeit lang angelegt und die Änderung der Überspannung $\eta(t)$ gemessen. Die Korrektur des ohmschen Spannungsabfalls IR_Ω ist trivial, da I konstant ist. Doch dauert das Aufladen der Doppelschicht bei dieser Methode viel länger. Zudem wird sie nie

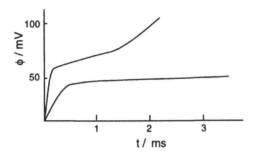

Abbildung 16.2 Potential-Zeitkurve für einen galvanostatischen Puls.

vollendet sein, so lange Strom fließt, da die Überspannung ständig steigt. Die Überlagerung des Ladungstransfers und das Aufladen der Doppelschicht schaffen sehr komplexe Randbedingungen für die Diffusionsgleichungen. Nur für einfache Redox-Reaktionen und kleine Überspannungen $\mid \eta \mid \ll kT/e_0$ sind die Spannungstransienten einigermaßen einfach auszuwerten:

$$\eta(t) = \frac{kT}{e_0} \left[\frac{1}{j_0} + \frac{2B}{F} \left(\frac{t}{\pi} \right)^{1/2} - RTC \left(\frac{B}{F} \right)^2 \right] j \tag{16.6}$$

mit

$$B = \frac{1}{c_{ox}^0 D_{ox}^{1/2}} + \frac{1}{c_{red}^0 D_{red}^{1/2}} \tag{16.7}$$

wobei C die Doppelschichtkapazität beim Gleichgewichtspotential ist. Man kann die Austauschstromdichte nicht einfach durch Extrapolieren einer Kurve erhalten, bei der η gegen $t^{1/2}$ aufgetragen wurde. Die Kapazität der Doppelschicht muß gesondert bestimmt werden, z.B. durch eine Kapazitätsmessung in Abwesenheit der Reaktanden.

Diese Gleichungen gelten nicht für höhere Überspannungen $\mid \eta \mid \geq kT/e_0$. Wenn die Reaktion nicht zu schnell ist, kann eine Extrapolation mit dem Auge vorgenommen werden. Dann steigt die Potentialkurve zunächst steil an, in diesem Teil überwiegt die Doppelschicht. Gefolgt wird dieser steile Bereich von einem linearen Abschnitt, in dem der Strom praktisch vollständig von der Reaktion bestimmt wird (s. Abb. 16.2). Extrapoliert man den linearen Teil zu $t = 0$, kann man die zugehörige Überspannung recht gut abschätzen.

Ist die Reaktion zu schnell für diese Methode, kann die sogenannte *Doppelpuls-Methode* angewandt werden. Dem eigentlichen Strompuls wird ein kurzer, aber hoher Puls, vorausgeschickt, der die Doppelschicht aufladen soll. Die Höhe dieses Pulses wird so gewählt, daß die Potential-Zeitkurve am Anfang des zweiten Pulses horizontal ist (s. Abb. 16.3). Dieser Abschnitt wird dann zu $t = 0$ extrapoliert. Diese Methode ist lediglich eine Näherung, und es ist sehr mühsam, die

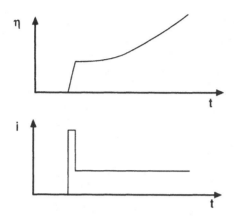

Abbildung 16.3 Prinzip der Doppelpuls-Methode

Höhe des ersten Pulses einzustellen. Der Vorteil liegt aber darin, daß die Methode auf schnelle Reaktionen erweitert werden kann. Gleichwohl ist auch diese Methode, wie auch die potentiostatische Pulsmethode, begrenzt auf Reaktionen mit Geschwindigkeitskonstanten bis $k_0 \leq 1$ cm s^{-1}.

16.5 Zyklische Voltammetrie

Arbeitet man mit einem unbekannten elektrochemischen System, oder will man ein neues Projekt beginnen, so fängt man im allgemeinen mit der *zyklischen Voltammetrie* an, die in Kapitel 5 schon erwähnt wurde. Das Elektrodenpotential wird mit einer konstanten Geschwindigkeit zwischen zwei Umkehrpunkten zyklisch verändert. Während dieser Änderung wird der Strom aufgezeichnet. Als Umkehrpunkt wird häufig das Zersetzungspotential des Lösungsmittels gewählt – im Fall von Wasser die Sauerstoffentwicklung und die Wasserstoffabscheidung. Für manche Fälle werden andere Umkehrpunkte verwendet. Die Geschwindigkeit des Potentialdurchlaufs liegt zwischen einigen mV s^{-1} bis hin zu $10^3 - 10^4$ V s^{-1}, je nach Geschwindigkeit der untersuchten Prozesse. Die sich ergebende Strom-Spannungs-Kurve, das zyklische Voltammogramm, gibt Auskunft über die im untersuchten Bereich ablaufenden Prozesse.

Die Abbildung 16.4 zeigt das zyklische Voltammogramm einer polykristallinen Platinelektrode in 1 M H$_2$SO$_4$. Die Kurve wurde mit einer Durchlaufgeschwindigkeit von 100 mV s^{-1} aufgenommen. Diese Durchlaufgeschwindigkeit ist typisch für die Untersuchung von Adsorptionsprozessen. Beginnt man bei 0 V gegen SHE, ist im oberen Teil der Kurve, der positiven Richtung, die Desorption von adsorbiertem Wasserstoff zu beobachten. Die verschiedenen Stromspitzen entsprechen

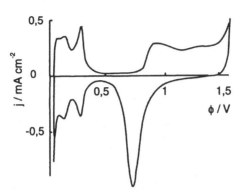

Abbildung 16.4 Zyklisches Voltammogramm von polykrystallinem Pt in 1 M H_2SO_4 auf der SHE Skala

verschiedenen Einkristallfacetten des polykristallinen Elektrodenmaterials. Bei ungefähr 350 mV ist der Wasserstoff vollständig desorbiert. Der noch verbleibende Strom ist auf die Aufladung der Doppelschicht zurückzuführen. Bei ungefähr 850 mV bildet sich an der Elektrodenoberfläche PtO aus. Die Sauerstoffentwicklung setzt erst bei 1,6 V ein, obwohl ihr thermodynamisches Gleichgewichtspotential bei 1,23 V liegt. In Abschnitt 10.4 wurde bereits gezeigt, daß die Kinetik dieser Reaktion langsam und kompliziert ist. Bei der gegenüberliegenden Stromspitze wird PtO zersetzt. Nach einem schmalen Doppelschichtbereich setzt bei 350 mV die Wasserstoffadsorption erneut ein.

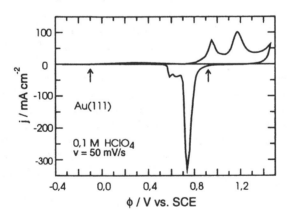

Abbildung 16.5 Zyklisches Voltammogramm von Au(111) in 0,1 M $HClO_4$ auf der SCE Skala. 0 V SCE = 0,2415 V SHE. Die Pfeile verweisen auf das Gleichgewichtspotential der Wasserstoff- bzw. der Sauerstoffentwicklung; wiedergegeben mit freundlicher Genehmigung von D. Kolb, Ulm.

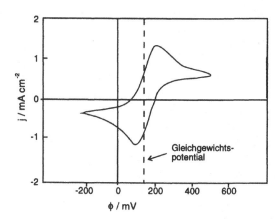

Abbildung 16.6 Zyklisches Voltammogramm einer einfachen Redoxreaktion.

Zum Vergleich zeigt Abb. 16.5 das zyklische Voltammogramm einer Au(111)-Elektrode in 0,1 M HClO$_4$). Es gibt keinen feststellbaren Bereich der Wasserstoffadsorption. Die Wasserstoffentwicklung ist kinetisch gehemmt und setzt erst ein, wenn das Potential weit unterhalb des thermodynamischen Wertes liegt. Es gibt einen größeren Doppelschichtbereich, in dem andere Reaktionen untersucht werden können. Bei höheren positiven Potentialen wird die Bildung eines Oxidfilms, dessen Reduktion im negativen Potentialdurchlauf erfolgt, beobachtet.

Eine einfache Redoxreaktion zeigt ein charakteristisches zyklisches Voltamogramm, wie es in Abb. 16.6 dargestellt wird. Dieses Beispiel gibt die Situation nach einigen Durchläufen wieder, so daß die Lage des Startpotentials irrelevant geworden ist. Sowohl die oxidierte als auch die reduzierte Spezies haben im Inneren der Lösung die gleiche Konzentration. Als Beispiel soll der Verlauf der Kurve im positiven Durchlauf erklärt werden. Am Startpunkt, bei −200 mV, liegt das Potential unter dem Gleichgewichtpotential, und man beobachtet einen kathodischen Strom. Da der Strom schon eine gewisse Zeit lang fließt, wird die Konzentration der oxidierten Spezies an der Oberfläche erheblich niedriger sein als im Inneren der Lösung. Bei fortschreitendem positivem Potentialdurchlauf wird die absolute Größe der Überspannung und damit der kathodische Strom niedriger. Die Konzentration der oxidierten Spezies wird weiterhin verringert, während die der reduzierten Spezies erhöht wird. Daher sinkt der Strom bei einem Potential unterhalb des Gleichgewichtspotentials auf Null ab, und ein anodischer Strom beginnt zu fließen. Mit zunehmendem Potential wird die anodische Reaktion schneller und der Strom steigt zunächst weiter an. Gleichzeitig wird aber die reduzierte Spezies an der Oberfläche verringert, so daß der Strom durch ein Maximum fließt. Der Strom fällt dann wieder ab, da die Konzentration der reduzierten Spezies an der Oberfläche gegen Null geht. Normalerweise wird die Richtung umgekehrt, sobald das Maximum überschritten ist. Analog dazu gelten die gleichen Überlegungen für den negativen Durchlauf.

Diese Art von zyklischen Voltammogrammen bildet sich aus dem Zusammenspiel von Diffusion und Ladungstransferreaktionen. Ist die Durchlaufgeschwindigkeit hoch, leistet auch die Aufladung der Doppelschicht einen wesentlichen Beitrag zum Strom. Sind Austauschstromdichte und Durchtrittsfaktor der Reaktion sowie die Doppelschichtkapazität bekannt, kann das Voltammogramm numerisch berechnet werden, indem die Diffusionsgleichung mit den entsprechenden Randbedingungen gelöst wird. Umgekehrt können diese kinetischen Parameter aus einer experimentellen Kurve bestimmt werden, indem man eine numerische Anpassung vornimmt. Die zyklischen Voltammogramme hängen aber nur dann von der Kinetik der Reaktion ab, wenn die Durchlaufgeschwindigkeit so groß ist, daß der Strom nicht vollständig durch den Transport bestimmt wird. Für schnelle Reaktionen sind daher Durchlaufgeschwindigkeiten in der Größenordnung von 10^3 V s^{-1} erforderlich. Das ganze Verfahren ist nur dann empfehlenswert, wenn die benötigten Computerprogramme vorhanden sind.

16.6   Impedanzspektroskopie

Bei der Impedanzspektroskopie wird eine Wechselspannung mit einer kleinen Amplitude an die Phasengrenze angelegt und der daraus resultierende Strom gemessen. Dabei ist es üblich, eine komplexe Schreibweise zu benutzen und das angelegte Potential in der Form

$$V(t) = V_0 e^{i\omega t} \qquad (16.8)$$

zu schreiben. Diese ist so zu verstehen, daß der Realteil der Gleichung den physikalischen Prozeß beschreibt. Ist die Amplitude V_0 klein genug, $V_0 \ll kT/e_0$, so ist der Strom proportional zur angelegten Spannung und I erhält die Form

$$I(t) = I_0 e^{i\omega t} \qquad (16.9)$$

wobei die Amplitude I_0 des Stroms im Allgemeinen komplex ist (d.h. der Stroms hat eine Phasenverschiebung gegenüber der Spannung, die mit $-\varphi$ bezeichnet wird):

$$I_0 = \mid I_0 \mid e^{-i\varphi} \qquad (16.10)$$

Die Impedanz des Systems ist das Verhältnis:

$$Z = \frac{V_0}{I_0} = \mid Z \mid e^{i\varphi} \qquad (16.11)$$

In reller Schreibweise lauten die Gleichungen für Potential und Strom:

$$V(t) = V_0 \sin(\omega t) \quad , \quad I(t) = |I_0| \cos(\omega t - \varphi) \qquad (16.12)$$

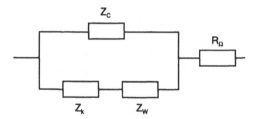

Abbildung 16.7 Ersatzschaltbild für eine einfache Redoxreaktion.

Man variiert im allgemeinen die Frequenz der Modulation über einen größeren Bereich (etwa zwischen 10^{-1} und 10^5 Hz ist üblich) und zeichnet ein *Impedanzspektrum* auf. Die verschiedenen Elektrodenprozesse leisten dabei einen unterschiedlichen Beitrag zur gesamten Impedanz. In vielen Fällen ist es zur Analyse nützlich, ein *Ersatzschaltbild* anzufertigen, welches aus verschiedenen einfachen Elementen besteht, wie z.B. Widerständen und Kondensatoren, die in Reihe oder parallel geschaltet sind. Allerdings kann es bei komplizierten Prozessen mehr als einen Schaltkreis zu einer Gesamtimpedanz geben, so daß die Interpretation dann schwierig ist.

Hier wird ein einfacher Elektronentransferprozeß betrachtet, welcher der Butler-Volmer-Gleichung gehorcht. Aus Gl.(6.15), die für niedrige Überspannungen gilt, ist die Impedanz eines Ladungstransfers durch den Durchtrittswiderstand gegeben:

$$Z_k = \frac{RT}{Fj_0A} \tag{16.13}$$

wobei A die Fläche der Elektrode ist. Die Aufladung der Doppelschicht führt zu der Impedanz

$$Z_C = \frac{-\mathrm{i}}{A\omega C} \tag{16.14}$$

wobei C die Doppelschichtkapazität pro Einheitsfläche ist. Diese beiden Impedanzen sind parallel geschaltet. Der Widerstand R_Ω zwischen der Arbeits- und der Bezugselektrode hat rein ohmschen Charakter und ist mit den anderen beiden in Reihe geschaltet.

Bei hohen Frequenzen ist die Diffusion der Reaktanden nicht wichtig, da die Ströme gering sind und ständig ihr Vorzeichen ändern. Bei niedrigen Frequenzen spielt die Diffusion aber eine ganz erhebliche Rolle. Löst man die Diffusionsgleichungen mit den entsprechenden Randbedingungen (s. Kapitel 15), erhält man die *Warburg-Impedanz*

$$Z_W = \frac{RT}{n^2F^2}\left(\frac{1}{c_{\mathrm{red}}D_{\mathrm{red}}^{1/2}} + \frac{1}{c_{\mathrm{ox}}D_{\mathrm{ox}}^{1/2}}\right)\frac{1-\mathrm{i}}{(2\omega)^{1/2}} \tag{16.15}$$

die in Serie ist mit Z_k, aber parallel zu Z_C geschaltet ist. Hier findet sich die Phasenverschiebung von 45° wieder, die in Gl. 15.29 abgeleitet wurde. Insgesamt erhält man einen Stromkreis, wie er in Abb. 16.7 gezeigt wird. In diesem einfachen Fall ist die Zuordnung der verschiedenen Elemente eindeutig.

Es gibt mehrere Möglichkeiten, ein Impedanzspektrum ($Z(\omega)$ oder $Z(\nu)$) aufzuzeichnen. Bei einem sehr gebräuchlichen Verfahren werden der absolute Wert $|Z|$ der Impedanz und der Phasenwinkel φ als Funktion der Frequenz aufgetragen. In 16.8 wurden die Werte $R_\Omega = 1\ \Omega$, $C = 0.2\ \text{F m}^{-2}$, $j_0 = 10^{-2}\ \text{A cm}^{-2}$ gewählt, sowie die Diffusionskoeffizienten $D_{\text{ox}} = D_{\text{red}} = 5 \times 10^{-6}\ \text{cm}^2\ \text{s}^{-1}$ und eine Konzentration von 10^{-2} M für beide beteiligten Substanzen. Zudem war ein Leitelektrolyt einer höheren Konzentration anwesend, so daß der Transport allein durch die Diffusion gegeben ist. Bei hohen Frequenzen ist die Impedanz Z_C der Doppelschicht klein, so daß fast der gesamte Strom durch sie fließt. Die Impedanz wird dann durch den Ohmschen Widerstand R_Ω bestimmt, und der Phasenwinkel ist fast Null. Bei Frequenzen im Bereich von $10^3 - 10^4$ Hz fließt immer noch der meiste Strom durch den kapazitiven Zweig, doch läßt sich die Impedanz der Doppelschicht nicht mehr vernachlässigen, und der Phasenwinkel steigt – bei sehr kleinem Elektrolytwiderstand R_Ω erreicht er fast 90°. Bei tieferen Frequenzen ist Z_C groß, und der Strom fließt überwiegend durch den Reaktionszweig. Die Aus-

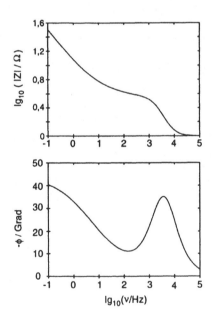

Abbildung 16.8 Absolutbetrag der Impedanz und Phasenwinkel als Funktion der Frequenz für eine einfache Redoxreaktion

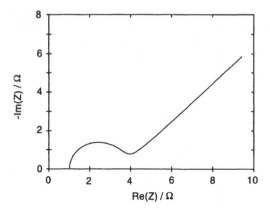

Abbildung 16.9 Nyquist-Diagramm für eine einfache Redoxreaktion.

tauschstromdichte kann aus den Daten im Bereich von $10 - 10^3$ Hz bestimmt werden. Bei noch kleineren Frequenzen dominiert der Transport, und der Strom wird durch Z_W bestimmt; der Phasenwinkel steigt auf 45° an.

Die Form eines solchen Impedanzspektrums läßt sich leicht verstehen, wenn man bedenkt, daß man sie durch Fouriertransformation aus dem Stromtransienten erhält. Hohe Frequenzen entsprechen kurzen Zeiten und kleine Frequenzen langen Zeiten. Also dominiert die Aufladung der Doppelschicht bei kurzen Zeiten und hohen Frequenzen, die Diffusion bei langen Zeiten und kleinen Frequenzen und der Ladungsdurchtritt im mittleren Bereich.

Trägt man $-\text{Im}(Z)$ gegen $\text{Re}(Z)$ auf, erhält man ein sogenanntes *Nyquist-Diagramm*. Daraus kann ein geübter Experimentator erkennen, welche Prozesse ablaufen. So ergibt eine Warburg-Impedanz eine Gerade mit einem Anstieg von 45°, wie man der Gl. (16.15) entnehmen kann. Eine Kapazität C in Parallelschaltung mit einem Widerstand R ergibt einen Halbkreis: Die gesamte Impedanz der beiden Elemente errechnet sich aus

$$\frac{1}{Z} = \frac{1}{R} + i\omega C \qquad (16.16)$$

oder

$$Z = \frac{R(1 - i\omega C R)}{1 + \omega^2 C^2 R^2} \qquad (16.17)$$

Es gilt: $\lim_{\omega \to 0} Z = R$ und $\lim_{\omega \to \infty} Z = 0$. Man rechnet leicht nach, daß Realteil und Imaginärteil einen Halbkreis mit dem Radius $R/2$ bilden.

Eine einfache elektrochemische Reaktion zeigt einen Halbkreis bei hohen Frequenzen, der bei kleinen dann in eine Warburg-Gerade übergeht (s. Abb. 16.9).

Die Impedanzspektroskopie ist eine vielseitig verwendbare Methode, die sich gleichermaßen zu qualitativen und quantitativen Untersuchungen eignet. Sie läßt sich leichter anwenden als die Pulsmethoden, bleibt aber auf kleine Abweichungen vom Gleichgewicht beschränkt. Die obere Grenze der Reaktionsgeschwindigkeiten, die sich messen läßt, wird wiederum durch die Doppelschichtumladung bestimmt und liegt somit in demselben Bereich wie bei den Strom- und Spannungspulsen.

16.7 Mikroelektroden

Wie im letzten Kapitel gezeigt, zeichnet sich die sphärische Diffusion durch einige Besonderheiten aus, die sich zur Messung hoher Reaktionsgeschwindigkeiten ausnutzen lassen. Die Diffusionsstromdichte einer Spezies i zu einer sphärischen Elektrode mit dem Radius r_0 beträgt im stationären Fall

$$j_d = nFD_i c_i^0 \frac{1}{r_0} \tag{16.18}$$

wie man aus Gl. (15.40) ersieht. Theoretisch läßt sich eine beliebig hohe Diffusionsstromdichte erreichen, wenn man einen genügend kleinen Elektrodenradius wählt. Somit ließen sich im Prinzip beliebig schnelle Reaktionsgeschwindigkeiten messen.

In Wirklichkeit hat diese Methode ihre Grenzen. Die Elektrode muß auf jeden Fall wesentlich größer sein als die Stromzuführungen, damit diese nicht die sphärische Geometrie stören. Kleine Scheiben- oder Ringelektroden lassen sich leichter herstellen als Kugeln; solche Elektroden haben ähnliche Eigenschaften, doch läßt sich der Stofftransport zu ihnen nicht so leicht berechnen. Für diese Elektroden muß man auf numerische Lösungen zurückgreifen, um die Daten auszuwerten. In der Praxis kann man Ringelektroden mit einem Durchmesser von etwa 1 μm herstellen; damit lassen sich Geschwindigkeitskonstanten in der Größenordnung von einigen cm s^{-1} aus stationären Messungen bestimmen.

Die Herstellung von Mikroelektoden ist zwar schwierig und die Auswertung der Daten umständlich, doch hat diese Methode eine Reihe von Vorteilen gegenüber andern Verfahren:

1. Da stationär gemesssen werden kann, spielt die Umladung der Doppelschicht keine Rolle; dies gilt allerdings auch für die Konvektionsmethoden, die im nächsten Kapitel behandelt werden.

2. Man benötigt nur geringe Mengen an Lösung und Reaktanden.

3. Es fließen nur kleine Ströme, so daß der Spannungsabfall zwischen Meß- und Bezugselektrode gering ist. Deswegen sind Mikroelektroden in Lösungen mit geringer Leitfähigkeit besonders nützlich.

4. Wegen ihrer kleinen Ausmaße lassen sie sich gut in biologischen Systemen, z. B. zur Untersuchung von Nervenzellen oder Membranen, einsetzen.

16.8 Polarographie

Bisher erhielt nur ein Elektrochemiker den Nobelpreis: J. Heyrovský für die Entwicklung der Polarographie, einer geistreichen Methode, Spurenelemente elektroaktiver Stoffe, vor allem Metallionen, aus einer Lösung nachzuweisen [7]. Der qualitative Nachweis beruht darauf, daß sich eine aktive Substanz – innerhalb gewisser Grenzen – durch ihr Abscheidungspotential charakterisieren läßt, während zur quantitativen Analyse die Tatsache benutzt wird, daß der Diffusionsstrom proportional zur Konzentration der reagierenden Spezies ist. Die Umsetzung dieser an sich simplen Idee wurde erst durch die Entwicklung der tropfenden Quecksilberelektrode ermöglicht, deren Aufbau in Abb. 16.10 dargestellt ist. Bei dieser Anordnung fließt ein stetiger Quecksilberstrom aus einem Reservoir in eine Kapillare, an deren Spitze sich ein wachsender Tropfen bildet. Wenn dieser eine gewisse Größe erreicht hat, fällt er hinab in einen Quecksilbersee am Boden der Elektrolysezelle, und es bildet sich ein neuer Tropfen. Diese Elektrode vereint mehrere Vorzüge:

- Die Elektrodenoberfläche bildet sich ständig neu, so daß einer Kontaminierung vorgebeugt wird.

- Der herabfallende Tropfen verursacht eine Konvektion; somit strömt frische Lösung an die Elekrode.

- Die Wasserstoffentwicklung ist an Quecksilber kinetisch gehemmt. Deshalb können auch Stoffe nachgewiesen werden, deren Abscheidungspotentiale unterhalb des Nernstschen Potentials für die Wasserstoffentwicklung liegen.

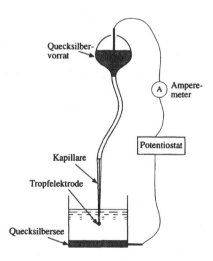

Abbildung 16.10 Schematisches Diagramm eines Polarographen nach Heyrovský

- Viele Metalle bilden mit Quecksilber Amalgame; die abgeschiedenen Atome akkumulieren deshalb nicht an der Oberfläche.

Die Tropfzeit wird meistens im Bereich einiger Sekunden eingestellt. Zwischen der Tropfelektrode und dem Quecksilbersee, der gleichzeitig als Gegen- und Bezugselektrode dient, wird eine Spannung angelegt und der Strom gemessen. Bei älteren Apparaturen wurde ein hochgedämpftes Amperemeter verwendet, welches den mittleren Strom während der Lebensdauer eines Tropfens anzeigte; moderne Apparaturen erreichen dasselbe auf elektronischem Wege. Die Elektrodenspannung wird dann langsam verändert, in der Regel von positiven zu negativen Potentialen, und der Strom registriert. Die resultierenden Strom-Spannungskurven oder *Polarogramme* geben Aufschluß über Art und Konzentration der reagierenden Stoffe. Die Lösung enthält stets einen inerten Leitelektrolyten, so daß Migration keine Rolle spielt.

Wegen der relativ langen Lebensdauer der Tropfen wird der gemessene mittlere Strom allein durch Diffusion bestimmt. Der Stofftranport wird allerdings dadurch kompliziert, daß sich die Elektrodenoberfläche ausdehnt. Eine explizite Rechnung ergibt eine gegenüber Gl. (15.34) modifizierte Formel für die Dicke der Nernstschen Diffusionsschicht:

$$\delta_N = \sqrt{\frac{3}{7}\pi D_i t} \qquad (16.19)$$

Hieraus lassen sich die Polarogramme für die verschiedenen Reaktionsmechanismen berechnen. Im folgenden wird der Fall betrachtet, bei dem ein Kation mit der Ladungszahl z (Index „ox") abgeschieden wird und dabei ein Amalgam bildet. Zum Zeitpunkt t nach der Bildung des Tropfens beträgt die Stromdichte

$$j = -zFD_{ox}\frac{c^0_{ox} - c^s_{ox}}{\delta^{ox}_N} \qquad (16.20)$$

wobei die Indizes s und 0 die Werte an der Oberfläche bzw. im Lösungsinneren bezeichnen. Da der Teilchenstrom der Ionen von der Lösung zur Oberfläche gleich demjenigen der Metallatome (Index „red") von der Oberfläche ins Innere des Tropfens sein muß, gilt:

$$j = -zFD_{red}\frac{c^s_{red}}{\delta^{red}_N} \qquad (16.21)$$

wobei berücksichtigt wurde, daß die Konzentration der Metallatome im Inneren des Tropfens verschwindet. Mittelt man über die Lebensdauer des Tropfens, erhält man für den Strom I Gleichungen der Form:

$$\begin{aligned} I &= zkD^{1/2}_{ox}(c^0_{ox} - c^s_{ox}) \\ &= zkD_{red}c^s_{red} \end{aligned} \qquad (16.22)$$

Die Konstante k hängt von der Tropfdauer ab; das Vorzeichen wurde hier ausnahmsweise so gewählt, daß der gemessene Strom positiv ist, obwohl er einer Reduktion entspricht. Insbesondere ergibt sich für den Diffusiongrenzstrom, also für $c^s_{ox} = 0$:

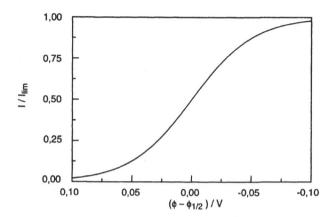

Abbildung 16.11 Polarogramm für die Abscheidung eines Kations mit $z = 1$. Es ist in der Polarographie üblich, die Richtung der Potentialachse umzukehren, so daß sie mit dem Potentialdurchlauf übereinstimmt.

$$I_{\text{lim}} = zkD_{\text{ox}}^{1/2}c_{\text{ox}}^0 \tag{16.23}$$

Das Elektrodenpotential wird durch die Nernstsche Gleichung gegeben, die man zweckmäßigerweise in folgender Form schreibt:

$$\phi = \phi_{00} + \frac{RT}{zF}\left[\ln\frac{c_{\text{ox}}^s}{c_{\text{red}}^s} + \ln\frac{\gamma_{\text{ox}}^s}{\gamma_{\text{red}}^s}\right] \tag{16.24}$$

wobei γ einen Aktivitätskoeffizienten bezeichnet. Eliminiert man die Konzentrationen aus den Gleichungen (16.23) und (16.24), so erhält man schließlich für das Polarogramm:

$$\phi = \phi_{1/2} + \frac{RT}{ZF}\ln\frac{I_{\text{lim}} - I}{I} \tag{16.25}$$

Dabei ist $\phi_{1/2}$ das sogenannte *Halbstufenpotential*:

$$\phi_{1/2} = \phi_{00} + \frac{RT}{zF}\ln\frac{\gamma_{\text{ox}}D_{\text{red}}}{\gamma_{\text{red}}D_{\text{ox}}} \tag{16.26}$$

Offensichtlich hat der Strom beim Halbstufenpotential gerade die Hälfte seines Grenzwertes erreicht. Man beachte, daß γ_{red} und D_{red} die Werte im Quecksilber bezeichnen. Dieselbe Gleichung gilt auch für den Fall, daß die reduzierte Spezies in die Lösung diffundiert, doch beziehen sich γ_{red} und D_{red} dann natürlich auf die Lösung. Die Halbstufenpotentiale der wichtigsten Stoffe sind tabuliert.

Abbildung 16.11 zeigt die Form eines Polarogramms für eine Spezies. Oft sind mehrere aktive Stoffe in der Lösung vorhanden; dann addieren sich die entsprechenden Teilströme. Bei der einfachen Polarographie, wie sie hier beschrieben wurde, lassen sich Konzentrationen bis zu 10^{-5} M mit einiger Mühe nachweisen. Durch Verwendung von Pulstechniken läßt sich die Nachweisgrenze auf bis zu 10^{-9} M herabsetzen [1].

Literatur

Die klassischen elektrochemischen Methoden werden in einer Reihe von Lehrbüchern behandelt; hier einige Beispiele:

[1]   Southampton Electrochemistry Group, *Instrumental Methods in Electrochemistry*, Ellis Horwood Limited, Chichester, 1985.

[2]   A. J. Bard und L. R. Faulkner, *Electrochemical Methods*, John Wiley and Sons, New York, 1980.

[3]   D. D. MacDonald, *Transient Techniques in Electrochemistry*, Plenum Press, New York, 1977.

[4]   P. Delahay, *New Instrumental Methods in Electrochemistry*, Wiley-Interscience, New York, 1954.

[5]   E. Gileadi, *Electrode Kinetics*, VCH, New York, 1993.

[6]   Z. Galus, *Fundamentals of Electrochemical Analysis*, second edition, Ellis Horwood, Chichester, 1994.

[7]   J. Heyrovský, *Polarographie*, Springer Verlag, Wien, 1941.

17 Experimentelle Methoden – Konvektionsmethoden

Erzwungene Konvektion kann dazu benutzt werden, um einen schnellen Transport der Reaktanden zur Elektrode und von ihr weg zu erreichen. Wenn die Geometrie des Systems relativ einfach ist, kann die Transportgeschwindigkeit und schließlich auch die Oberflächenkonzentration der Raktanden berechnet werden. Im allgemeinen arbeitet man unter stationären Bedingungen. Es ist daher nicht nötig, Strom oder Spannungsänderungen zu messen. Man legt ein konstantes Potential an und mißt einen stationären Strom. Wenn die Reaktion einfach ist, können die Reaktionsgeschwindigkeitskonstante und ihre Potentialabhängigkeit direkt aus den experimentellen Daten berechnet werden.

Das Arbeiten unter stationären Bedingungen bietet einige Vorteile. So können die Probleme, die durch die Aufladung der Doppelschicht entstehen, vermieden werden. Andererseits erfordert diese Methode größere Mengen an Lösungsmittel, und eine Kontaminierung der Elektrodenoberfläche ist wahrscheinlicher, da die Elektrode ständig von der Lösung umspült wird.

17.1 Die rotierende Scheibenelektrode

Die einfachste und am häufigsten verwendete Strömungsapparatur besteht aus einer Scheibenelektrode, die sich mit einer konstanten Winkelgeschwindigkeit ω dreht [1-5]. Die Scheibe saugt, einem Propeller gleich, die Lösung auf ihre Oberfläche zu und schleudert sie dann nach außen, wobei die Strömung gleichzeitig eine radiale und tangentiale Komponente erhält (s. Abb. 17.1). Der Stofftransport erfolgt dabei sowohl durch Konvektion als auch durch Diffusion. Obwohl die mathematische Behandlung der Transportgleichungen nicht einfach ist, lassen sie sich für den Fall einer unendlich großen Scheibe exakt lösen. Erfreulicherweise zeigt sich dabei, daß die Reaktanden gleichmäßig zur Elektrode tranportiert werden, d.h. die Oberflächenkonzentration ist überall gleich.

Unmittelbar auf der Scheibe verschwindet die Strömungskomponente senkrecht zur Oberfläche, in x-Richtung. Der Transport der Reaktanden auf die Oberfläche erfolgt deswegen durch Diffusion. Somit beträgt die Teilchenstromdichte j_t eines Stoffes, der in der Konzentration c vorliegt:

$$ j_t = -D \left(\frac{dc}{dx} \right)_{x=0} \tag{17.1} $$

wobei D der Diffusionskoeffizient ist. Wie erwähnt, hängt diese Stromdichte nicht von der Position auf der Scheibe ab.

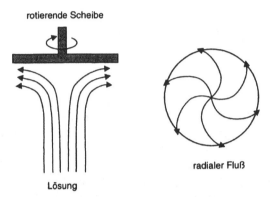

Abbildung 17.1 Strömung an einer rotierenden Scheibenelektrode

Das Konzentrationsprofil $c(x)$ ist dabei recht kompliziert. Zur Vereinfachung definieren wir die Dicke δ_N der *Nernstschen Diffusionschicht* durch

$$\left(\frac{dc}{dx}\right)_{x=0} = \frac{c^b - c^s}{\delta_N} \qquad (17.2)$$

wobei c^b und c^s die Konzentrationen des Stoffes im Inneren der Lösung bzw. an der Oberfläche sind (s. Kapitel 15). An einer rotierenden Scheibe nimmt die Dicke der Diffusionschicht mit zunehmender Umdrehungsgeschwindigkeit ab, da der Transport schneller wird. Explizit ergibt sich

$$\delta_N = 1.61 D^{1/3} \nu^{1/6} \omega^{-1/2} \left[1 + 0.35 \left(\frac{D}{\nu}\right)^{0.36}\right] \qquad (17.3)$$

wobei ν die *kinematische Viskosität* der Flüssigkeit ist, die man aus der bekannten dynamischen Viskosität ζ und der Dichte ρ gemäß $\nu = \zeta/\rho$ erhält. Bei einer einfachen Redoxreaktion ist:

$$j = F\left(k_{ox} c_{red}^s - k_{red} c_{ox}^s\right) \qquad (17.4)$$

Unter stationären Bedingungen wird jedes Molekül „red", welches zur Elektrode transportiert wird, dort oxidiert; also gilt: $j/F = j_p^{red} = -j_p^{ox}$, oder

$$j = F D_{red} \frac{c_{red}^b - c_{red}^s}{\delta_{red}} = -F D_{ox} \frac{c_{ox}^b - c_{ox}^s}{\delta_{ox}} \qquad (17.5)$$

wobei die Notation nicht weiter erklärt zu werden braucht. Die Gleichungen (17.4) und (17.5) lassen sich in folgende Form überführen:

$$\frac{1}{j} = \frac{1}{j_k} + B\omega^{-1/2} \qquad (17.6)$$

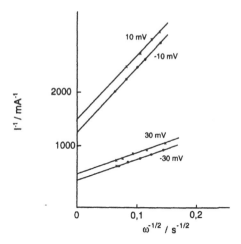

Abbildung 17.2 Koutecky-Levich-Diagramm für vier verschiedene Überspannungen

wobei B von den Diffusionskoeffizienten, der Viskosität und der Reaktionsgeschwindigkeit, aber nicht von ω abhängt; j_k ist die kinetische Stromdichte, die fließen würde, wenn die Konzentrationen an der Oberfläche dieselben wären wie im Inneren. Eine Auftragung von $1/j$ gegen $\omega^{-1/2}$, ein sogenanntes *Koutecky-Levich-Diagramm*, ergibt eine Gerade mit einem Achsenabschnitt von $1/j_k$ (s. Abb. 17.2). Dies bedeutet eine Extrapolation auf $\omega \to \infty$, also auf unendlich schnellen Stofftransport, bei dem die Konzentrationen überall in der Lösung gleich wären. Die gemessene Stromdichte j wäre dann gleich der kinetischen j_k.

Die Strom-Spannungskurve einer Redoxreaktion kann damit auf folgende Weise gemessen werden: Man legt eine Überspannung η an und mißt den Strom für verschiedene Umdrehungsgeschwindigkeiten ω. Aus einem Koutecky-Levich-Diagramm erhält man die zugehörige kinetische Stromdichte $j_k(\eta)$ durch Extrapolation. Man wiederholt dieses Verfahren für eine Reihe von Überspannungen und konstruiert so die Strom-Spannungskurve.

Für kompliziertere Reaktionsmechanismen gibt es verschiedene Varianten dieser Methode. Wenn die reagierende Spezies durch eine vorgelagerte chemische Reaktion erzeugt wird, treten Abweichungen von Gl. (17.6) bei großen Umdrehungszahlen ω auf, wenn die Reaktion langsamer ist als der Stofftransport. Aus diesen Abweichungen kann dann die Geschwindigkeit der vorgelagerten Reaktion bestimmt werden. Ein Beispiel ist die Dissoziation einer schwachen Säure HA, die der Wasserstoffentwicklung vorausgeht. Die Reaktion verläuft nach dem Mechanismus:

$$
\begin{aligned}
\mathrm{HA} &\rightleftharpoons \mathrm{H}^+ + \mathrm{A}^- \\
2\mathrm{H}^+ + 2\mathrm{e}^- &\to \mathrm{H}_2
\end{aligned}
\tag{17.7}
$$

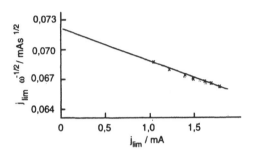

Abbildung 17.3 Diagramm zur Bestimmung der Dissoziationskonstanten

Nach Gleichung (17.6) wäre bei konstantem ω und hohen Überspannungen η der Strom durch $B\omega^{-1/2}$ gegeben, da die kinetische Stromdichte j_k dann sehr groß, die Oberflächenkonzentration vernachlässigbar und der Strom damit durch den Grenzstrom $j = j_{\text{lim}} = B\omega^{-1/2}$ gegeben ist. Für das Reaktionsschema Gl. (17.7) gilt das aber nur solange, wie die Dissoziationsreaktion schneller als der Stofftransport ist. Bei sehr hoher Umdrehungsgeschwindigkeit ω kann die Dissoziation aber die verbrauchten Protonen nicht schnell genug nachliefern, und der Grenzstrom wird dann durch die Dissoziation und nicht mehr durch den Stofftransport bestimmt. Für den Fall, daß die Konzentration c_{A^-} der Anionen A^- im Lösungsinneren sehr viel größer ist als diejenige der Protonen, gilt folgende Gleichung:

$$j_{\text{lim}}\,\omega^{-1/2} = j_{tr}\,\omega^{-1/2} - \frac{D^{1/6}c_{A^-}j_{\text{lim}}}{1.61\nu^{1/6}(k_d/k_r)k_r^{1/2}} \qquad (17.8)$$

$j_{tr} = B\omega^{-1/2}$ ist die transportbedingte Grenzstromdichte für den Fall einer unendlich schnellen Dissoziation, k_d die Geschwindigkeitskonstante der Dissoziation und k_r diejenige der Rekombination. Trägt man $j_{\text{lim}}\,\omega^{-1/2}$ gegen j_{lim} auf, erhält man eine Gerade (s. Abb. 17.3); aus deren Anstieg kann die Geschwindigkeit der Dissoziation bestimmt werden, sofern der Diffusionskoeffizient D, die kinematische Zähigkeit ν und die Dissoziationskonstante k_d/k_r bekannt sind oder in getrennten Experimenten gemessen werden. Ein bekanntes Beispiel ist die Dissoziation der Essigsäure mit einer Geschwindigkeitskonstanten von etwa 5×10^5 s^{-1}. Mit dieser Methode können also selbst recht hohe Geschwindigkeiten vorgelagerter Reaktionen bestimmt werden.

Eine andere Erweiterung dieser Methode ist die *Ring-Scheibenelektrode* (s. Abb. 17.4), bei der die Scheibe von einem dünnen, konzentrischen Ring umgeben ist, an dem Zwischenprodukte nachgewiesen werden können. Alle an der Scheibe erzeugten Stoffe strömen am Ring vorbei. Man definiert das *Übertragungsverhältnis N* als den Bruchteil, der von einer stabilen, an der Scheibe erzeugten Spezies am Ring ankommt. Wegen der besonderen Strömungsverhältnisse an diesem Sy-

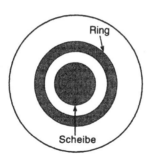

Abbildung 17.4 Rotierende Ring-Scheibenelektrode

stem hängt N nicht von der Umdrehungsgeschwindigkeit, sondern nur von der Elektrodengeometrie ab. Typischerweise liegt N bei etwa 20 %.

Zwar kann man das Übertragungsverhältnis N aus der Elektrodenanordnung berechnen, doch wird es meist experimentell mit Hilfe eines einfachen Elektronentransferprozesses bestimmt. Dabei wird eine Spezies an der Scheibe oxidiert und am Ring reduziert (oder umgekehrt):

$$A \;\rightleftharpoons\; B + e^- \quad \text{(Scheibe)}$$
$$B + e^- \;\rightleftharpoons\; A \qquad \text{(Ring)} \tag{17.9}$$

Wählt man das Potential am Ring so, daß der Strom dort durch den Stofftranport begrenzt wird, gilt

$$I_{\text{Ring}} = N I_{\text{Scheibe}} \tag{17.10}$$

vorausgesetzt, die oxidierte Spezies reagiert nicht weiter, während sie von der Scheibe zum Ring strömt.

Ring-Scheibenelektroden wurden mit Erfolg bei komplizierteren Reaktionen wie der Sauerstoffentwicklung eingesetzt. Weitere Einzelheiten finden sich in Lit. [3] und [4].

17.2 Turbulente Rohrströmung

Je schneller die Lösung strömt, desto schneller ist auch der Stofftranport, und umso höhere Geschwindigkeitskonstanten können gemessen werden. Die *Reynoldszahl Re* einer Strömung wird durch $Re = vL/\nu$ definiert, wobei v die Geschwindigkeit der Strömung und L eine charakteristische Länge, z.B. den Rohrdurchmessser, bezeichnet. Diese dimensionslose Größe ermöglicht es, die Strömungsgeschwindigkeiten in verschiedenen Systemen zu vergleichen. In einem zylindrischen Rohr wird die Strömung bei Reynoldszahlen $Re > 2000$ turbulent und der Stofftransport besonders schnell. Benutzt man als Arbeitselektrode einen dünnen

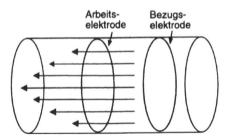

Abbildung 17.5 Abschnitt eines Rohres mit turbulenter Strömung

Ring, der in die Wand des Strömungsrohres eingelassen wurde (s. Abb. 17.5),
so ist der Stofftransport am schnellsten an der stromaufwärts gelegenen Kante
des Rings, da die Lösung beim Vorbeifließen an Reaktanden verarmt. Deswegen
eignen sich dünne Ringelektroden ganz besonders für kinetische Untersuchungen.
Andererseits paßt ein Ring nie ganz perfekt in die Rohrwand, und die daraus
entstehenden Stufen stören die Strömung empfindlich, wenn der Ring zu dünn
ist. In der Praxis nimmt man Ringe mit einer Dicke von 50 − 100 μm.

Anders als an einer rotierenden Scheibe erfolgt der Stofftranport an den Ring
nicht gleichmäßig, sondern er ist an der Stirnseite am größten. Trotzdem läßt sich
die Dicke der Nernstschen Diffusionschicht, die jetzt vom Ort abhängt, explizit
berechnen, was hier aber nicht geschehen soll. Zur Auswertung der Experimente
genügen folgende Betrachtungen: Für den Fall eines einfachen Elektronentranfer-
prozesses schreibt man Gl. (17.5) in folgender Form:

$$
\begin{aligned}
j &= FD_{\text{red}}\frac{c_{\text{red}}^b - c_{\text{red}}^s}{\delta_{\text{red}}} = a_{\text{red}}\left(c_{\text{red}}^b - c_{\text{red}}^s\right) \\
&= -FD_{\text{ox}}\frac{c_{\text{ox}}^b - c_{\text{ox}}^s}{\delta_{\text{ox}}} = -a_{\text{ox}}\left(c_{\text{ox}}^b - c_{\text{ox}}^s\right)
\end{aligned}
\tag{17.11}
$$

Zunächst wird der reversible Strom betrachtet. Bei sehr hohen Überspannungen verschwindet die Konzentration der Reaktanden an der Oberfläche, und die
zugehörige anodische Grenzstromdichte ist:

$$
j_{\text{lim}}^a = a_{\text{red}}c_{\text{red}}^b
\tag{17.12}
$$

Auf die gleiche Weise ergibt sich für die kathodische Richtung:

$$
j_{\text{lim}}^c = -a_{\text{ox}}c_{\text{ox}}^b
\tag{17.13}
$$

Bei unendlich schnellem Elektronentransfer wäre die Überspannung durch die
Nernstsche Gleichung gegeben, die hier folgende Form annimmt:

$$
\eta = \frac{RT}{F}\left(\ln\frac{c_{\text{ox}}^s}{c_{\text{red}}^s} - \ln\frac{c_{\text{ox}}^b}{c_{\text{red}}^b}\right)
\tag{17.14}
$$

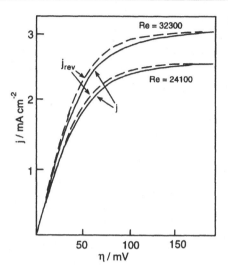

Abbildung 17.6 Strom-Spannungskurven für turbulente Rohrströmung bei zwei verschiedenen Reynoldszahlen

Setzt man nun die Gleichungen (17.12–14.14) in Gl. (17.11) ein, erhält man für die reversible Stromdichte:

$$j_{rev} = \frac{j_{lim}^c j_{lim}^a \left[1 - \exp\left(-F\eta/RT\right)\right]}{j_{lim}^c - j_{lim}^a \exp\left(-F\eta/RT\right)} \tag{17.15}$$

Dieselbe Gleichung gilt übrigens auch für die rotierende Scheibenelektrode . Obwohl der Stofftransport zum Ring nicht gleichmäßig erfolgt, ist das Verhältnis a_{red}/a_{ox}, und damit auch das der Stromdichten j_{lim}^a/j_{lim}^c, konstant, so daß Gl. (17.15) gültig bleibt, wenn wir an Stelle der Stromdichten die Ströme I_{rev}, I_{lim}^a, I_{lim}^c einsetzen. Die Gleichungen für den turbulenten Stofftransport lassen sich mit einigem mathematischen Aufwand lösen. Für den Strom I ergibt sich folgende Formel:

$$I = I_{rev}\left[1 - 2u + 2u^2 \ln(1 + 1/u)\right] \tag{17.16}$$

wobei der dimensionslose Parameter $u = 2I_{rev}/I_k$ den kinetischen Strom enthält.

Das Experiment wird dann auf folgende Weise durchgeführt: Der Strom I wird bei einer bestimmten Reynoldszahl als Funktion des Elektrodenpotentials gemessen (s. Abb. 17.6); insbesondere werden die Grenzstromdichten bei hohen anodischen und kathodischen Überspannungen bestimmt. Daraus berechnet man dann mit Hilfe der Gl. (17.15) den reversiblen Strom I_{rev}. Aus diesem und aus dem gemessenen Strom I bestimmt man bei einer festen Überspannung den Parameter u, und damit den kinetischen Strom I_k, in dem man Gl. (17.16) numerisch löst. Je schneller der Stofftranport, desto größer ist der Unterschied zwischen dem gemessenen Strom I und dem reversiblen Strom I_{rev}, und umso genauer die Bestimmung des kinetischen Stroms I_k. Diese Methode hat dieselben Vorteile und Nachteile wie die rotierende Scheibe, doch ist der Stofftranport erheblich schneller, und Geschwindigkeitskonstanten bis 5 cm s^{-1} können gemessen werden.

Literatur

Die rotierende Scheibenelektrode gehört zu den klassischen elektrochemischen Meßmethoden und wird in mehreren Texten abgehandelt. Die turbulente Rohrströmung ist zwar schneller, wird aber seltener angewendet. Der Artikel von Barz et al. [6] bietet eine gute Übersicht.

[1]   V. G. Levich, *Physicochemical Hydrodynamics*, Prentice Hall, Englewood Cliffs, NJ, 1962.

[2]   A. C. Riddiford, *Advances in Electrochemistry and Electrochemical Engineering*, Vol. 4, hrsg. von P. Delahay und C. W. Tobias, Wiley, New York, 1966.

[3]   W. J. Albery und M. L. Hitchman, *Ring-Disc Electrodes*, Clarendon Press, Oxford, 1971.

[4]   Yu. V. Pleskov und V. Yu. Filinowskii, *The Rotating Disc Electrode*, Consultants Bureau, New York, 1976.

[5]   J. S. Newman, *Electrochemical Systems*, Prentice Hall, Englewood Cliffs, NJ, 1962.

[6]   F. Barz, C. Bernstein, und W. Vielstich. in: *Advances in Electrochemistry and Electrochemical Engineering*, Vol. 13, hrsg. von H. Gerischer und C. W. Tobias, Wiley, New York, 1984.

Abkürzungen

NHE   Normal-Wasserstoffelektrode

pzc   Potential des Ladungsnullpunkts

SCE   gesättigte Kalomelelektrode

SHE   Standard-Wasserstoffelektrode

upd   Unterpotentialabscheidung

Atomare Einheiten

In einigen, der Originalliteratur entnommenen Abbildungen werden atomare Einheiten verwandt. Diese sind dadurch definiert, daß man die Naturkonstanten $\hbar = e_0 = m_e = 1$ setzt; m_e bezeichnet die Masse des Elektrons. In diesem Buch werden folgende Größen benutzt:

Länge   1 a.u. =   0,529 Å

Energie 1 a.u. =   27,211 eV

Sachwortverzeichnis

absolute Potentialskala, 26
absolutes Elektrodenpotential, 24
Adatom, 126
Adatominseln, 53
adiabatische Reaktion, 74, 103
Adsorption aliphatischer Verbindungen, 58
Adsorptionsenthalpie, 119
Adsorptionsisotherme, 43
äußeres Potential, 7
Aktivität, 152, 174
Aktivitätskoeffizient, 22
Akzeptoren, 88
Anreicherungsschicht, 89
Austauschstromdichte, 69, 78
Austrittsarbeit, 11, 15, 24
Avrami-Theorem, 133

Bandstruktur, 87
Bandverbiegung, 88
Bedeckungsgrad, 42, 44, 115
Bezugselektrode, 27, 171
Bildkraft, 85
Boltzmann-Statistik, 31, 89
Born-Modell, 83
Bornsche Gleichung, 18,154
Bragg-Williams-Näherung, 163
Brennstoffzelle, 116
Brønsted-Koeffizient, 70
Butler-Volmer-Gleichung, 66, 78, 92, 100,
    110, 141, 187

chemische Rekombination, 115
chemisches Potential, 10, 62, 158, 171
Chemisorption, 42
Chlorentwicklung, 117

Debye-Hückel-Theorie, 20, 31, 154
Debye-Länge, 20
Dichteprofil, 166
dielektrische Verschiebung, 84
Dielektrizitätskonstante, 18, 104
diffuse Doppelschicht, 43, 160
Diffusiongesetze, 178
Diffusionsgleichung, zeitunabhängig, 184
Diffusionsgrenzstrom, 188

Diffusionskoeffizient, 128, 177
Diffusionsstromdichte, 187
dimensionsstabile Anoden, 119
Dipolmoment, 3, 12, 47
Dipolpotential, 47, 154
Dissoziation, 205
Donatoren, 88
Doppelpuls-Methode, 190
Doppelschicht, 155
Doppelschichtkorrektur, 160
Durchtrittsfaktor, 78, 92, 100, 112, 143
Durchtrittswiderstand, 70, 195

effektive Barrierenhöhe, 101
elektrochemische Desorption, 115
elektrochemische Reaktion, 6
elektrochemische Reaktionsordnung, 141, 143
elektrochemisches Potential, 10, 24, 27, 130
Elektrokapillargleichung, 171
Elektrokapillarkurven, 173
Elektrolyse, 116
elektrolytische Doppelschicht, 4
Elektron-Loch-Paar, 97, 106
Elektronentransfer, äußere Sphäre, 65
Elektronentransfer, innere Sphäre, 65
Elektronentransferreaktion, 7, 65, 91, 158
Elektroneutralität, 19
Elektrosorptionswertigkeit, 62
Ersatzschaltbild, 195
Erstes Ficksches Gesetz, 178

Fehlerfunktion, 180
Fehlstellen, 126
Fermi-Dirac-Statistik, 27, 79, 86
Fermi-Energie, 24
Fermi-Niveau, 25, 86, 105
Flachbandpotential, 89, 104
flüssig-flüssig Phasengrenzen, 151
fortschreitende Keimbildung, 132
Frank-Condon-Prinzip, 73
freie Solvatisierungsenthalpie, 16
freie Standardtransferenthalpie, 153
Frequenzfaktor, 139
Frumkin-Isotherme, 44
Frumkinsche Doppelschicht-Korrektur, 72

Galvani, A., 1
Galvanipotential, 8
Galvanostatischer Puls, 189
Gerischer, H., 82
Gerischer-Diagramm, 82, 94
geschwindigkeitsbestimmender Schritt, 113
Gibbs-Duhem-Gleichung, 169
Gibbssche Adsorptionsgleichung, 169
Gittergas, 163
Gleichgewichtskonstante, 114, 144
Gouy-Chapman-Theorie, 30, 71, 156

Halbkristallage, 126
Halbleiter, 86
Halbstufenpotential, 201
harmonische Näherung, 75
Heaviside-Funktion, 80
Hush, N.S., 73
Hydratation, 16
Hydratationsenergie, 157

ideal polarisierbare Elektrode, 30, 155, 168
Impedanzspektroskopie, 160, 194
Impedanzspektrum, 195
innere Energie, 168
inneres Potential, 8, 158, 171
intrinsischer Halbleiter, 86
inverse Debye-Länge, 20
Inversionsschicht, 89
Ionenpaarbildung, 157
Ionentransfer, 110, 124, 143, 161
Ionentransferreaktionen, 6
Ionentransport, 161
Ionophor, 162

Kapazität, 156
kathodische Stromdichte, 81
kathodischer Durchtrittsfaktor, 67
Keimbildung, 130
Keimwachstum, 132
kinematische Viskosität, 204
kinetische Stromdichte, 187
kompakte Doppelschicht, 43
Komplexbildung, 162
Konvektion, 177, 203
Konzentrationsprofil, 204
Korrosion, 149
Korrosionspotential, 150

Korrosionsstromdichte, 150
Koutecky-Levich-Diagramm, 205
kubisch flächenzentriertes Gitter, 50

Ladungsnullpunkt, 89, 147, 157
Langmuir-Isotherme, 44
Leitelektrolyt, 43
Leitungsband, 86
lineare Poisson-Boltzmann-Gleichung, 20
lineare Transportgleichung, 177
Linienverbreiterung, 49
Lippmann-Gleichung, 172
Luggin-Kapillare, 27, 189

Marcus, R.A., 73
Metallabscheidung, 6, 126, 143, 181
Metallauflösung, 138
Migration, 177
Mikroelektroden, 198
Miller-Index, 51
Minoritätsträger, 108
Mischpotential, 148
Mischungsenergie, 166
Mott-Schottky-Gerade, 91
Mott-Schottky-Gleichung, 89, 104

Nernstsche Diffusionsschicht, 181, 200, 204, 208
Nernstsche Gleichung, 68, 146, 208
nichtadiabatische Reaktion, 74
Nyquist-Diagramm, 197

Oberflächendiffusion, 127
Oberflächenenergie, 130
Oberflächenkonzentration, 169
Oberflächenladung, 168
Oberflächenpotential, 9, 15
Oberflächenspannung, 59, 169
Oberflächenüberschuß, 43, 62, 168, 170
ohmscher Spannungsabfall, 189
Oxidschicht, 138

Paarkorrelationsfunktion, 12
Partialladung, 49, 110
partieller Ladungs-Transferkoeffizient, 49
Passivfilm, 138
Passivierung, 138
Phasengrenze Metall/Lösung, 3

Phasenverschiebung, 194
Phasenwinkel, 196
Photoeffekte, 106
photoinduzierter Elektronentransfer, 96
Photooxidation, 160
Photostrom, 97, 98, 106
Physisorption, 42
Plattenkondensatormodell, 59
Poisson-Boltzmann-Gleichung, 19, 31, 89
Poisson-Gleichung, 31, 89
Polarisation, 83
Polarisierbarkeit, 12, 83
Polarogramme, 200
Polarographie, 199
Potentialfläche, 74
potentiostatischer Puls, 188
präexponentieller Faktor, 66, 77, 103
primäre Solvathülle, 18
Protonentransfer, 110, 115

Quantenausbeute, 108

Raumladung, 89
Raumladungsschicht, 106, 156
Reaktionskoordinate, 111
Reorganisierung, 121
Reorganisierungsenergie, 77, 83, 122
— der äußeren Sphäre, 83
— der inneren Sphäre, 83
Reorganisierungsprozeß, 73
reversible Stromdichte, 187
Reynoldszahl, 207
Ringelektrode, 198, 206,208
rotierende Scheibenelektrode, 203, 209

Sauerstoffreduktion, 116
Schraubenversetzung, 127, 135
Solvathülle, 3, 110
Solvatisierung, 16
Solvatisierungsenergie, 153
Solvenskoordinate, 75
spezifische Adsorption, 3, 42
spontane Keimbildung, 132
Standardaustauschstromdichte, 69
Stofftranport, 176
Stromdichte, 68

Tafel-Gesetz, 112
Tafel-Neigung, 112
Tafel-Reaktion, 115
Tafelgerade, 69, 100, 143
Teilchenstromdichte, 176, 203
Transitionszeit, 181
tropfenden Quecksilberelektrode, 199
turbulente Rohrströmung, 103, 207

Übertragungsverhältnis, 206
Umdrehungsgeschwindigkeit, 204
Unterpotentialabscheidung, 53
Unterpotentialverschiebung, 55
unterstützter Ionentransfer, 161

Vakuum-Niveau, 25
Valenzband, 86
van-der-Waals-Kräfte, 42
Verarmungsschicht, 89, 107
Verteilungsfunktion, 15
Volmer-Heyrovsky-Mechanismus, 115
Volmer-Reaktion, 115
Volmer-Tafel-Mechanismus, 115
Volta, A., 1
Voltapotential, 7
Vulkan-Kurven, 120

Wachstumskeim, 127
Warburg-Impedanz, 195
Wasserstoffadsorption, 192
Wasserstoffentwicklung, 6, 114, 149, 205

Zustandsdichte, 79, 94
Zweites Ficksche Gesetz, 178
Zwischenprodukt, 141
zyklische Voltammetrie, 191
zyklisches Voltammogramm, 54

Bücher aus dem Umfeld

Moderne Methoden in der Spektroskopie

von J. Michael Hollas
Aus dem Engl. übers. von
Martin Beckendorf und Sabine Wohlrab
1995. XX, 403 Seiten mit 244 Abbildungen
und 72 Tabellen. Kartoniert.
ISBN 3-528-06600-8

Aus dem Inhalt: Grundlagen der Quanten-chemie - Elektromagnetische Strahlung und ihre Wechselwirkungen - Experimentelle Methoden - Molekülsymmetrie - Rotations-spektroskopie - Vibrationsspektroskopie - Spektroskopie elektronischer Übergänge - Photoelektronenspektroskopie - Laser und Laserspektroskopie - Charaktertafeln.

Mit diesem Lehrbuch wird nun endlich eine große Lücke im Bereich der Spektroskopie geschlossen. Während man die Resonanz-spektroskopie in ihrer Theorie und Anwen-dung vielseitig dargestellt findet, wurden bisher die Grundlagen der mannigfaltigen anderen Methoden vernachlässigt. Begin-nend mit den quantenmechanischen Grundlagen, den experimentellen Beschrei-bungen und einer detaillierten Hinführung zur Gruppentheorie werden hier anschau-lich Rotations-Vibration und Elektronen-spektroskopie diskutiert. Man findet eine ausführliche Darstellung der modernen Laserspektroskopie und eine intensive Dis-kussion der Fouriertransformation, aber auch speziellere Methoden wie Auger-Elek-tronen- oder Röntgenfluoreszenzspektro-skopie werden behandelt.

Über den Autor: Dr. J. M. Hollas ist Wissen-schaftler an der University of Reading, Eng-land und Autor mehrerer erfolgreicher Bü-cher zur Spektroskopie.

Verlag Vieweg · Postfach 1547 · 65005 Wiesbaden · Fax (0611) 78 78 420

vieweg

Chemische Gleichgewichtsthermodynamik
Begriffe - Konzepte - Modelle

von Hermann und Jenspeter Rau
1995. XII, 235 Seiten mit 97 Abbildungen.
Kartoniert.
ISBN 3-528-06503-6

Aus dem Inhalt: Grundbegriffe und Definitionen: Das Volumen als Zustandsfunktion - Der 1. Hauptsatz der Thermodynamik (Energiesatz) - Der 2. Hauptsatz der Thermodynamik (Entropiesatz) - Gleichgewichte - Formelsammlung.

Die chemische Thermodynamik ist schon im Grundstudium ein Lehrgebiet der Physikalischen Chemie. Aufgrund der Mischung von experimentellen Ergebnissen, Phänomenen und mathematisch-methodischen Konzepten bereitet sie dem Studenten oft Schwierigkeiten. Dieses Lehrbuch hilft mit einem neuen Konzept – einen Lehrenden und einen Lernenden als Autoren zu gewinnen –, die Sichtweise beider am Lernprozeß beteiligten Seiten darzustellen. Mit einem Schwerpunkt auf dem Verständnis des Lesers für die Thermodynamik zeigt das Buch den hohen Praxisbezug dieses Gebietes und ist somit ideal zur anschaulichen Vorbereitung auf das Vordiplom.

Über die Autoren: Hermann Rau ist Dozent der Physikalischen Chemie an der Universität Hohenheim. Sein Sohn Jenspeter ist Student der Chemie.

Verlag Vieweg · Postfach 1547 · 65005 Wiesbaden · Fax (0611) 78 78 420

vieweg

Printed in the United States
By Bookmasters